安全检测与监控技术
（第 2 版）

主　编　肖　丹　岳小春　樊　荣

副主编　王　琳　郭江涛

参　编　李小平　王　宇　杨　伟　戴锐睿

U0338714

重庆大学出版社

内容简介

本书基于安全技术与管理专业"厚基础、宽领域"的特点,分别从当前热门或新兴的安全检测与监控服务领域方向中选取了"安全检测监控技术基础知识""职业卫生安全检测技术""土木工程结构的安全检测技术""化工安全检测监控技术"和"矿山安全监控系统"五个模块进行介绍。本书可以作为高职高专、技术应用型本科院校安全类专业的教材,也可以作为工业企业安全技术人员、安全管理人员等的实用参考书。

图书在版编目(CIP)数据

安全检测与监控技术/肖丹,岳小春,樊荣主编
. --2版. -- 重庆:重庆大学出版社,2024.1
ISBN 978-7-5689-1308-9

Ⅰ.①安⋯ Ⅱ.①肖⋯ ②岳⋯ ③樊⋯ Ⅲ.①安全监
测—技术 Ⅳ.①X924.2

中国国家版本馆 CIP 数据核字(2024)第 017476 号

安全检测与监控技术
ANQUAN JIANCE YU JIANKONG JISHU
(第2版)

主 编 肖 丹 岳小春 樊 荣
责任编辑:苟荟羽 版式设计:苟荟羽
责任校对:王 倩 责任印制:张 策

*

重庆大学出版社出版发行
出版人:陈晓阳
社址:重庆市沙坪坝区大学城西路21号
邮编:401331
电话:(023) 88617190 88617185(中小学)
传真:(023) 88617186 88617166
网址:http://www.cqup.com.cn
邮箱:fxk@ cqup.com.cn(营销中心)
全国新华书店经销
重庆愚人科技有限公司印刷

*

开本:787mm×1092mm 印张:15.25 字数:384 千
2019 年 3 月第 1 版 2024 年 1 月第 2 版 2024 年 1 月第 3 次印刷
印数:2 901—4 900
ISBN 978-7-5689-1308-9 定价:49.00 元

QIANYAN 前　言
（第 2 版）

本书是国家职业教育安全技术及管理专业教学资源库建设项目配套教材。依据《高等职业学校安全技术与管理专业教学标准》、矿山应急救援职业技能等级证书认证大纲、全国职业院校技能大赛高职组矿井灾害应急救援技术赛项、数字化矿山监测技术赛项规程、安全检测相关标准，专业教师与企业导师共同梳理建筑、矿山等典型行业生产安全管理人员、职业健康管理人员工作岗位知识、技能和素质要求，以安全检测技术教育、职业能力教育、思想政治教育于一体的"三育一体"为设计理念进行编写。邀请了重庆市疾病预防控制中心理化与卫生毒理检测所技术人员和中煤科工集团重庆研究院有限公司的安全监测与监控方面的技术人员共同参与完成，是校企合作完成的理实一体化、立体化教材。

针对安全技术与管理专业"厚基础、宽领域"的特点，分别从当前热门或新兴的安全检测与监控服务领域方向中选取了"安全检测与监控技术基础知识""职业卫生安全检测""土木工程材料检测""化工安全检测监控"和"矿山安全监控"五个模块进行介绍，并提炼典型工作过程形成每个模块后的项目和任务，形成模块、项目、任务、知识技能点四段式课程总体设计。本书可以让学生在认识安全检测与监控技术相辅相成、科技兴安的重要性的基础上，了解检测系统误差分析、工作场所有害因素职业接触限值等安全检测与监控技术的基础知识，具备职业卫生安全检测技术、土木工程结构的安全检测技术、化工行业的安全检测监控技术和煤矿安全监控系统等相关知识、技能和素质，成为重安全、懂技术、能操作、善协作的安全检测技术技能型人才。本书具有以下特点：

1. 根据《国家职业教育改革实施方案》中关于高职教育坚持知行合一、工学结合的要求，教材内容按"能力模块化"解构，以安全检测员"工作过程为导向"构建项目和任务，围绕任务单完成所需的知识、技能和职业素质要求形成每个任务的具体内容。

2. 在教材内容介绍方法上充分尊重学生的学习习惯，符合学生思维发展的规律。每一模块都设置了导学和模块框图，让学生清楚为什么学，要学些什么、每一个项目都配有知识、技能和素养目标，让学生目标明确地学习，每一个任务都分为任务背景、任务描述、任务分析、任务知识技能点链接、工作页，引导学生通过完成任务获得知识、技能的同时增强综合能力和提升职业素质。任务页具体分为信息、决策与计划，任务实施，检查与评价，思考与拓展，使学生按照"PDCA"的过程形成闭环学习，不断优化学习效果。

3. 校企"双元"合作开发，本书邀请了重庆市疾病预防控制中心理化与卫生毒理检测所技术人员和中煤科工集团重庆研究院有限公司的安全监测与监控方面的技术人员共同参与完成，教材内容随检测技术发展和产业升级情况及时动态更新，及时将新技术、新工艺、新规范纳入教学内容。

4.适应"互联网＋职业教育"发展需求,国家职业教育安全技术及管理专业教学资源库建设项目课程资源配套教材,教学资源丰富,具有任务式和立体化教材典型特征。

根据教育部专业教学标准要求,本书建议课时为48学时,具体学时分配如下表:

项目任务名称			建议学时
模块一 安全检测与监控技术基础知识	项目一　检测系统的误差分析	任务一　检测仪器的精度等级与容许误差识读	2
		任务二　计量数据的处理	2
		任务三　检测数据误差分析	2
	项目二　工作场所有害因素职业接触限值查询与超限判断	任务一　化学有害因素职业接触限值查询与超限判断	2
		任务二　物理因素职业接触限值查询与超限判断	2
模块二 职业卫生安全检测	项目一　粉尘的检测及分析	任务　工作场所空气中粉尘浓度的测定	4
	项目二　有毒物质的检测及分析	任务一　工作场所空气中氨的测定	2
		任务二　工作场所空气中铅及其化合物的测定	2
	项目三　物理因素的检测及分析	任务一　噪声的检测及分析	2
		任务二　高温的检测及分析	2
		任务三　手传振动的检测及分析	2
模块三 土木工程材料检测	项目一　水泥检测	任务一　水泥物理性能检测	2
		任务二　水泥力学性能检测	2
	项目二　水泥混凝土材料性能检测	任务一　水泥混凝土骨料物理性能检测	2
		任务二　混凝土拌合物性能检测	4
	项目三　建筑钢材性能检测	任务　钢筋力学性能检测	2
模块四 化工安全检测监控	项目一　气体检测与监控系统设置	任务一　常用气体检测报警仪的选用与设置	2
		任务二　可燃气体和有毒气体检测报警系统设置	2
	项目二　防雷检测	任务　防雷防静电检测	2
模块五 矿山安全监控	项目一　煤矿安全监控系统布置	任务　煤矿安全监控系统布置	4
	项目二　煤矿安全监控系统使用与维护	任务　煤矿安全监控系统使用与维护	2

　　本书由肖丹、岳小春、樊荣担任主编,王琳、郭江涛担任副主编,参加编写的还有李小平、王宇、杨伟、戴锐睿。重庆工程职业技术学院肖丹负责编写模块一、模块四,重庆市疾病预防控制中心岳小春、李小平、王宇、杨伟、戴锐睿负责编写模块二,重庆工程职业技术学院王琳负责编写模块三,中煤科工集团重庆研究院有限公司樊荣、郭江涛负责编写模块五。

　　本书编写力求适应高职高专课程体系和教学内容、教学方法的改革及发展需求,但由于编写时间和编者水平有限,书中难免有不足和疏漏之处,恳请读者批评指正。

编　者

2023 年 6 月

模块一　安全检测与监控技术基础知识

安全检测与监控是借助仪器、仪表、传感器、探测设备等工具迅速而准确地了解生产系统及作业环境中危险因素与有毒有害因素的类型、危害程度、范围及动态变化，对职业安全与卫生状态进行评价，对安全技术及设施进行监督，对安全技术措施的效果进行检测，提供可靠而准确的信息，以改善劳动作业条件、改进生产工艺过程、控制系统或设备的事故发生。学习掌握检测系统误差分析基础，正确选用符合精度要求的检测仪器仪表、规范进行检测系统误差分析，才能避免工作中失之毫厘，谬以千里；准确查询有害因素职业接触限值并规范进行超限判断，才能真正地科学识限，防微杜渐。

检测系统误差

分析基础——

差之毫厘，谬以千里

工作场所有害因素

职业接触限值——

科学识限，防微杜渐

模块框图：

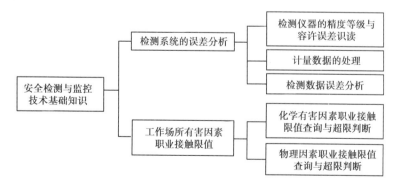

项目一　检测系统的误差分析

学习目标

知识目标：

1. 了解真值、标称值、示值、误差等定义，熟悉检测仪器仪表的精度等级，掌握精度等级的确定方法。

2. 了解可靠数字、存疑数字、有效数字等定义，熟悉数值修约规则，掌握有效数字的运算方法。

3. 熟悉误差的分类及系统误差的消除方法。

4. 掌握绝对误差分析的方法。

技能目标：

1. 会识读检测仪器仪表精度等级，会判断仪器仪表的精度等级高低。

2. 会进行检测数据读数、记录、数值修约。

3. 会进行检测数据误差分析。

素养目标：

1. 养成积极有效的协调、管理和沟通能力。

2. 具备良好的资料收集和文献检索的能力。

3. 具备严谨细致、精益求精的工作作风。

任务一　检测仪器的精度等级与容许误差识读

任务背景

信息技术是推动国民经济发展的关键技术，同时也是实现更高水平安全管理的关键技术。检测仪器仪表在安全生产管理中可以有效获取信息、传递信息、存储信息、处理信息及使信息标准化。如果获取的信息是错误的或不准确的，那么将直接影响后续的信息利用或危险控制。会选用符合要求精度等级的检测仪器仪表是检测人员一项基础且重要的技能。

任务描述

❓ 识读压力表的精度等级

识读图 1-1-1 中（a）和（b）两个压力表的精度等级。

(a)绝压压力表 　　　　　(b)精密压力表

图 1-1-1 　压力表

问题：

①请识读上面压力表的精度等级？

②分析比较哪一个精度等级更高？

任务分析

知识与技能要求：

知识点：引用误差、最大引用误差、检测仪器仪表的精度等级的确定方法。

技能点：具备检测仪器仪表精度等级识读能力、会判断不同精度等级仪器仪表的精度等级高低。

任务知识技能点链接

一、误差的基本概念

1. 真值

真值即真实值，是一个变量本身所具有的真实值，它是一个理想的概念，一般是无法得到的，因为一切测量都存在误差，所以在计算误差时，一般用约定真值或相对真值来代替。

（1）约定真值

根据国际计量委员会通过并发布的各种物理参量单位的定义，利用当今最先进科学技术复现这些实物单位基准，其值被公认为国际或国家基准，称为约定真值。例如，纯水在 1 个标准大气压下沸腾的温度为 100 ℃ 。

（2）相对真值

相对真值是指在我们所研究的领域内，用标准设备进行测量所得的量值。如果高一级检测仪器（计量器具）的误差仅为低一级检测仪器误差的 1/10 ～ 1/3，则可认为前者是后者的相对真值。例如，光学瓦斯检测仪的测量值是瓦斯传感器的相对真值。

误差的表示方法

2. 标称值

计量或测量器具上标注的量值,称为标称值。由于制造工艺的不完备或环境条件发生变化,使这些计量或测量器具的实际值与其标称值之间存在一定的误差,即计量或测量器具的标称值存在不确定度,通常需要根据精度等级或误差范围进行估计。例如,500 mL 的水瓶、3 W 的灯泡、1 g 的砝码等都是标称值。

3. 示值

检测仪器(或系统)指示或显示(被测量)的数值叫示值,也叫测量值或读数。

4. 误差

测量值与真值之差称为误差。由于检测系统(仪表)不可能绝对精确,测量原理的局限、测量方法的不尽完善、环境因素和外界干扰的存在以及测量过程可能会影响被测对象的原有状态等,也使得测量结果不能准确地反映被测量的真值而存在一定的偏差,这个偏差就是测量误差。检测系统(仪器)的基本误差通常有绝对误差、相对误差、引用误差和最大引用误差四种表示形式。

（1）绝对误差

检测系统的测量值 X 与被测量的真值 X_0 之间的代数差值 Δx 称为检测系统测量值的绝对误差,即

$$\Delta x = X - X_0 \tag{1-1-1}$$

式中,真值 X_0 可以是约定真值,也可以是由高精度标准仪器所测得的相对真值。工程上,在无法得到被测量的约定真值和相对真值时,常在被测量没有发生变化的条件下重复多次测量,用多次测量的平均值代替相对真值。

绝对误差 Δx 说明系统示值偏离真值的大小,其值可正可负,具有和被测量相同的量纲。

（2）相对误差

检测系统测量值(即示值)的绝对误差 Δx 与被测量真值 X_0 的比值,称为检测系统测量值的相对误差 δ,常用百分数表示,即

$$\delta = \frac{\Delta x}{X_0} \times 100\% \tag{1-1-2}$$

用相对误差通常比用绝对误差更能说明不同测量的精确程度,一般来说,相对误差值越小,其测量精度就越高。

思考:假设 1 m 的尺子在每次测量时均会产生 1 mm 的绝对误差,问在测量 1,10,100,1 000 mm 时的相对误差?

提示:测量值与绝对误差和相对误差的关系见表 1-1-1,任何精度等级的检测仪器测量一个靠近测量下限的小量,相对误差总比测量接近上限的大量产生的相对误差要大得多。

表 1-1-1　测量值与绝对误差和相对误差的关系

真实长度/mm	绝对误差/mm	相对误差/%
1	1	100
10	1	10
100	1	1
1 000	1	0.1

（3）引用误差

检测系统测量值的绝对误差 Δx 与系统量程 L 的比值，称为检测系统测量值的引用误差 γ。引用误差 γ 通常以百分数表示：

$$\gamma = \frac{\Delta x}{L} \times 100\% \qquad (1\text{-}1\text{-}3)$$

思考：假设 1 m 的尺子在每次测量时均会产生 1 mm 的绝对误差，问测量产生的引用误差是多少？

提示：套用引用误差公式，分母取满量程值 1 m，得到结果为 0.1%，即引用误差为 0.1%。引用误差的分母虽然固定为系统量程或满量程，但很多测量系统在其测量范围内产生的绝对误差并不相同，因此会造成不同示值的引用误差不同。

（4）最大引用误差（或满度相对误差）

在规定的工作条件下，当被测量平稳增加或减少时，在检测系统全量程所有测量值引用误差（绝对值）中的最大者，或者说所有测量值中最大绝对误差（绝对值）与量程的比值的百分数，称为该系统的最大引用误差，用符号 γ_{max} 表示：

$$\gamma_{max} = \frac{|\Delta x_{max}|}{L} \times 100\% \qquad (1\text{-}1\text{-}4)$$

最大引用误差是检测系统基本误差的主要形式，故也常称为检测系统的基本误差。它是检测系统最主要的质量指标之一，能很好地表征检测系统的测量精度。

二、检测仪器仪表的精度等级

1.检测仪器仪表的精度等级

认识检测仪器的精度等级

在正常的使用条件下，检测仪器仪表测量结果的准确程度叫仪表的精度。在工业测量中通常用精度等级来表示检测仪器仪表的准确程度，其是衡量检测仪器仪表质量优劣的重要指标之一。

我国工业仪表精度等级包括 0.1,0.2,0.5,1.0,1.5,2.5,5.0 等。检测仪器仪表的精度等级通常标记在仪表刻度标尺或铭牌上，如图 1-1-2 所示，压力表的精度等级标记在仪表刻度盘上，为 1.5。如图 1-1-3 所示，拉压力变送器的精度等级标记在铭牌上，即精度为 0.05%F.S,F.S 代表满量程。

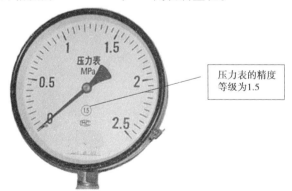

图 1-1-2　精度等级为 1.5 的压力表　　图 1-1-3　精度等级为 0.05 的拉压力变送器

2.检测仪器仪表的精度等级确定方法

检测仪器仪表的精度等级由生产厂商根据其最大引用误差的大小并以选大不选小的原

则就近套用精度等级得到。例如,0.5 级表的引用误差的最大值不超过 ±0.5%,1.0 级表的引用误差的最大值不超过 ±1%。

思考:量程为 0～1 000 V 的数字电压表,如果其整个量程中最大绝对误差为 1.05 V,其精度等级为多少?

提示:

$$\gamma_{max} = \frac{|\Delta x_{max}|}{L} \times 100\% = \frac{1.05}{1\,000} \times 100\% = 0.105\%$$

套用最大引用误差公式得到 γ_{max} 为 0.105%,去掉正、负号及百分号,得到 0.105,由于 0.105 不是标准化精度等级值,因此需要就近套用标准化精度等级值。0.105 位于 0.1 级和 0.2 级之间,尽管该值与 0.1 更为接近,但按选大不选小的原则,该数字电压表的精度等级应为 0.2 级。

思考:为什么检测仪器仪表的级数越小,精度(准确度)就越高?

提示:检测仪器仪表的精度等级就是最大引用误差去掉正、负号及百分号,并以选大不选小的原则就近套用精度等级得到。相同量程的仪器仪表,级数越小,它测量产生的最大绝对误差就越小,精度等级就越高。检测仪器仪表经常使用的精度为 2.5 级和 1.5 级,1.5 级的精度等级要高于 2.5 级。

3. 检测仪器仪表的选用

一般情况下,检测仪器仪表精度等级的数字越小,仪表的精度越高。如 0.5 级的仪表精度优于 1.0 级仪表,而劣于 0.2 级仪表。在工程上,单次测量值的误差通常就是用检测仪表的精度等级来估计的,值得注意的是,精度等级高低仅说明该检测仪表的最大引用误差的大小,不意味着该仪表某次实际测量中出现的具体误差值是多少。

三、容许误差

容许误差又称极限误差,是人为规定的检测仪器在工作时不能超过的测量误差的极限值,即检测仪器在规定使用条件下可能产生的最大误差范围,它是衡量检测仪器的最重要的质量指标之一,可用绝对误差、相对误差或引用误差等来表述。例如,测量范围为 0～25 mm,分度值为 0.01 mm 的千分尺,其示值的容许误差 0 级不得超过 ±2 mm;1 级不得超过 ±4 mm,这里的容许误差为绝对误差。再如 ±(2% +20 mV),误差的前一部分表示为相对误差,而后一部分表示为绝对误差。

对于检测仪器的一个性能特性,可以对应几组规定的额定工作条件,来规定几个工作误差极限。例如,低浓度瓦斯传感器的容许误差分三组表示:

①0.00%～1.00% CH$_4$ ±0.10% CH$_4$(基本测量误差)。

②1.00%～2.00% CH$_4$ ±0.20% CH$_4$(基本测量误差)。

③2.00%～4.00% CH$_4$ ±0.30% CH$_4$(基本测量误差)。

工作页

一、信息、决策与计划

①精度等级由生产厂商根据其＿＿＿＿＿＿＿的大小并以＿＿＿＿＿＿＿的原则就近套用精度等级得到。

②一般情况下,检测仪器仪表精度等级的数字越小,仪表的精度＿＿＿＿＿＿＿。

二、任务实施

◇ 识读图 1-1-4 中压力表的精度等级。

　　（a）绝压压力表

　　（b）精密压力表

图 1-1-4　压力表

①观察图 1-1-4（a）和（b）中压力表表盘，可知图 1-1-4（a）中压力表的精度等级为
_____；图 1-1-4（b）中压力表的精度等级为_____。

②分析比较哪一个压力表精度等级更高？

答：_____

三、检查与评价

填写任务学习评价表（表 1-1-2）。

表 1-1-2　任务学习评价表

考核要点	评价关键点	分值/分	组内评价（30%）	小组互评（30%）	教师评价（40%）
误差的基本概念	了解真值、示值等误差基本概念	5			
	熟悉误差的四种表示方法	10			
	会计算绝对误差、相对误差、引用误差和最大引用误差	20			
检测仪器仪表的精度等级	知道工业仪表等级	5			
	会识读检测仪器仪表精度等级	10			
	会判断不同精度等级仪器仪表的精度等级高低	10			
检测仪器仪表的精度等级确定方法	知道检测仪器仪表的精度等级确定原则	10			
	会运用检测仪器仪表的精度等级确定原则确定精度等级	20			
容许误差	会识读和判断检测仪器仪表的容许误差	10			
总得分		100			

四、思考与拓展

在选择检测仪器仪表时,为什么既要考虑精度等级,还要考虑检测仪器仪表的量程? 请举例说明。

任务二　计量数据的处理

 任务背景

建立有效数字的概念,对于检测工作来说非常重要。为了得到准确的分析结果,不仅要准确地测量,而且要正确地记录和计算,即记录的数字不仅要表示数量的大小,还要正确地反映测量准确程度。

 任务描述

(?) 试样称量并进行数值修约

利用直接称量法量某试剂的质量,进行正确的读数和数据记录,见表 1-1-3。

表 1-1-3　直接称量法数据记录表

物体(物质)	称量瓶质量	试样质量	(称量瓶 + 试样)的质量
质量读数/g			

问题:

①请按照可靠数字加一位存疑数字的方式进行有效数字读取并记录。

②按照《数值修约规则与极限数值的表示和判定》(GB/T 8170—2008)对称量数据进行数值修约至小数点后三位。

 任务分析

知识与技能要求:

知识点:可靠数字、存疑数字、有效数字、数值修约规则、有效数字的运算方法。

技能点:检测数据读数、运用《数值修约规则与极限数值的表示和判定》(GB/T 8170—2008)对称量数据进行数值修约。

 任务知识技能点链接

一、计量数据相关术语

1.可靠数字

通过直读获得的准确数字称为可靠数字。

计量数据的处理

2. 存疑数字

通过估读得到的那部分数字称为存疑数字。

3. 有效数字

测量结果中能够反映被测量大小的带有一位存疑数字的全部数字称为有效数字。在数学中,有效数字是指在一个数中,从该数的第一个非零数字起,直到末尾数字止的数字。

思考:用天平称得某物质的质量是 1.296 0 g,请说出它的可靠数字、存疑数字和有效数字。

提示:这一数值中,1.296 是准确的,即可靠数字;最后一位数字"0"是可疑的,即存疑数字,可能有上下一个单位的误差,即其实际质量是在(1.296 0 ± 0.000 1) g 范围内的某一个数值;有效数字是五位,即 1.296 0。

4. 数值修约

通过省略原数值的最后若干位数字,调整所保留的末位数字,使最后得到的值最接近原数值的过程称为数值修约。经数值修约后的数值称为(原数值的)修约值。

5. 修约间隔

修约间隔是指修约值的最小数值单位。修约间隔的数值一经确定,修约值即为该数值的整数倍。

思考:修约间隔的数值一经确定,修约值即为该数值的整数倍,你能举一个例子说明吗?

提示:指定修约间隔为 0.1,修约值应在 0.1 的整数倍中选取,相当于将数值修约到一位小数。

二、数值修约规则

1. 确定修约间隔

①指明将数值修约到 n 位小数。

②指明将数值修约到"个"数位。

③指定将数值修约到"十""百""千"数位。

2. 进舍规则(四舍六入五留双)

①拟舍弃数字的最左一位数字小于 5,则舍去,保留其余各位数不变。例如,14.243 2 要修约成三位有效数字,则从第四位开始的"432"就是拟舍去的数字,其左边的第一个数字"4"小于 5,应舍去,所以修约为 14.2。

②拟舍弃数字的最左一位数字大于 5,则进一,即保留数字的末位数字加 1。例如,14.26 要修约成三位有效数字,则从第四位开始的"6"就是拟舍去的数字,其左边的第一个数字"6"大于 5,应进一,所以修约为 14.3。

③拟舍弃数字的最左一位数字是 5,且其后有非 0 数字时进一,即保留数字的末位数字加 1(无论 5 前面是单双,都进一)。例如,2.050 2 修约至一位小数结果为 2.1(简写为 2.050 2→2.1)。

④拟舍弃数字的最左一位数字为 5,且其后无数字或皆为 0 时,若所保留的末位数字为奇数(1,3,5,7,9)则进一,即保留数字的末位数字加 1;若所保留的末位数字为偶数(0,2,4,6,8),则舍去,即"奇进偶不进"。例如,0.350 0→0.4 为"奇进",12.25→12.2 为"偶不进"。

⑤负数修约时,先将它的绝对值按上述规定进行修约,再在所得值前面加上负号。例如,-12.35 修约一位小数,即先将 12.35→12.4,然后加上负号,即 -12.35→ -12.4。

3. 不允许连续修约

拟修约数字应在确定修约间隔或指定修约数位后一次修约获得结果,不得多次连续修约。

例如,修约 97.46,修约间隔为 1。首先将 97.46 修约至 97.5,再次将 97.5 修约至 98。请问这种修约方式对吗,为什么?

提示:不对。指定修约间隔为 1,修约值应在 1 的整数倍中选取,相当于将数值修约到个数,修约数字应一次修约获得结果。正确的做法是按照四舍六入五留双的规则将 97.46 修约至 97,即从第三位开始的"46"都是拟舍去的数字,其左边的第一个数字"4"小于 5,应舍去,所以修约值为 97。

三、有效数字运算规则

1. 加减运算

几个数相加或相减时,它们的和或差中的小数点后位数的保留,应以小数点后位数最少的数据为依据。

例　$0.012\,1 + 25.64 + 1.057\,82 = ?$

由计算器算得结果为 26.709 92。修约值应和小数点后位数最少的 25.64 相同,即应保留到小数点后第二位,根据修约规则,这个算式的正确结果为 26.71。

2. 乘除运算

几个数据相乘相除时,各参加运算数据所保留的位数,以有效数字位数最少的为标准,其积或商的有效数字也以此为准。

例　$0.012\,1 \times 30.64 \times 2.057\,82 = ?$

由计算器算得结果为 0.762 924 418 08。修约值应和有效数字位数最少的 0.012 1 相同(三位有效数字),根据修约规则,这个算式的正确结果为 0.763。另外一种算法是将其余两数修约成 30.6 和 2.06 并与之相乘,即 $0.012\,1 \times 30.6 \times 2.06 = 0.763$。

需要说明的是,在一些计算公式中,经常会出现一些分数或倍数,如 2,5,10 及 1/2,1/10 等,这里的数字非测量所得,可视为足够准确,不考虑其有效数字位数,计算结果的有效数字的位数,应由其他的测量数据来确定。总之,检验结果应保留的有效数字位数要根据分析方法和仪器的准确度而定,在数据的记录、运算和最后的检测结果中,都不能随意增加或减少有效数字的位数。

工作页

一、信息、决策与计划

①在分析天平上称得重铬酸钾的质量为 0.075 8 g,此数据有_____位有效数字。

②将 14.243 2 修约成三位有效数字,结果为_____。

③$0.032\,5 \times 5.103 \times 60.06 \div 139.8 = $_____。

二、任务实施

◇ 试样称量并进行数值修约

利用直接称量法测量某试剂的质量,请按照可靠数字加一位存疑数字的方式进行有效数字读取并记录。

①选取感量为万分之一的天平。

②放入被称物:开启天平侧门,放一张滤纸,并按"TARE"键去皮显示"0.000 0 g",然后将被称物置于天平载物盘中央(放入被称物时应戴手套或用镊子,不应用手直接接触,轻拿轻放)。

③读数:天平自动显示被测物质的质量,等数字稳定 15 s 后(显示屏右侧出现"g")即可读数并将数据记录至表 1-1-4。例如,用天平称得试样质量是 2.384 5 g,这一数值中,2.384 是可靠数字,最后一位数字"5"是存疑数字,可能有上下一个单位的误差,即其实际质量是在 (2.384 5 ± 0.000 1) g 范围内的某一个数值。

表 1-1-4　直接称量法数据记录表

物体(物质)	称量瓶质量	试样质量	(称量瓶 + 试样)的质量
质量读数/g			

按照《数值修约规则与极限数值的表示和判定》(GB/T 8170—2008)对称量数据进行数值修约至小数点后三位。

①确定修约间隔为小数点后三位。

②按照进舍规则(四舍六入五留双)进行称量瓶、试样的质量数值修约:

称量瓶质量修约:_____。

试样质量修约:_____。

③按加减运算有效数字运算规则进行(称量瓶 + 试样)的质量数值修约:

两个数相加,它们的和小数点后位数的保留,以小数点后位数最少的数据为依据,在这里都保留至小数点后三位。

求称量瓶 + 试样的质量和为_____,质量和修约:_____。

三、检查与评价

填写任务学习评价表(表 1-1-5)。

表 1-1-5　任务学习评价表

考核要点	评价关键点	分值/分	组内评价(30%)	小组互评(30%)	教师评价(40%)
有效数字读取并记录	可靠数字加一位存疑数字	20			
数值修约	修约间隔确定	10			
	进舍规则	20			
	一次修约到位	10			

续表

考核要点	评价关键点	分值/分	组内评价（30%）	小组互评（30%）	教师评价（40%）
有效数字运算规则	有效数字运算规则运用	20			
	一次修约到位	20			
总得分		100			

四、思考与拓展

阅读《数值修约规则与极限数值的表示和判定》（GB/T 8170—2008），对检测数据进行数值修约，了解极限数值的表示和判定方法。

任务三　检测数据误差分析

任务背景

在日常检测工作中，即使选用最好的检验方法、有检定合格的仪器设备、有满足检验要求的环境条件和熟悉检验工作的操作人员，但得到的检验结果往往不可能是绝对准确的，即使是同一检测人员对同一检测样品、同一项目的检测，其结果也不会完全一样，总会产生这样或那样的差别。误差是客观存在的，用它可以衡量检测结果的准确度，误差越小，检测结果的准确度越高。利用误差理论对日常检验工作进行质量控制有着重要的意义。

任务描述

❓ 游标卡尺检测数据误差分析

使用量程为 0～300 mm，分度值为 0.05 mm 的游标卡尺（即20分度），测量圆环内径数据见表 1-1-6，已知圆环内径的真实值为 3.250 cm。

表 1-1-6　游标卡尺测量圆环内径 d　　　　　　单位：cm

测量次数	1	2	3	4	5	6	平均值
第一组	3.150	3.150	3.155	3.155	3.150	3.155	3.152
第二组	3.150	3.255	3.360	3.155	3.250	3.355	3.254
第三组	3.255	3.250	3.260	3.255	3.250	3.255	3.254

问题：

①试分析表 1-1-6 中三组数据的准确度、精密度和精确度。

②试分析误差产生的来源及控制误差的方法。

任务分析

知识与技能要求：

知识点：精确度、精密度、准确度、误差的分类、系统误差及其消除。

技能点：检测数据误差分析、误差来源分析。

任务知识技能点链接

一、误差的分类

误差的分类有多种方式，例如，按误差出现的规律分为系统误差、随机误差（偶然误差）和粗大误差；按被测量与时间的关系，分为静态误差和动态误差等。

误差的分类

1. 按误差出现的规律分类

（1）系统误差

1）系统误差及其特点

在相同条件下，多次重复测量同一被测量时，其测量误差的大小和符号保持不变，或在条件改变时，误差按某一确定的规律变化，这种测量误差称为系统误差。误差值恒定不变的称为定值系统误差，误差值变化的则称为变值系统误差。变值系统误差又可分为累进性的、周期性的以及按复杂规律变化的几种，如图 1-1-5 所示。

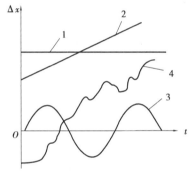

图 1-1-5   系统误差的特点及常见变化规律

①曲线 1 表示测量误差的大小与方向不随时间变化的恒差型系统误差。

②曲线 2 为测量误差随时间以某种斜率呈线性变化的线性变差型系统误差。

③曲线 3 表示测量误差随时间作某种周期性变化的周期变差型系统误差。

④曲线 4 为上述三种关系曲线的某种组合形态，呈现复杂规律变化的复杂变差型系统误差。

2）系统误差产生的原因

系统误差产生的原因大体上有测量所用的工具（仪器、量具等）本身性能不完善或安装、布置、调整不当，测量方法不完善或测量所依据的理论本身不完善，操作人员视读方式不当造成读数误差等。

系统误差的特征是测量误差出现的有规律性和产生原因的可知性。系统误差产生的原因和变化规律一般可通过实验和分析查出。因此，系统误差可被设法确定并消除。

（2）随机误差

1）随机误差及其特点

在相同条件下多次重复测量同一被测量时，测量误差的大小与符号均无规律变化，这类误差称为随机误差（偶然误差）。

2)随机误差产生的原因

随机误差主要是由于检测仪器或测量过程中,某些未知或无法控制的随机因素(如仪器的某些元器件性能不稳定,外界温度、湿度变化,空中电磁波扰动,电网的畸变与波动等)综合作用的结果。

随机误差的变化通常难以预测,因此也无法通过实验方法确定、修正和消除。但是通过足够多的测量比较可以发现随机误差服从某种统计规律,如正态分布、均匀分布、泊松分布等。

(3)粗大误差

1)粗大误差及其特点

粗大误差是指明显超出规定条件下预期的误差。其特点是误差数值大,明显歪曲了测量结果。

2)粗大误差产生的原因

粗大误差一般由外界重大干扰、仪器故障或不正确的操作等引起。存在粗大误差的测量值称为异常值或坏值,一般容易发现,发现后应立即剔除。也就是说,正常的测量数据应是剔除了粗大误差的数据,所以我们通常研究的测量结果误差中仅包含系统和随机两类误差。

2. 按误差来源分类

按来源误差可分为仪器误差、理论误差与方法误差、环境误差和人员误差四类。

(1)仪器误差

仪器误差主要包括两种情况:仪器、仪表或测量系统设计原理上的缺陷或采用近似的设计方法;仪器、仪表或测量系统零件制造和安装不正确。

(2)环境误差

环境误差指测量时的实际温度、湿度、气压等按一定规律发生变化,而造成对标准状态的偏差,引起系统误差。

(3)理论与方法误差

理论与方法误差是由测定方法本身造成的误差,或由于测定所依据的原理本身不完善而导致的误差。例如,伏安法测电阻时没有考虑电表内阻对实验结果的影响,产生的误差即为理论与方法误差。

(4)人员误差

人员误差指由于测量者个人的特点,在刻度上估计读数时,习惯偏向某一方向;动态测量时,记录有滞后等。

3. 按被测量随时间变化的速度分类

按被测量随时间变化的速度误差分为静态误差和动态误差两类。

(1)静态误差

习惯上,将被测量不随时间变化时所测得的误差称为静态误差。例如,测量身高过程中产生的即为静态误差。

(2)动态误差

在被测量随时间变化过程中进行测量时所产生的附加误差称为动态误差。动态误差是由于检测系统对输入信号变化响应上的滞后或输入信号中不同频率成分通过检测系统时受到不同的衰减和延迟而造成的误差。例如,测量风速、流量等过程中产生的即为动态误差。

4. 按使用条件分类

按使用条件误差分为基本误差和附加误差两类。

(1)基本误差

仪器、仪表或测试系统在标准条件下使用时所产生的系统误差,即固有误差。

(2)附加误差

当使用条件偏离标准条件时,仪器、仪表或测试系统在基本误差的基础上增加的新的系统误差,如电源波动附加误差、温度附加误差等。

二、测量的精密度、准确度、精确度与误差

我们常用精度反映测量结果中误差大小的程度。误差小的精度高,误差大的精度低,这里精度却是一个笼统的概念,它并不明确表示描写的是哪一类误差,为描述更具体,我们把精度分为精密度、准确度和精确度。

1. 准确度与误差

准确度表示测量结果中系统误差大小及接近真值的程度。准确度高,即测量结果接近真值的程度高,系统误差小。

测量结果的误差表示方法主要有相对误差和绝对误差两种。当测量结果大于真值时误差为正值,表明测量结果偏高;反之误差为负,表明测量结果偏低,因此绝对误差和相对误差都有正负之分。其中,绝对误差只能表示误差绝对值的大小,而相对误差表示误差在真实值中所占的百分率,当绝对误差相等时,相对误差并不一定相同,即同样的绝对误差,当被测定的量较大时,相对误差就比较小,测定的准确度也就比较高。因此,用相对误差更便于比较各种情况下测定结果的准确度,也更具有实际意义,应用更为普遍。

思考:用分析天平称量两个样品,每个样品称量 3 次,数据记录见表 1-1-7。求测量结果的绝对误差和相对误差,并分析测量结果的准确度。

表 1-1-7　样品质量记录表

测量次数	1	2	3
样品一质量 m_1/g	0.002 1	0.001 9	0.002 0
样品二质量 m_2/g	0.543 2	0.543 1	0.543 3

提示:

①检测系统的测量值与被测量的真值之间的代数差值称为检测系统测量值的绝对误差,真值可以是约定真值,也可以是由高精度标准器所测得的相对真值。工程上,在无法得到被测量的约定真值和相对真值时,常在被测量没有发生变化的条件下重复多次测量,用多次测量的平均值代替相对真值。这里样品质量的真值取 3 次测量的平均值,样品一为 0.002 0 g,样品二为 0.543 2 g,计算的绝对误差见表 1-1-8。

②检测系统测量值的绝对误差与被测量真值的比值,称为检测系统测量值的相对误差,常用百分数表示,计算的相对误差见表 1-1-8。

表 1-1-8　样品质量记录分析表

测量次数	1	2	3	平均值
样品一质量 m_1/g	0.002 1	0.001 9	0.002 0	0.002 0
绝对误差/g	0.000 1	−0.000 1	0.000 0	
相对误差/%	5.00	−5.00	0.00	
样品二质量 m_2/g	0.543 2	0.543 1	0.543 3	0.543 2
绝对误差/g	0.000 0	−0.000 1	0.000 1	
相对误差/%	0.00	−0.02	0.02	

注:一般偏差或误差计算结果只取 1~2 位有效数字。

③样品一和样品二称量结果的绝对误差基本相同,但样品二称量结果的相对误差明显小于样品一,因此,样品二的准确度也就比较高。

2. 精密度与误差

精密度表示测量结果中的随机误差大小的程度。它是指在一定条件下进行重复测量时,所得结果的相互接近程度。用来描述测量的重复性。精密度高,即测量数据的重复性好,随机误差较小。

精密度的大小可用偏差、平均偏差、相对平均偏差、标准偏差和相对标准偏差表示。

偏差是测量值与平均值之差,偏差越大,精密度越低。

$$d_i = x_i - \bar{x} \tag{1-1-5}$$

式中　d_i——任意一次测量结果的偏差;

　　　x_i——任意一次测量结果的数值;

　　　$\bar{x}$——n 次测量结果的平均值。

平均偏差是各测量值的单个偏差绝对值的平均值,由于各测量值的绝对偏差有正有负,取平均值时会相互抵消。只有取偏差的绝对值的平均值才能正确反映一组重复测定值间的符合程度。

$$\bar{d} = \frac{\sum\limits_{i=1}^{n} |x_i - \bar{x}|}{n} \tag{1-1-6}$$

式中　$\bar{d}$——平均偏差;

　　　n——测量次数;

　　　x_i——任意一次测量结果的数值;

　　　$\bar{x}$——n 次测量结果的平均值。

平均偏差占平均值的比例称为相对平均偏差。

$$\bar{d}_r = \frac{\bar{d}}{\bar{x}} \times 100\% = \frac{\sum\limits_{i=1}^{n} (|x_i - \bar{x}|)/n}{\bar{x}} \times 100\% \tag{1-1-7}$$

式中　$\bar{d}_r$——相对平均偏差;

$\bar{d}$——平均偏差；

$\bar{x}$——n 次测量结果的平均值；

n　　测量次数；

x_i——任意一次测量结果的数值。

用平均偏差表示精密度比较简单，但由于在一系列的测定结果中，小偏差占多数，大偏差占少数，如果按总的测定次数求算术平均偏差，所得结果会偏小，大偏差得不到应有的反映。此时用平均偏差不能衡量测定结果的精密度，因此引入标准偏差，使大偏差得到应有的反映。

$$标准偏差（标准差）: S = \sqrt{\frac{\sum\limits_{i=1}^{n}(x_i - \bar{x})^2}{n-1}} \tag{1-1-8}$$

式中　　S——标准偏差，或称标准差；

n——测量次数；

x_i——任意一次测量结果的数值；

$\bar{x}$——n 次测量结果的平均值。

相对标准偏差又称变异系数，是标准偏差占平均值的比例，实际工作中多用 RSD 表示测量数据分析结果的精密度。

$$RSD = \frac{S}{\bar{x}} \times 100\% = \frac{\sqrt{\dfrac{\sum\limits_{i=1}^{n}(x_i - \bar{x})^2}{n-1}}}{\bar{x}} \times 100\% \tag{1-1-9}$$

式中　　RSD——相对标准偏差，或称变异系数；

S——标准偏差；

n——测量次数；

x_i——任意一次测量结果的数值；

$\bar{x}$——n 次测量结果的平均值。

3. 精确度

精确度是对测量结果中系统误差和随机误差的综合描述。它是指测量结果的重复性及接近真值的程度，精密度好的测量结果准确度不一定高，即测量结果的准确度和精密度都好，它的精确度才高。

为了形象地说明这三个概念的区别和联系，我们以打靶为例说明，如图 1-1-6 所示。

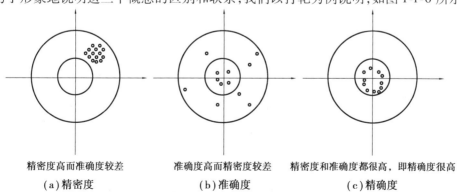

（a）精密度　　　　　　　　（b）准确度　　　　　　　　（c）精确度

图 1-1-6　测量的精密度、准确度、精确度图示（以打靶为例）

三、提高分析精确度的方法

1.减少系统误差的方法

减少系统误差,是指使其影响减小到仪器测量的精度以内,否则,精确的测量便失去意义。减少或消除可能出现的系统误差应从分析方法、仪器和试剂、实验操作等方面考虑,下面介绍常采用的几种方法。

系统误差及其消除

①修正法。对于有些零值误差,如千分尺使用时间较长后产生的磨损,可引入一个修正值,在测量时进行修正。对于仪器的示值误差,可通过与高精度仪器比较,或根据理论分析导出修正值,予以修正。

②交换法。在测量中对某些条件(如被测物的位置)进行交换,使产生系统误差的原因对测量结果起相反的作用。例如,为了消除天平不等臂误差,可采用"复秤法",即交换被测物和砝码的位置再测一次,取两次结果的平均值。

③补偿法。例如,在量热学实验中,采用加冰降温,使系统的初温低于环境温度而吸热,以补偿在升温时的热损失。在测量电动势时,如果用电压表直接测量的话,由于电压表也有一定电流通过,测出的值是电池的路端电压,而不是电源的电动势,所以要想消除电源的内阻影响,测出电源的电动势,就要用一个电压与电源互相抵消。

④减小测量误差。例如,使用万分之一的分析天平,一般情况下称样的绝对误差为±0.000 2 g,如欲称量的相对误差不大于0.1%,那么应称量的试样的最小质量为0.2 g。

⑤从产生误差根源上消除系统误差。对于实验中由于方法(如伏安法测电阻)或人员(如观测者对准目标时习惯偏向一方)引起的系统误差,应逐项进行分析并予以修正。

⑥校准仪器。校准仪器指在规定条件下,为确定测量仪器仪表或测量系统所指示的量值,或实物量具、参考物质所代表的量值,与对应的由标准所复现的量值之间关系的一组操作。其目的是通过与标准比较确定测量装置的示值精确度是否满足要求,如分析天平及各种检测仪器的定期校正。

2.减少随机误差的方法

多次测定的随机误差服从正态规律,可采用增加测定次数,取其平均值的方法减少随机误差。

(1)适当增加平行测定次数

对于有限次数的测定,随机误差似乎无规律可言,但是经过相当多次重复测定后,就会发现它的出现服从统计规律,并且可以通过适当增加平行测定的次数予以减少。在一般的定量分析中,平行测定3~4次即可。

(2)取平均值表示测定结果

统计学证明,在一组平行测定值中,平均值是最可信赖的,它反映了该组数据的集中趋势,因此人们常用有效数据的平均值表示测定结果。

工作页

一、信息、决策与计划

①误差按出现的规律分为哪些类别?

答:_____

②测定某锰合金中锰的质量分数(%),第一组测定值分别为 41.24 和 41.27,第二组测定值分别为 41.23 和 41.26。求测量结果的平均偏差、相对平均偏差、标准偏差和相对标准偏差。

解:　　　$\overline{x}$ = _____

　　　　　d_1 = _____　d_2 = _____　d_3 = _____　d_4 = _____

平均偏差 $\overline{d}$ = _____

相对平均偏差 $\overline{d}_r$ = _____

标准偏差 S = _____

相对标准偏差 RSD = _____

二、任务实施

◇ 游标卡尺检测数据误差分析

使用量程为 0 ~ 300 mm,分度值为 0.05 mm 的游标卡尺(即 20 分度),测量圆环内径数据,见表 1-1-9,已知圆环内径的真实值为 3.250 cm。

表 1-1-9　游标卡尺测量圆环内径 d　　　　　　　　　单位:cm

测量次数	1	2	3	4	5	6	平均值
第一组	3.150	3.150	3.155	3.155	3.150	3.155	3.152
第二组	3.150	3.255	3.360	3.155	3.250	3.355	3.254
第三组	3.255	3.250	3.260	3.255	3.250	3.255	3.254

1. 分析表 1-1-9 中三组数据的准确度、精密度和精确度

(1)准确度判断

①计算各组测量数据的绝对误差和相对误差。

已知圆环内径的真实值为 3.250 cm,取 6 次测量的平均值作为测定结果进行分析,运用公式 $\Delta x = X - X_0$ 计算绝对误差,运用公式 $\delta = \dfrac{\Delta x}{X_0} \times 100\%$ 计算相对误差,将结果填写在表 1-1-10 中。

表 1-1-10　游标卡尺测量圆环内径 d 数据精确度分析

测量次数	1	2	3	4	5	6	平均值
第一组 d/cm	3.150	3.150	3.155	3.155	3.150	3.155	3.152
绝对误差/cm							
相对误差/%							
第二组 d/cm	3.150	3.255	3.360	3.155	3.250	3.355	3.254
绝对误差/cm							
相对误差/%							
第三组 d/cm	3.255	3.250	3.260	3.255	3.250	3.255	3.254
绝对误差/cm							
相对误差/%							

②准确度分析：

_____

_____

（2）精密度判断

①计算各组测量数据的偏差、平均偏差、相对平均偏差、标准偏差和相对标准偏差，将结果填写在表 1-1-11 中。

表 1-1-11　游标卡尺测量圆环内径 d 数据精密度分析

测量次数	1	2	3	4	5	6	平均值
第一组 d/cm	3.150	3.150	3.155	3.155	3.150	3.155	3.152
偏差/cm							
平均偏差/cm							
相对平均偏差/%							
标准偏差/cm							
相对标准偏差/%							
第二组 d/cm	3.150	3.255	3.360	3.155	3.250	3.355	3.254
偏差/cm							
平均偏差/cm							
相对平均偏差/%							
标准偏差/cm							
相对标准偏差/%							
第三组 d/cm	3.255	3.250	3.260	3.255	3.250	3.255	3.254
偏差/cm	0.001	−0.004	0.006	0.001	−0.004	0.001	
平均偏差/cm							
相对平均偏差/%							
标准偏差/cm							
相对标准偏差/%							

②精密度分析：

_____

_____

（3）精确度判断

_____

_____

2. 分析误差产生的来源及控制误差的方法

（1）误差的来源分析

_____

（2）误差控制措施

①减少系统误差：

②减少随机误差：

三、检查与评价

填写任务学习评价表（表 1-1-12）。

表 1-1-12　任务学习评价表

考核要点	评价关键点	分值/分	自我评价（20%）	小组互评（30%）	教师评价（50%）
误差计算	误差计算是否正确	20			
检测仪器的精度等级与容许误差	数据的精确度分析是否合理	15			
	数据的精密度分析是否合理	15			
	数据的准确度分析是否合理	15			
误差的分类及消除	误差的来源分析是否全面	15			
	误差的控制措施是否合理	20			
总得分		100			

四、思考与拓展

由分度值为 0.01 mm 的测微仪重复 6 次测量器件的直径 D 和高度 h，测得数据如下：

D_i/mm	8.075	8.085	8.095	8.085	8.080	8.060
h_i/mm	8.105	8.115	8.115	8.110	8.115	8.110

要求：

①计算各组测量数据的绝对误差和相对误差，进行精确度分析与判断。

②计算各组测量数据的偏差、平均偏差、相对平均偏差、标准偏差和相对标准偏差，进行精密度分析与判断。

③综合分析精确度、精密度，并进行准确度的分析与判断。

④思考如果数据处理量大，可以用哪些软件代替手工计算，提高工作效率？

项目二　工作场所有害因素职业接触限值查询与超限判断

学习目标

知识目标：

1. 了解时间加权平均容许浓度、短时间接触容许浓度、最高容许浓度等定义，掌握化学有害因素超限判断方法。

2. 了解高温作业、噪声作业、手传振动作业职业接触限值相关定义，掌握高温、噪声、振动等物理因素超限判断方法。

技能目标：

1. 会查询化学有害物质的职业接触限值，会判断化学有害物质的是否超限。

2. 会查询高温作业、噪声作业、手传振动作业等物理因素的职业接触限值，会判断高温作业、噪声作业、手传振动作业等物理因素的强度是否超限。

素养目标：

1. 具备科学、严谨、客观、真实的分析能力。

2. 具备科学识限，防微杜渐的职业卫生防护意识。

任务一　化学有害因素职业接触限值查询与超限判断

任务背景

职业接触限值(occupational exposure limits, OELs)，是劳动者在职业活动过程中长期反复接触某种或多种职业性有害因素，不会引起绝大多数接触者不良健康效应的容许接触水平。生产过程中大量应用化学物质及电能、机械能等各种形式的能量，一旦能量意外释放都会导致事故或健康损害，我们对能量加以利用的同时更要做好能量控制，使其处于受控状态。本任务学习"工作场所有害因素职业接触限值"可以帮助我们科学地认识并把握能量控制的"度"，做到科学识限、防微杜渐。对于不同种类的化学有害因素，职业接触限值的度是如何规定的，又该如何判断是否符合限值要求呢？掌握化学有害因素职业接触限值的查询和超限判断，是职业卫生安全检测技能之一。

任务描述

⑦ 已知油墨工作场所存在甲苯、二甲苯、溶剂汽油、丙烯酸甲酯等化学物质，请查阅《工作场所有害因素职业接触限值 第 1 部分：化学有害因素》(GBZ 2.1—2019)，确定该工作场

所中化学物质的职业接触限值。

(?) 已知水泥粉尘的检测结果见表 1-2-1，请判断该作业场所的水泥粉尘呼尘浓度是否符合职业接触限值要求。

表 1-2-1　水泥呼尘的检测结果

浓度	采样时段	采样时间/min	空气浓度/($mg \cdot m^{-3}$)
C_1	8:00—10:00	15	0.9
C_2	10:30—11:30	15	1.4
C_3	13:00—15:00	15	1.5
C_4	15:15—16:15	15	3.1
C_5	16:30—17:30	15	0.8

■ 任务分析

知识与技能要求：

知识点：时间加权平均容许浓度、短时间接触容许浓度、最高容许浓度。

技能点：查询化学有害物质的职业接触限值、判断化学有害物质是否超限。

■ 任务知识技能点链接

一、化学有害因素职业接触限值

职业接触限值是指劳动者在职业活动过程中长期反复接触某种或多种职业性有害因素，不会引起绝大多数接触者不良健康效应的容许接触水平。化学有害因素的职业接触限值分为时间加权平均容许浓度(permissible con-centration-time weighted average，PC-TWA)、短时间接触容许浓度(permissible concentration-short term exposure limit，PC-STEL) 和最高容许浓度(maximum allowable concentration，MAC)三类。

化学有害因素
职业接触限制

1.时间加权平均容许浓度

时间加权平均容许浓度(PC-TWA)是以时间为权数规定的8 h工作日、40 h工作周的平均容许接触浓度。该限值是评价工作场所环境卫生状况和劳动者接触水平的主要指标，是工作场所化学有害因素职业接触限值的主体性限值。建设项目竣工验收，定期危害评价，系统接触评估，以及因生产工艺、原材料、设备等发生改变而需要对工作环境影响重新进行评价时，尤应着重进行8 h时间加权平均浓度(C_{TWA})的检测、评价。

2.短时间接触容许浓度

短时间接触容许浓度(PC-STEL)是在实际测得的8 h工作日、40 h工作周平均接触浓度遵守 PC-TWA 的前提下，容许劳动者短时间(15 min)接触的加权平均浓度。PC-STEL 是与PC-TWA 相配套的短时间接触限值，可视为对 PC-TWA 的补充。只用于短时间接触较高浓度可导致刺激、窒息、中枢神经抑制等急性作用，及其慢性不可逆性组织损伤的化学物质。具体应用可参见表 1-2-2 工作场所空气中化学有害因素职业接触限值序号 2 中的氨，PC-STEL 值为 30 mg/m^3，而 PC-TWA 值为 20 mg/m^3。

表1-2-2　工作场所空气中化学有害因素职业接触限值

序号	中文名	英文名	化学文摘号 CAS号	OELs/(mg·m⁻³)			临界不良健康效应	备注
				MAC	PC-TWA	PC-STEL		
1	安安	Antu	86-88-4	—	0.3	—	甲状腺效应;恶心	—
2	氨	Ammonia	7664-41-1-6	—	20	30	眼和上呼吸道刺激	—
3	2-氨基吡啶	2-Aminopyridine	504-29-0	—	2	—	中枢神经系统损伤;皮肤、黏膜刺激	皮
4	氨基磺酸铵	Ammoniums ulfamate	7773-06-0	—	6	—	呼吸道,眼及皮肤刺激	—
5	氨基氰	Cyanamide	420-04-2	—	2	—	眼和呼吸道刺激;皮肤刺激	—
6	奥克托今	Octogen	2691-41-0	—	2	4	眼刺激	—
7	巴豆醛(丁烯醛)	Crotonaldehyde	4170-30-3	12	—	—	眼和呼吸道刺激;慢性鼻炎;神经功能障碍	—
8	百草枯	Paraquat	4685-14-7	—	0.5	—	呼吸系统损害;皮肤、黏膜刺激	—
9	百菌清	Chlorothalonil	1897-45-6	1	—	—	皮肤刺激,致敏;眼和呼吸道刺激	G2B,敏
10	钡及其可溶性化合物(按Ba计)	Barium and soluble compounds, as Ba	7440-39-3 (Ba)	—	0.5	1.5	消化道刺激;低血钾	—
11	倍硫磷	Fenthion	55-38-9	—	0.2	0.3	胆碱酯酶抑制	皮
12	苯	Benzene	71-43-2	—	6	10	头晕、头痛,意识障碍;全血细胞减少;再障,白血病	皮,G1
13	苯胺	Aniline	62-53-3	—	3	—	高铁血红蛋白血症	皮
14	苯基醚(二苯醚)	Phenyl ether	101-84-8	—	7	14	上呼吸道和眼刺激	—
15	苯醌	Benzoquinone	106-51-4	—	0.45	—	眼,皮肤刺激	—
16	苯硫磷	EPN	2104-64-5	—	0.5	—	胆碱酯酶抑制	皮
17	苯乙烯	Styrene	100-42-5	—	50	100	眼、上呼吸道刺激;神经衰弱;周围神经症状	皮,G2B

3. 最高容许浓度

最高容许浓度(MAC)是在一个工作日内,任何时间和工作地点的化学有害因素均不应超过的浓度。MAC 主要是针对具有明显刺激、窒息或中枢神经系统抑制作用,可导致严重急性损害的化学物质而制定的不应超过的最高容许接触限值,即任何情况都不容许超过的限值。具体应用可参加表 1-2-2 中序号 7 的巴豆醛。

思考:在学习了时间加权平均容许浓度(PC-TWA)、短时间接触容许浓度(PC-STEL)和最高容许浓度(MAC)三类化学有害因素的职业接触限值后,请思考,它们三者有着怎样的关系呢?

提示:

①MAC 是针对那些具有明显刺激、窒息或中枢神经系统抑制作用,可导致严重急性健康损害的化学物质而制定的在任何情况下都不容许超过的最高容许接触限值。一般情况下,设有 MAC 的化学物质均无 PC-TWA 或 PC-STEL。

②PC-STEL 主要用于以慢性毒性作用为主但同时具有急性毒性作用的化学物质,是与 PC-TWA 相配套的短时间接触限值,可视为对 PC-TWA 的补充。在对制定有 PC-STEL 的化学有害因素进行评价时,应同时使用 PC-TWA 和 PC-STEL 两种类型的限值。

4. 粉尘职业接触限值

粉尘的职业接触限值用时间加权平均容许浓度(PC-TWA),即以时间为权数规定的 8 h 工作日、40 h 工作周的平均容许接触浓度来表示,分为总尘和呼尘两种,见表 1-2-3。

思考:作业场所粉尘的职业接触限值是不是只有时间加权平均容许浓度(PC-TWA)这一个限值?

提示:劳动者接触仅制定有 PC-TWA 但尚未制定 PC-STEL 的化学有害因素时,实际测得的当日 C_{TWA} 不得超过其对应的 PC-TWA 值;同时,劳动者接触水平瞬时超出 PC-TWA 值 3 倍时,每次接触不得超过 15 min,一个工作日期间不得超过 4 次,相继间隔不短于 1 h,且在任何情况下都不能超过 PC-TWA 值的 5 倍。

二、化学有害因素超限判断

1. 单一化学有害因素的超限判断

可按下式计算时间加权平均浓度:

$$C_{TWA} = (C_1 T_1 + C_2 T_2 + \cdots + C_n T_n)/8 \qquad (1\text{-}2\text{-}1)$$

化学有害因素职业接触
限值——超限判断

式中　C_{TWA}——8 h 工作日接触化学有害因素的时间加权平均浓度,
　　　　mg/m³;

　　　8——一个工作日的工作时间(h),工作时间不足 8 h 者,仍以 8
　　　　　h 计;

　　　$C_1, C_2, \cdots, C_n$——$T_1, T_2, \cdots, T_n$ 时间段接触的相应浓度;

　　　$T_1, T_2, \cdots, T_n$——$C_1, C_2, \cdots, C_n$ 浓度下相应的持续接触时间。

思考:C_{TWA} 与 PC-TWA 值有什么区别?

提示:PC-TWA 是时间加权平均容许浓度,是查阅《工作场所有害因素职业接触限值 第 1 部分:化学有害因素》(GBZ 2.1—2019)而得到的;C_{TWA} 是 8 h 工作日接触化学有害因素的时间加权平均浓度,也就是我们所说的接触水平,是由现场检测数据计算得到的。

表1-2-3 工作场所空气中粉尘职业接触限值

序号	中文名	英文名	化学文摘号 CAS号	PC-TWA/(mg·m^{-3}) 总尘	PC-TWA/(mg·m^{-3}) 呼尘	临界不良健康效应	备注
1	聚氯乙烯粉尘	Polyvinyl chloride(PVC)dust	9002-86-2	5	—	下呼吸道刺激;肺功能改变	—
2	聚乙烯粉尘	Polyethylene dust	9002-88-4	5	—	呼吸道刺激	—
3	铝尘 铝金属,铝合金粉尘 氧化铝粉尘	Aluminumdust Metal & alloys dust Aluminium oxide dust	7429-90-5	— 3 4	—	铝尘肺;眼损害;黏膜、皮肤刺激	—
4	麻尘(游离SiO$_2$含量<10%) 亚麻 黄麻 苎麻	Flax, jute and ramie dust (free SiO$_2$<10%) Flax Jute Ramie	—	— 1.5 2 3	—	棉尘病	—
5	煤尘(游离SiO$_2$含量<10%)	Coal dust(free SiO$_2$<10%)	—	4	2.5	煤工尘肺	—
6	棉尘	Cotton dust	—	1	—	棉尘病	—
7	木粉尘(硬)	Wood dust	—	3	—	皮炎、鼻炎、结膜炎;哮喘、外源性过敏性肺炎;鼻咽癌等	G1;敏
8	凝聚SiO$_2$粉尘	Condensed silica dust	—	1.5	0.5	—	—
9	膨润土粉尘	Bentonite dust	1302-78-9	6	—	鼻、喉、肺、眼刺激;支气管哮喘	—
10	皮毛粉尘	Fur dust	—	8	—	过敏性肺泡炎;支气管哮喘	敏
11	人造矿物纤维绝热棉粉尘(玻璃棉,矿渣棉,岩棉)	Man-made mineral fiber insulationcotton (Fibrous glass, Slag wool, Rock wool) dust	—	5	—	尘肺;致癌性	—
12	桑蚕丝尘	Mulberrysilk dust	—	8	—	眼和上呼吸道刺激;肺功能损伤	—
13	砂轮磨尘	Grinding wheel dust	—	8	—	轻微致肺纤维化作用;尘肺	—

例　正己烷的 PC-TWA 值为 100 mg/m³，劳动者接触状况为：400 mg/m³，接触 3 h；60 mg/m³，接触 2 h；120 mg/m³，接触 3 h。判断正己烷是否符合职业接触限值 PC-TWA 的要求？

代入式(1-2-1)，$C_{\text{TWA}} = (400 \times 3 + 60 \times 2 + 120 \times 3) \div 8 = 210$ mg/m³。此结果大于 100 mg/m³，超过该物质的 PC-TWA 值，不符合职业接触限值 PC-TWA 的要求。

2. 混合接触化学有害因素的超限判断

大多数物质的 OELs 是针对单一化合物或含有一个共同元素或根的物质制定的，也有少数的 OELs 涉及复杂的混合物或化合物。实际上，劳动者经常在一个工作班的工作中使用含有若干种物质的混合材料，或在工作中同时或先后使用某种物质而接触两种或两种以上的混合物。对于同时接触两种或两种以上化学物质时，应科学评估混合接触的健康影响。

对所有类型的混合接触的评估，都需要先对劳动者接触的每一种化学有害因素进行评估，以确保每一种因素都能遵守相应的 OELs，对每种因素的接触都有足够的控制，再根据毒理学资料确定相互作用的类型，基于相互作用类型对混合接触进行评价。

（1）工作场所存在两种及以上无协同作用和增强作用化学有害因素

当工作场所存在两种或两种以上化学有害因素时，若缺乏联合作用的毒理学资料，应分别测定各化学有害因素的浓度，按下式计算每个因素的接触限值比值，并按各个因素对应的 OELs 进行评价：

$$\frac{C_1}{\text{PC-TWA}_1} \leqslant 1；\frac{C_2}{\text{PC-TWA}_2} \leqslant 1；\frac{C_n}{\text{PC-TWA}_n} \leqslant 1 \tag{1-2-2}$$

式中　$C_1, C_2, \cdots, C_n$——所测得的各化学有害因素的浓度，mg/m³；

　　　$\text{PC-TWA}_1, \text{PC-TWA}_2, \cdots, \text{PC-TWA}_n$——各化学有害因素对应的容许浓度限值，mg/m³。

据此计算出的接触限值比值 ≤1 时，表示该物质的接触水平未超过接触限值，符合卫生要求；反之，当接触限值比值 >1 时，表示该物质的接触水平已超过接触限值，不符合卫生要求。

（2）工作场所存在两种及以上有协同作用和增强作用化学有害因素

当两种及以上有毒物质共同作用于同一器官、系统或具有相似的毒性作用，或已知这些物质可产生相加作用时，应按下式计算混合接触比值 I。当 $I \leqslant 1$ 时，表示未超过 OELs，符合卫生要求；反之，当 $I > 1$ 时，表示超过 OELs，则不符合卫生要求。

$$I = \frac{C_1}{\text{PC-TWA}_1} + \frac{C_2}{\text{PC-TWA}_2} + \cdots + \frac{C_n}{\text{PC-TWA}_n} \cdots \leqslant 1 \tag{1-2-3}$$

式中　$C_1, C_2, \cdots, C_n$——所测得的各化学物质的浓度，mg/m³；

　　　$\text{PC-TWA}_1, \text{PC-TWA}_2, \cdots, \text{PC-TWA}_n$——各化学物质对应的容许浓度限值，mg/m³。

例　实际测得的某工作场所化学有害因素 C_{TWA} 为丙酮 120 mg/m³，环己酮 10 mg/m³，甲乙酮 100 mg/m³；测定的 CSTE 为丙酮 225 mg/m³，甲乙酮 400 mg/m³。丙酮的 PC-TWA、PC-STEL 分别为 300 mg/m³ 和 450 mg/m³；环己酮的 PC-TWA 为 50 mg/m³；甲乙酮的 PC-TWA 和 PC-STEL 分别为 300 mg/m³ 和 600 mg/m³。对其混合接触进行评价。

三种物质的临界不良健康效应均为上呼吸道刺激，可视为相加作用；丙酮还对中枢神经系统有损害。评价结果如下：

$I_{TWA} = 120/300 + 10/50 + 100/300 = 0.4 + 0.2 + 0.33 = 0.93$；

$I_{STEL} = 225/450 + 0 + 400/600 = 0.5 + 0 + 0.67 = 1.17$。

该工作场所化学有害因素浓度超出职业接触限值要求。

工作页

一、信息、决策与计划

①什么是职业接触限值,它有哪些类别?

答:_____

②时间加权平均容许浓度(PC-TWA)、短时间接触容许浓度(PC-STEL)和最高容许浓度(MAC)三者有怎样的区别和联系?

区别:_____

联系:_____

③若劳动者接触乙酸乙酯状况为:300 mg/m³,接触 2 h;200 mg/m³,接触 2 h;180 mg/m³,接触 2 h;不接触,2 h。判断乙酸乙酯是否符合职业接触限值 PC-TWA 的要求?

$C_{TWA} = $_____

判定结果:_____

二、任务实施

◇ 已知油墨工作场所存在甲苯、二甲苯、溶剂汽油、丙烯酸甲酯等化学物质,请查阅《工作场所有害因素职业接触限值 第 1 部分:化学有害因素》(GBZ 2.1—2019),确定该工作场所中化学物质的职业接触限值。

①职业接触限值查阅。查阅《工作场所有害因素职业接触限值 第 1 部分:化学有害因素》(GBZ 2.1—2019),将其对应的职业接触限值填入表 1-2-4 中。

表 1-2-4　工作场所中化学物质职业接触限值

序号	有害因素名称	MAC/(mg·m⁻³)	PC-TWA/(mg·m⁻³)	PC-STEL/(mg·m⁻³)
1	甲苯			
2	二甲苯			
3	溶剂汽油			
4	丙烯酸甲酯			

②对于像溶剂汽油这类仅制定有 PC-TWA 但尚未制定 PC-STEL 的化学有害因素,是不是只要时间加权平均容许浓度(PC-TWA)符合职业接触限值要求即可呢?

答:_____

◇ 已知水泥粉尘的检测结果,见表 1-2-5,请判断该作业场所的水泥粉尘呼尘浓度是否符合职业接触限值要求。

表 1-2-5　水泥呼尘的检测结果

浓度	采样时段	采样时间/min	空气浓度/($mg \cdot m^{-3}$)
C_1	8:00—10:00	15	0.9
C_2	10:30—11:30	15	1.4
C_3	13:00—15:00	15	1.5
C_4	15:15—16:15	15	3.1
C_5	16:30—17:30	15	0.8

①查阅《工作场所有害因素职业接触限值 第 1 部分:化学有害因素》(GBZ 2.1—2019),确定该作业场所水泥粉尘的职业接触限值。

水泥总尘的时间加权平均容许浓度(PC-TWA)为＿＿＿＿＿＿＿＿＿,呼尘的时间加权平均容许浓度(PC-TWA)＿＿＿＿＿＿＿＿＿。

②计算作业现场的接触水平即空气中有害物质 8 h 时间加权平均浓度。

C_{TWA} = ＿＿＿＿＿＿＿＿＿＿＿＿＿＿＿＿＿＿＿＿＿＿＿＿＿＿＿＿＿

③结果分析:

＿＿＿＿＿＿＿＿＿＿＿＿＿＿＿＿＿＿＿＿＿＿＿＿＿＿＿＿＿＿＿＿＿＿＿

三、检查与评价

填写任务学习评价表(表 1-2-6)。

表 1-2-6　任务学习评价表

考核要点	评价关键点	分值/分	组内评价(30%)	小组互评(30%)	教师评价(40%)
职业接触限值	查阅最高容许浓度(MAC)	10			
	查阅时间加权平均容许浓度(PC-TWA)	20			
	查阅短时间接触容许浓度(PC-STEL)	10			
超限判断	单一化学有害因素的超限判断	20			
	无协同作用和增强作用的混合接触化学有害因素的超限判断	15			
	有协同作用和增强作用的混合接触化学有害因素的超限判断	15			
	总得分	100			

四、思考与拓展

对某印务公司压光操作位作业人员化学有害因素接触水平超限判断

某印务公司压光操作位作业人员接触苯乙烯和丙烯酸,作业场所化学有害因素浓度检测结果如下,判断是否符合职业接触限值要求。

序号	检测位置	检测项目	$C_{TWA}/(mg \cdot m^{-3})$
1	压光操作位	苯乙烯	50
2		丙烯酸	80

要求：

①查阅《工作场所有害因素职业接触限值 第1部分：化学有害因素》(GBZ 2.1—2019)，确定苯乙烯和丙烯酸的职业接触限值。

②判断苯乙烯和丙烯酸是否协同作用和增强作用。

③判断苯乙烯和丙烯酸的接触水平是否符合职业接触限值要求。

任务二　物理因素职业接触限值查询与超限判断

任务背景

劳动者在职业活动过程中除了可能接触化学有害因素外，还可能会接触高温、噪声、振动等物理因素，一旦物理因素的强度超过职业接触限值要求，就可能导致中暑、噪声性耳聋和手臂振动病等职业病。对于不同种类的物理因素，职业接触限值的度是如何规定的，又该如何判断是否符合限值要求呢？掌握物理因素职业接触限值的查询和超限判断，是职业卫生安全检测技能之一。

任务描述

❓ 焊工王先生每天接触噪声分为3个时段，在工位1接触等效声级为90 dB(A)的噪声2 h，在工位2接触等效声级为89 dB(A)的噪声2 h，在工位3接触等效声级为81.5 dB(A)的噪声4 h，请判断焊工王先生的全天接触的噪声是否符合限值要求。

❓ 某电站的浇捣作业工人使用排式振捣机，机器频率计权振动加速度为5.2 m/s²，每日平均接触时间约4 h。请确定高温作业和振动作业的职业接触限值，判断该作业场所振动作业的强度是否符合职业接触限值要求。如果每日接触3 h和5 h，该作业场所振动作业的强度是否符合职业接触限值要求呢？

任务分析

知识与技能要求：

知识点：高温作业、噪声作业、手传振动作业职业接触限值。

技能点：查询物理因素的职业接触限值、判断物理因素的强度是否符合职业接触限值要求。

任务知识技能点链接

一、高温作业及其职业接触限值

1. 高温作业

高温作业(heat stress work)指在生产劳动过程中,工作地点平均WBGT 指数≥25 ℃的作业。

物理因素职业接触
限值——高温

(1) WBGT 指数

WBGT 指数(wet bulb globe temperature index)又称湿球黑球温度,是由黑球、自然湿球、干球 3 个温度综合构成的,它综合考虑了空气温度、风速、空气湿度和辐射热(平均辐射温度)4 个因素,能比较准确地反映工作地点的气象条件,是综合评价人体接触作业环境热负荷的一个基本参量,单位为℃。WBGT 指数测定仪如图1-2-1 所示。

(2) 干球温度

对于干球温度,大家最熟悉不过了,普通温度计检测的温度值即为干球温度,如二维码视频中温度计显示的超过 40 ℃的温度就是干球温度。

那么湿球温度和黑球温度呢?

(3) 湿球温度

湿球温度:是指同等焓值空气状态下,空气中水蒸气达到饱和时的空气温度,在空气焓湿图上是由空气状态点沿等焓线下降至100% 相对湿度线上对应点的干球温度。该温度是用感温包上裹着湿纱布的温度表,在流速大于 2.5 m/s 且不受直接辐射的空气中,所测得的纱布表面温度,以此作为空气接近饱和程度的一种度量。周围空气的饱和差越大,湿球温度表上的蒸发越强,其湿度也就越低。根据干、湿球温度的差值,可以确定空气的相对湿度。

(4) 黑球温度

黑球温度:也叫实感温度,标志着在辐射热环境中人或物体受辐射和对流热综合作用时,以温度表示出来的实际感觉。所测得的黑球温度值一般比环境温度也就是空气温度高一些。

黑球温度是一个综合的温度,受到太阳辐射的作用很大,对人体的热感觉影响强烈。在可以忍受的温度范围内,强烈的太阳辐射带给人的烘烤感,是诱发热不舒适的重要原因。

2. 高温作业职业接触限值

接触时间率100% ,体力劳动强度为Ⅳ级,WBGT 指数限值为 25 ℃;劳动强度分级每下降一级,WBGT 指数限值增加 1～2 ℃;接触时间率每减少 25% ,WBGT 限值指数增加1～2 ℃,见表1-2-7。本地区室外通风设计温度≥30 ℃的地区,表中规定的 WBGT 指数相应增加 1 ℃。

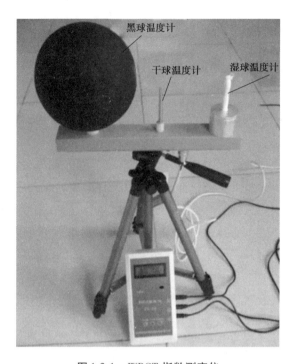

图 1-2-1　WBGT 指数测定仪

表 1-2-7　工作场所不同体力劳动强度 WBGT 限值　　　　　　　单位:℃

接触时间率	体力劳动强度			
	I	II	III	IV
100%	30	28	26	25
75%	31	29	28	26
50%	32	30	29	28
25%	33	32	31	30

（1）接触时间率

劳动者在一个工作日内实际接触高温作业的累计时间与 8 h 的比率。

（2）体力劳动强度

常见的职业体力劳动强度分级见表 1-2-8。

表 1-2-8　常见职业体力劳动强度分级表

体力劳动强度分级	职业描述
I（轻劳动）	坐姿:手工作业或腿的轻度活动（正常情况下,如打字、缝纫、脚踏开关等） 立姿:操作仪器,控制、查看设备,上臂用力为主的装配工作
II（中等劳动）	手和臂持续动作（如锯木头等）;臂和腿的工作（如卡车、拖拉机或建筑设备等运输操作）;臂和躯干的工作（如锻造、风动工具操作、粉刷、间断搬运中等重物、除草、锄田、摘水果和蔬菜等）

续表

体力劳动强度 分级	职业描述
Ⅲ（重劳动）	臂和躯干负荷工作（如搬重物、铲、锤锻、锯刨或凿硬木、割草、挖掘等）
Ⅳ（极重劳动）	大强度的挖掘、搬运，接近极限节律的极强活动

二、噪声作业及其职业接触限值

1. 噪声作业

噪声作业（work（job）exposed to noise）：存在有损听力、有害健康或有其他危害的声音，且 8 h/d 或 40 h/w 噪声暴露 A 等效声级≥80 dB 的作业。按照噪声性质可将噪声分为稳态噪声、非稳态噪声和脉冲噪声三类。

保护听力之噪声
超限的判断

（1）稳态噪声

在观察时间内，采用声级计"慢挡"动态特性测量时，声级波动 <3 dB（A）的噪声。

（2）非稳态噪声

在观察时间内，采用声级计"慢挡"动态特性测量时，声级波动≥3 dB（A）的噪声。

（3）脉冲噪声

噪声突然爆发又很快消失，持续时间≤0.5 s，间隔时间 >1 s，声压有效值变化≥40 dB（A）的噪声。

A 计权声压级（A 声级）是用 A 计权网络测得的声压级。A 计权网络模拟 40 方等响曲线倒立形状，它对 500 Hz 以下中、低频段的声音有较大的衰减，对高频较敏感，对低频不敏感。这与人的听觉特性较接近，因此，一般采用 A 网络测得的值代表噪声级的大小。国际标准等响度曲线如图 1-2-2 所示。

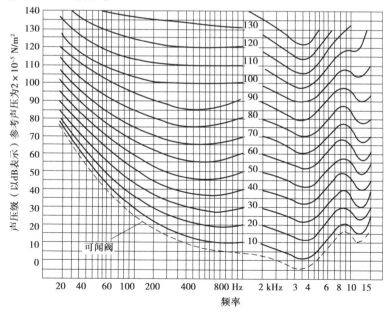

图 1-2-2　国际标准等响度曲线

等效连续 A 计权声压级(等效声级)是指在规定的时间内,某一连续稳态噪声的 A 计权声压,具有与时变的噪声相同的均方 A 计权声压,则这一连续稳态声的声级就是此时变噪声的等效声级,单位用 dB(A)表示。

2. 噪声职业接触限值

(1)稳态噪声、非稳态噪声职业接触限值

每周工作 5 d,每天工作 8 h,稳态噪声限值为 85 dB(A),非稳态噪声等效声级的限值为 85 dB(A);每周工作日不是 5 d,需计算 40 h 等效声级,限值为 85 dB(A),见表 1-2-9。

表 1-2-9 工作场所噪声职业接触限值

接触时间	接触限值/dB(A)	备注
5 d/w, = 8 h/d	85	非稳态噪声计算 8 h 等效声级
5 d/w, ≠ 8 h/d	85	计算 8 h 等效声级
≠ 5 d/w	85	计算 40 h 等效声级

①非稳态噪声的工作场所,按声级相近的原则把一天的工作时间分为 n 个时间段,用积分声级计测量每个时间段的等效声级 L_{Aeq,T_i},按照式(1-2-4)计算全天的等效声级:

$$L_{Aeq,T} = 10 \lg\left(\frac{1}{T}\sum_{i=1}^{n} T_i 10^{L_{Aeq,T_i}/10}\right)$$ (1-2-4)

式中 $L_{Aeq,T}$——全天的等效声级,dB(A);

L_{Aeq,T_i}——时间段 T_i 内等效连续 A 计权声压级,dB(A);

T——这些时间段的总时间,h;

T_i——i 时间段的时间,h;

n——总的时间段的个数。

②一天 8 h 等效声级($L_{EX,8h}$)的计算:

根据等能量原理将一天实际工作时间内接触噪声强度规格化到工作 8 h 的等效声级,按下式计算:

$$L_{EX,8h} = L_{Aeq,T_e} + 10 \lg\frac{T_e}{T_0} \text{ dB(A)}$$ (1-2-5)

式中 $L_{EX,8h}$——一天实际工作时间内接触噪声强度规格化到工作 8 h 的等效声级,dB(A);

T_e——实际工作日的工作时间,h;

L_{Aeq,T_e}——实际工作日的等效声级,dB(A);

T_0——标准工作日时间,8 h。

③每周 40 h 的等效声级。

通过 $L_{EX,8h}$ 计算规格化每周工作 5 d(40 h)接触的噪声强度的等效连续 A 计权声级:

$$L_{EX,W} = 10 \lg\left(\frac{1}{5}\sum_{i=1}^{n} 10^{0.1(L_{EX,8h})_i}\right) \text{ dB(A)}$$ (1-2-6)

式中 $L_{EX,W}$——每周平均接触值,dB(A);

$L_{EX,8h}$——一天实际工作时间内接触噪声强度规格化到工作 8 h 的等效声级,dB(A);

n——每周实际工作天数,d。

（2）脉冲噪声职业接触限值

使用积分声级计，"Peak（峰值）"挡，可直接读声级峰值 L_{peak}。脉冲噪声工作场所，噪声声压级峰值和脉冲次数不应超过表1-2-10的规定。

表1-2-10　工作场所脉冲噪声职业接触限值

工作日接触脉冲次数 n/次	声压级峰值/dB（A）
$n \leqslant 100$	140
$100 < n \leqslant 1\ 000$	130
$1\ 000 < n \leqslant 10\ 000$	120

三、振动作业及其职业接触限值

1.振动作业

振动是物体在外力作用下以中心位置为基准呈往返振动的现象。按其作用于人体的方式，可区分为局部振动和全身振动。两种振动作用不尽相同，对人体都有不同程度的危害。生产中常见的职业性危害因素是局部振动。振动作业的职业接触限值主要指手传振动作业，即生产中使用手持振动工具或接触受振工件时，直接作用或传递到人的手臂的机械振动或冲击。

物理因素职业接触
限值——振动

2.手传振动职业接触限值

手传振动4 h等能量频率计权振动加速度限值见表1-2-11。

表1-2-11　工作场所手传振动职业接触限值

接触时间	等能量频率计权振动加速度/（m·s^{-2}）
4 h	5

（1）日接振时间

工作日中使用手持振动工具或接触受振工件的累计接振时间，单位为h。

（2）频率计权振动加速度

按不同频率振动的人体生理效应规律计权后的振动加速度，单位为m/s^2。

（3）4 h等能量频率计权振动加速度

在日接振时间不足或超过4 h时，将其换算为相当于接振4 h的频率计权振动加速度值。

可按下式计算：

$$(a_{hw})_{eq(4)} = \sqrt{\frac{\sum t_i}{4}} \times \sqrt{\frac{\sum (a_{hw}^2 \times t_i)}{\sum t_i}} \qquad (1-2-7)$$

式中　$(a_{hw})_{eq(4)}$——4 h等能量频率计权振动加速度，m/s^2；

　　　a_{hw}——t_i 时间段内的频率计权加速度值，m/s^2；

　　　t_i——每次接振时间，h。

工作页

一、信息、决策与计划

①什么是高温作业,天气预报中夏季 40 ℃ 的高温与 WBGT 指数有怎样的关系呢?

答:＿＿＿＿＿＿＿＿＿＿＿＿＿＿＿＿＿＿＿＿＿＿＿＿＿＿＿＿＿＿＿＿＿＿

②什么是 4 h 等能量频率计权振动加速度?

答:＿＿＿＿＿＿＿＿＿＿＿＿＿＿＿＿＿＿＿＿＿＿＿＿＿＿＿＿＿＿＿＿＿＿

③贝贝上午连续接触噪声 3 h,声音的等效声级为 84 dB(A),下午连续接触噪声 3 h,声音的等效声级为 86 dB(A),晚上连续接触噪声 2 h,声音的等效声级为 88 dB(A),贝贝一天实际接触的噪声是否超限了呢?

①全天等效声级的计算:

＿＿＿＿＿＿＿＿＿＿＿＿＿＿＿＿＿＿＿＿＿＿＿＿＿＿＿＿＿＿＿＿＿＿＿

②等效声级超限判断:＿＿＿＿＿＿＿＿＿＿＿＿＿＿＿＿＿＿＿＿＿＿＿＿＿＿

二、任务实施

◇ 焊工王先生一天接触噪声分为 3 个时段,在工位 1 接触等效声级为 90 dB(A)的噪声 2 h,在工位 2 接触等效声级为 89 dB(A)的噪声 2 h,在工位 3 接触等效声级为 81.5dB(A)的噪声 4 h。请确定该作业场所高温作业和噪声作业的职业接触限值。判断焊工王先生全天接触的噪声是否符合限值要求。

①查阅《工作场所有害因素职业接触限值 第 2 部分:物理因素》(GBZ 2.2—2007),确定该作业场所高温作业的职业接触限值。

a. 已知焊工王先生一天工作时间为 8 h,计算接触时间率为＿＿＿＿＿＿＿＿。

b. 确定劳动强度等级,对照常见职业体力劳动强度分级表,确定该劳动为＿＿＿＿＿＿。

c. 查工作场所不同体力劳动强度 WBGT 限值(℃)表,确定该作业场所高温作业的职业接触限值为＿＿＿＿＿＿＿＿。

②查阅《工作场所有害因素职业接触限值 第 2 部分:物理因素》(GBZ 2.2—2007),确定该作业场所噪声作业的职业接触限值。

a. 判断噪声类型:＿＿＿＿＿＿＿＿＿＿。

b. 查阅工作场所噪声职业接触限值噪声的职业接触限值为＿＿＿＿＿＿＿＿。

③噪声接触水平超限判断:

a. 噪声全天等效声级计算。焊工王先生一天接触的噪声按声级相近的原则分为 3 个时间段,代入公式计算全天的等效声级为

$L_{\text{Aeq,T}}$ ＝＿＿＿＿＿＿＿＿＿＿＿＿＿＿＿＿＿＿＿＿＿＿＿＿＿＿＿

b. 噪声接触水平超限判断:＿＿＿＿＿＿＿＿＿＿＿＿＿＿＿＿＿＿＿＿＿＿

◇ 某电站的浇捣作业工人使用排式振捣机,机器频率计权振动加速度为 5.2 m/s²,每日平均接触时间约 4 h。请确定振动作业的职业接触限值,判断该作业场所手传振动的强度是否符合职业接触限值要求。如果每日接触 3 h 和 5 h 呢?

①每日平均接触时间约 4 h:

查阅《工作场所有害因素职业接触限值 第 2 部分:物理因素》(GBZ 2.2—2007),得知

4 h 等能量频率计权振动加速度限值为_____,因此该作业场所每日平均接触时间约 4 h,振动作业的强度_____(符合/不符合)职业接触限值要求。

②每日平均接触时间约 3 h:

a.计算 4 h 等能量频率计权振动加速度为

$(a_{hw})_{eq(4)} = $ _____

b.与职业接触限值相比较,该作业场所每日平均接触时间约 3 h,振动作业的强度_____(符合/不符合)职业接触限值要求。

③每日平均接触时间约 5 h:

a.计算 4 h 等能量频率计权振动加速度为

$(a_{hw})_{eq(4)} = $ _____

b.与职业接触限值相比较,该作业场所每日平均接触时间约 5 h,振动作业的强度_____(符合/不符合)职业接触限值要求。

三、检查与评价

填写任务学习评价表(表 1-2-12)。

表 1-2-12　任务学习评价表

考核要点	评价关键点	分值/分	组内评价（30%）	小组互评（30%）	教师评价（40%）
职业接触限值	会查阅高温作业职业接触限值	20			
	会查阅噪声作业职业接触限值	20			
	会查阅振动作业职业接触限值	20			
超限判断	会进行非稳态噪声的超限判断	20			
	会进行振动作业的超限判断	20			
总得分		100			

四、思考与拓展

对某空压站巡检工进行噪声接触水平超限判断

某空压站巡检工在机房一工作 2 h,噪声的等效声级为 90.0 dB(A),在机房二工作 2 h,噪声的等效声级为 89.0 dB(A),在控制室工作 4 h,噪声的等效声级为 51.5 dB(A)。

判断是否符合职业接触限值要求。

要求:

①判断噪声类别。

②查阅《工作场所有害因素职业接触限值 第 2 部分:物理因素》(GBZ 2.2—2007),确定噪声作业的职业接触限值。

③判断噪声的接触水平是否符合职业接触限值要求。

模块二　职业卫生安全检测

随着我国经济发展进入新常态,对职业的效率要求也越来越高。职业卫生问题与经济发展成正比,换言之经济发展速度越快,职业卫生问题也就越突出。新时代实施的健康中国战略确立了"以促进健康为中心"的"大健康观""大卫生观",提出"要完善国民健康政策,为人民群众提供全方位全周期健康服务"的健康中国建设目标。我国是世界上劳动人口最多的国家之一,多数劳动者职业生涯超过其生命周期的1/2。工作场所接触各类危害因素引发的职业健康问题依然严重,职业病防治形势严峻、复杂。掌握了职业卫生安全检测技术,才能找准职业危害根源,守护劳动者健康。

模块二主要对接职业健康管理人员的工作岗位要求、"注册安全工程师考试大纲"中职业危害控制技术要求和"职业院校职业卫生检测与个人防护技能竞赛"中职业病危害因素检测要求。

职业卫生安全检测技术——
找准根源,守护健康

模块框图:

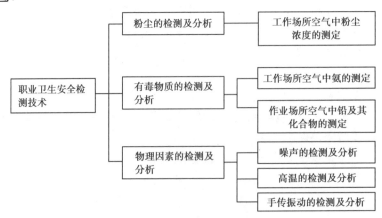

项目一　粉尘的检测及分析

🔍 学习目标

知识目标：

1. 了解粉尘浓度的概念及其测定意义。

2. 熟悉滤膜质量测定法的原理和测定步骤。

3. 掌握粉尘测定各步骤的操作要点。

技能目标：

1. 会进行现场调查、制订采样计划、实施现场采样。

2. 会操作粉尘采样器。

3. 会正确进行数据计算和处理。

素养目标：

1. 具备良好的资料收集和文献检索的能力。

2. 具备现场采样协调与沟通的能力。

3. 具备良好的结果计算能力和分析能力。

4. 具备找准职业危害根源，守护劳动者职业健康的责任和担当。

任　务　工作场所空气中粉尘浓度的测定

■ 任务背景

生产性粉尘是指在生产活动中产生的能够较长时间飘浮于生产环境中的颗粒物，是污染作业环境、损害劳动者健康的重要职业性有害因素，可引起包括尘肺病在内的多种职业性肺部疾病。

生产性粉尘按性质，可分为以下两大类：

1. 无机粉尘

①矿物性粉尘：如石英、石棉、滑石、煤等。

②金属性粉尘：如铝、铁、锡、铅、锰等及其化合物。

③人工无机粉尘：如水泥、玻璃纤维、金刚砂等。

2. 有机粉尘

①动物性粉尘：如皮毛、丝、骨、角质粉尘等。

②植物性粉尘：如棉、麻、谷物、甘蔗、烟草、木尘等。

③人工有机粉尘：如合成树脂、橡胶、人造有机纤维粉尘等。

总粉尘浓度是工作场所空气中所有生产性粉尘的总的浓度。呼吸性粉尘是生产性粉尘中能通过非纤毛气道进入肺泡的颗粒物，呼吸性粉尘悬浮在空气中的时间更长，更易滞留在呼吸道深处，又容易吸附各种有毒的有机物和重金属元素，对健康的危害更大。

任务描述

❓ 某家具厂打磨工接触粉尘浓度检测

某家具厂实行每周工作 5 d，每天 8 h 工作制，上午工作 3.5 h，下午工作 4.5 h。打磨工张三每天上午累计约 1 h 进行木料打磨作业，每次打磨约 20 min，约 0.5 h 进行木料打磨处清扫作业，未进行作业时在休息室休息；每天下午累计约 3 h 进行木料打磨作业，每次打磨约 20 min，约 0.5 h 进行木料打磨处清扫作业，未进行作业时在休息室休息。对该打磨工位接触的木粉尘进行测量，记录数据，并对数据进行计算、分析。

任务分析

知识与技能要求：

知识点：工作场所空气中粉尘浓度的测定方法。

技能点：测定各步骤的实际操作与质量控制。

任务知识技能点链接

一、工作场所空气中危害因素测定的工作程序

工作场所空气中危害因素测定的工作程序如图 2-1-1 所示。

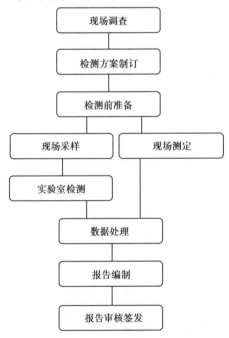

图 2-1-1　工作场所空气中危害因素测定的工作程序

1. 现场调查

为了了解工作场所空气中待测物浓度变化规律和劳动者的接触状况,正确选择采样点、采样对象、采样方法和采样时机等,必须在采样前对工作场所进行现场的卫生学调查,必要时可进行预采样。调查内容主要包括:

①被调查单位概况,如名称、地址、劳动定员、岗位划分以及工作班制等。

②生产过程中使用的原料、辅助材料,产品、副产品和中间产物等的种类、数量、纯度、杂质及其理化性质等。

③生产工艺流程,原料投入方式,加热温度和时间,生产设备类型、数量及其布局。

④劳动者的工作状况,包括劳动者人数、工作地点停留时间、工作方式,以及接触有害物质的程度、频度以及持续时间等。

⑤工作地点空气中有害物质的产生和扩散规律、存在状态、估计浓度等。

⑥工作地点的卫生状况和环境条件、卫生防护设施及其使用状况、个人防护装备及其使用状况等。

2. 检测方案制订

检测方案应包括利用便携式仪器设备对物理因素的现场检测和对空气中有害物质的样品采集两个方面的内容。

应根据现场调查情况以及职业卫生标准检测方法规范的要求,确定各种职业病危害因素的代表性的现场检测点和样品采集地点、采样对象和数量,并根据职业病危害因素的职业接触限值类型和检测方法制订现场采样和检测实施方案。

方案应包括检测范围(职业病危害因素的种类),有害物质样品采集方式(个体或定点方法),物理因素的检测时间和地点,化学有害因素的采样地点、采样对象和采样频次等。

检测方案的制订应与被检测单位相关负责人员做好沟通工作。

3. 检测前期准备

为确保现场检测工作的效率与安全,实施现场采样检测前应做好人员、设备、材料、现场采样检测记录以及相关辅助和安全防护设施等方面的准备工作。具体应包括以下几个方面:

①确定现场采样检测执行人员及各自任务分工。

②做好采样仪器和检测仪器的准备工作,选择符合采样要求的仪器设备,检查其正常运行操作、电池电量、充电器、计量校准有效期、防爆性能等情况。

③做好采样设备的充电工作和流量校准工作。

④准备采样介质、器材、材料以及相关试剂,确保其质量完好、数量充足。

⑤准备足够的现场采样检测记录单。

⑥做好采样人员必要的个体防护和仪器设备搬运过程中的安全防护。

4. 现场采样

在正常生产状况下,按照上述检测方案开展工作,采样前再次观察和了解工作现场卫生状况和环境条件,确保现场采样的代表性和有效性,如实记录现场采样记录单的相关信息,记录单应经被检测单位相关陪同人员的签字确认。

5. 现场检测

在正常生产状况下,按照上述检测方案开展工作,检测前再次观察和了解工作现场卫生状况和环境条件,确保检测的代表性和有效性,如实记录检测记录单的相关信息,记录单应经被检测单位相关陪同人员的签字确认。

6. 实验室检测

实验室检测主要指对现场采集的空气中有害化学物质样品的实验室分析和浓度测定。包括现场采集样品的交接、采样记录单的交接、样品的编号和保存、实验室内样品的流转和分析测定。

7. 数据处理

数据处理包括检测仪器出具的原始数据、采样体积、标准采样体积的计算、空气中有害物质浓度的换算等方面。

按式(2-1-1)将采样体积换算为标准采样体积:

$$V_0 = V_t \times \frac{293}{273+t} \times \frac{P}{101.3} \tag{2-1-1}$$

式中　　V_0——标准采样体积,L;

　　　　V_t——采样体积,L;

　　　　t——采样点的温度,℃;

　　　　P——采样点的大气压,kPa。

8. 报告编制

检测报告是整个职业病危害因素检测工作的最终产出,既是整个检测工作的总结,也是对工作现场职业病危害因素存在浓度或强度及分布的归纳总结和结论,并且检测报告一旦签发盖章生效后将具有法律效力。因此,检测报告编制工作的相关人员必须严肃认真对待,保证检测报告中相关信息和结果的真实、准确可靠。同时检测报告内容应清晰、整洁,便于查看结果。

9. 报告审核签发

报告编制完成后,经过检测人员、校核人员、审核人员以及质量监督人员的逐次核对确认后,由授权签字人签发,加盖资质印章和检测机构检测专用印章,即可发送给委托方。报告签发盖章后,相关原始记录和报告应归档管理。

二、粉尘采样相关知识

1. 粉尘浓度检测原理

滤膜质量法总粉尘浓度检测原理:空气中的总粉尘用已知质量的滤膜采集,由滤膜的增量和采气量计算出空气中总粉尘的浓度。呼吸性粉尘浓度测定与总粉尘稍有不同,空气中粉尘通过采样器上的预分离器,分离出的呼吸性粉尘颗粒采集在已知质量的滤膜上,由采样后的滤膜增量和采气量计算出空气中呼吸性粉尘的浓度。

粉尘采样相关知识

2. 工作场所测尘点选择原则

①满足卫生标准要求,测尘点应设在有代表性的粉尘浓度最高和劳动者接触时间最长的接尘地点。

②在不影响劳动者工作的情况下,采样点尽可能靠近劳动者,空气收集器应尽量接近劳动者工作时的呼吸带。

③在评价工作场所防护设备或措施的防护效果时,应根据设备的情况选定采样点,在工

作地点劳动者工作时的呼吸带进行采样。

④采样点应设在工作地点的下风向,应远离排气口和可能产生涡流的地点。

3.采样对象的选择

采样对象的选择分为定点采样(图2-1-2)和个体采样(图2-1-3)两种。定点检测是将采样仪器放在选定的采样点,收集器置于劳动者工作时的呼吸带,一般距地面0.5～1.5 m高度进行空气样品的采集测定,主要用于评价检测和日常检测工作场所的职业卫生状况。个体检测是将个体采样空气收集器佩戴在检测对象的前胸上部,尽量接近呼吸带进行空气样品的采集测定,主要用于评价劳动者接触毒物的程度。

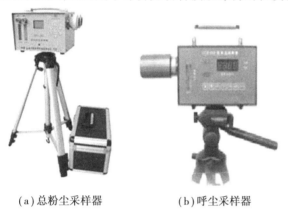

(a)总粉尘采样器　　　(b)呼尘采样器

图2-1-2　定点采样　　　　　　　　　图2-1-3　个体采样

(1)定点采样

①按产品的生产工艺流程,凡逸散或存在有害物质的工作地点,至少应设置1个采样点。

②有多台同类生产设备时,选择有代表性的工作场所,一般按照表2-1-1的数量来设置。

表2-1-1　有多台同类生产设备采样点选择

同类生产设备数量/台	采样点数量/个
1～3	1
4～10	2
>10	≥3

③有2台以上不同类型的生产设备,逸散同一种有害物质时,采样点应设置在逸散有害物质浓度大的设备附近的工作地点,逸散不同种有害物质时,将采样点设置在逸散待测有害物质设备的工作地点,采样点的数目参照表2-1-1确定。

④当劳动者在多个工作地点工作时,在每个工作地点设置1个点。

⑤当劳动者工作是流动的时,在流动的范围内,一般每10 m设置1个采样点。

⑥仪表控制室和劳动者休息室至少设置1个采样点。

(2)个体采样

凡接触和可能接触有害物质的劳动者都列入应进行个体采样的范围内,按照表2-1-2的数目进行确定,其中一定要包括不同工作岗位、接触浓度最高、接触时间最长者,其余的随机选择。

表 2-1-2　个体采样采样点数目

劳动者数/个	采样对象数/个
3 ~ 5	2
6 ~ 10	3
>10	≥3

注:每种工作岗位劳动者数不足 3 名时,全部选为采样对象。

当不能确定接触有害物质浓度最高和接触时间最长的劳动者时,在采样对象的范围中,每种工作岗位按表 2-1-3 选定采样对象的数量。

表 2-1-3　不能确定接触有害物质浓度最高和接触时间

最长的劳动者时,个体采样采样点数目

劳动者数/个	采样对象数/个
6	5
7 ~ 9	6
10 ~ 14	7
15 ~ 26	8
27 ~ 50	9
>50	11

注:每种工作岗位劳动者数不足 6 名时,全部选为采样对象。

4. 采样时段的原则

采样时段指在一个监测周期(如工作日、周或年)中,选定的采样时刻。采样时段的选择应满足以下几方面要求:

①采样必须在正常工作状态和环境下进行,避免人为因素的影响(工作 1 h 后)。

②空气中有害物质浓度随季节发生变化的工作场所,应将空气中有害物质浓度最高的季节作为重点采样季节。

③在工作周内,应将空气中有害物质浓度最高的工作日作为重点采样日。

④在工作日内,应将空气中有害物质浓度最高的时段作为重点采样时段。

5. 采样前的准备

①检查所用的空气收集器(粉尘采样头)及粉尘采样器的性能和规格(需要防爆的工作场所应使用防爆采样器),给仪器充电。

②采样前校正空气采样器的采样流量。在校正时,必须串联与采样相同的空气收集器,流量计的流量误差不能大于 ±5% 。

③使用定时装置控制采样时间的采样器,应校正定时装置。

④滤膜。已称量好的过氯乙烯或其他测尘滤膜(如在高温下或有可溶解滤膜的有机溶

剂存在时,改用玻璃纤维滤膜,当空气中粉尘浓度≤50 mg/m³时,用直径37 mm或40 mm的滤膜;粉尘浓度≥50 mg/m³时用直径75 mm的滤膜;个体检测用直径37 mm的滤膜)。

⑤采样点的明细单(采样点的名称、位置)、现场调查表。

⑥现场采样记录表(项目编号、检测项目名称、样品编号、仪器编号、采样车间、采样位置、采样时间、采样流量、温湿度、生产情况、工人佩戴的防护用品、厂房的通风方式、工人工作时间、采样人、采样日期、陪同人及日期)。

⑦采样记录夹、笔、镊子、采样器支架等。

三、粉尘检测相关知识

1. 空气动力学直径

由于颗粒物来源和形成条件不同,形状多种多样,无法测量颗粒的实际直径。为便于测量和相互比较,采用空气动力学直径来表示颗粒物的粒径。它是指若某颗粒物在通常温度、压力、相对湿度下,层流气流中,与密度为1 g/m³的球体具有相同沉降速度,则该球体的直径视作该颗粒物的空气动力学直径。

2. 预分离器

呼吸性粉尘采样操作与总粉尘最大的区别为需使用预分离器将粉尘中的呼吸性粉尘筛选出来,常见的预分离器有撞击式(图2-1-4)、旋风式(图2-1-5)等。预分离器有一个固定的设计采样流量,以此流量采样才能确保采集到的粉尘符合要求。故采样时应按照采样预分离器的产品说明,以固定的流量采集空气。

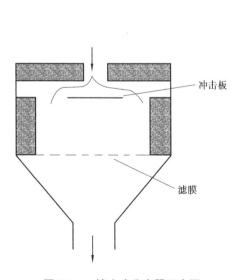

图2-1-4　撞击式分离器示意图

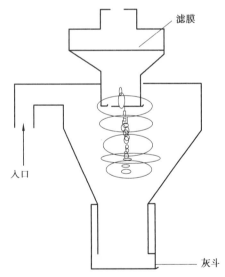

图2-1-5　旋风式分离器示意图

3. 测尘滤膜

测尘滤膜最常用的材料为聚氯乙烯,是由聚氯乙烯纤维制成的网状薄膜,不易脆裂、有明显的静电性和憎水性,能牢固吸附粉尘,并具有阻力小、耐酸碱、阻尘率高、质量小等优点。但聚氯乙烯滤膜不耐高温,不能在55 ℃以上的采样现场使用(此时可用超细玻璃纤维滤纸)。另外在存在火花的现场,如电焊处,应防止滤膜接触火星损坏。

4. 滤膜称量

在采样前后的称量前,滤膜都应充分干燥。测尘滤膜通常带有静电,影响称量的准确性,应在每次称量前除去静电。采样前后,滤膜称量应使用同一台分析天平。

5. 采样器校准

为保证采样体积准确,采样前后应使用合格的计量器具(如经检定的皂膜流量计)校准采样器。

6. 滤膜上总粉尘的增量(Δm)要求

无论定点采样或个体采样,都要根据现场空气中粉尘的浓度、使用采样夹的大小、采样流量及采样时间,估算滤膜上总粉尘的 Δm。滤膜粉尘 Δm 的要求与称量使用的分析天平感量和采样使用的测尘滤膜直径有关。采样时要通过调节采样流量和采样时间,控制滤膜粉尘 Δm 在表 2-1-4 要求的范围内。否则,有可能因过载造成粉尘脱落。采样过程中,若有过载可能,应及时更换采样夹。

表 2-1-4 滤膜总粉尘的增量要求

分析天平感量	滤膜直径/mm	Δm 的要求/mg
0.1 mg	≤37	$1 \leq m \leq 5$
	40	$1 \leq m \leq 10$
	75	$m \geq 1$,最大增量不限
0.01 mg	≤37	$0.1 \leq m \leq 5$
	40	$0.1 \leq m \leq 10$
	75	$m \geq 0.1$,最大增量不限

四、测量步骤

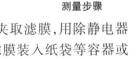

测量步骤

1. 总粉尘浓度检测

(1)滤膜的准备

①将滤膜置于干燥器中干燥 2 h 以上。

②滤膜称量。选择感量 0.1 mg 或 0.01 mg 的分析天平,用镊子夹取滤膜,用除静电器除去滤膜的静电,在分析天平上准确称量,记录滤膜的质量 m_1。将滤膜装入纸袋等容器或直接安装在采样夹上,每张滤膜有唯一性标识并记录对应的 m_1。

③将滤膜装入采样器时,滤膜毛面应朝进气方向,平整放置,不能有裂隙或褶皱。用直径 75 mm 的滤膜时,将其做成漏斗状装入采样夹。

(2)采样

1)定点采样

①短时间采样:在采样点,用装好滤膜的粉尘采样夹,在呼吸带高度以 15~40 L/min 流量采集 15 min 空气样品。

②长时间采样:在采样点,用装好滤膜的粉尘采样夹,在呼吸带高度以 1~5 L/min 流量采集 1~8 h 空气样品(由采样现场的粉尘浓度和采样器的性能等确定)。

2）个体采样

将装好滤膜的小型塑料采样夹,佩戴在采样对象的前胸上部,进气口尽量接近呼吸带,以 1～5 L/min 流量采集 1～8 h 空气样品（由采样现场的粉尘浓度和采样器的性能等确定）。

（3）样品的运输和保存

采样后,取出滤膜,将滤膜的接尘面朝里对折两次,置于清洁容器内运输和保存。运输和保存过程中应防止粉尘脱落或污染。

（4）采样后称量

称量前,将采样后的滤膜置于干燥器内 2 h 以上,除静电后,在分析天平上准确称量,记录滤膜和粉尘的质量 m_2。

（5）结果计算

按下式计算空气中总粉尘浓度：

$$C = \frac{m_2 - m_1}{V \cdot t} \times 1\,000 \tag{2-1-2}$$

式中　C——空气中总粉尘的浓度数值,mg/m³;

　　　m_2——采样后的滤膜质量数值,mg;

　　　m_1——采样前的滤膜质量数值,mg;

　　　V——采样流量数值,L/min;

　　　t——采样时间数值,min。

2. 呼吸性粉尘浓度检测

（1）采样准备

仪器准备与检查：与总粉尘浓度检测要求相同。

滤膜的准备：与总粉尘浓度检测要求相同。

预分离器硅胶涂抹（选用撞击式分离器需要涂抹硅胶）：

①选择预分离器、打开盖圈。

②涂抹硅胶。

③安装玻璃撞击板。

④将硅胶盖圈安装。

（2）采样

与总粉尘浓度检测要求相同。

（3）样品的运输和保存

与总粉尘浓度检测要求相同。

（4）采样后称量

呼尘滤膜称量所使用的分析天平感量为 0.01 mg。其他与总粉尘浓度检测要求相同。

（5）结果计算

与总粉尘浓度检测要求相同。

工作页

一、信息、决策与计划

①目前适用的粉尘检测标准？

答：_____

②粉尘检测流程？

答：_____

③准确称量应注意哪些问题？

答：_____

④滤膜采集粉尘的增量应符合哪些要求？采样时应采取哪些措施使其符合要求？

答：_____

⑤如何确保采集到的是呼吸性粉尘？

答：_____

二、任务实施

◇ 某家具厂打磨工接触粉尘浓度检测

某家具厂实行每周工作 5 d，每天 8 h 工作制，上午工作 3.5 h，下午工作 4.5 h。打磨工张三每天上午累计约 1 h 进行木料打磨作业，每次打磨约 20 min，约 0.5 h 进行木料打磨处清扫作业，未进行作业时在休息室休息；每天下午累计约 3 h 进行木料打磨作业，每次打磨约 20 min，约 0.5 h 进行木料打磨处清扫作业，未进行作业时在休息室休息。对该打磨工位接触的木粉尘进行测量，记录数据，并对数据进行计算、分析。

1. 现场调查

了解该工作场所的生产状况、人员工作时间、暴露情况等，填入表 2-1-5。

表 2-1-5　劳动者工作日写实调查表

第　页/共　页

用人单位		检测任务编号			
车间/工作场所					
岗位（工种）		岗位总人数		最大班人数	
工作制度		写实人数		姓名	工龄
工作场所及工作内容描述					

工作时间	工作地点	工作内容	耗费工时	接触职业病危害因素	备注
~					
~					
~					
~					
~					
~					

调查人：　　　　　　　　陪同人：　　　　　　　　　　　调查日期：　　年　　月　　日

2. 制订采样计划

该工位工人在打磨和清扫作业时接触木粉尘,查阅《工作场所有害因素职业接触限值第 1 部分:化学有害因素》(GBZ 2.1—2019),木粉尘的接触限值只有 PC-TWA(总尘),在条件允许时用长时间个体采样的方式测定 C_{TWA} 值。另据此标准 6.3.3 知,"劳动者接触仅制定有 PC-TWA 但尚未制定 PC-STEL 的化学有害因素时,实际测得的当日 C_{TWA} 不得超过其对应的 PC-TWA 值;同时,劳动者接触水平瞬时超出 PC-TWA 值 3 倍的接触每次不得超过15 min,一个工作日期间不得超过 4 次,相继间隔不短于 1 h,且在任何情况下都不能超过PC-TWA 值的 5 倍"。应使用短时间采样方法采样测定工人在打磨和清扫作业时接触的木粉尘浓度。

综上,可使用个体采样设备,分别于上、下午佩戴在工人身上进行长时间采样,采样时间尽量完全覆盖该工人的工作时间;另使用定点采样设备,在上午打磨、下午打磨和上午清扫、下午清扫时进行短时间采样,采样点设置在该工人的工作区域,每次采样 15 min。填写表2-1-6。

3. 采样准备

①确定采样参与人员及各自分工。

②选择合适的采样设备,检查其是否在计量检定有效期内、能否正常运行,给仪器充电。准备适配的三脚架。保证采样体积准确,采样前后应使用合格的计量器具(如经检定的皂膜流量计)校准采样器。

③准备测尘滤膜,滤膜数量应能满足检测需求。如此次需采集 2 个个体粉尘样品、4 个定点粉尘样品,最小准备量为 2 张 37 mm 测尘滤膜及适配的 37 mm 采样夹、4 张 40 mm 测尘滤膜及适配的 40 mm 采样夹,实际准备时应多备几张。滤膜在采样前后的称样前都应充分干燥。测尘滤膜通常带有静电,影响称量的准确性,应在每次称量前除去静电。用镊子取下滤膜衬纸,将滤膜放在分析天平上称量,记录编号和质量。将滤膜装置于采样夹(要求无褶皱,无裂缝,毛面向上),放入采样盒内。

④准备足够的采样记录表。

⑤准备采样人员佩戴的防尘口罩或面罩。

表 2-1-6　现场采样和检测计划

岗位(工种)	采样点/对象	检测项目	样品数量 (点数×样品数×天数)	采样方式	采样时机/时段	采样流量 /(L·min⁻¹)

编制人：　　　　　　　审核人：　　　　　　　批准人：

　年　月　日　　　　　年　月　日　　　　　年　月　日

4. 现场采样

①早上到达现场后,将测尘滤膜组装于滤膜夹内,用通气软管连接个体采样设备与滤膜夹(注意测尘滤膜的接尘面方向),检查不漏气后,将其佩戴在该岗位工人身上,一般将采样设备挂在佩戴者腰带上,采样夹一端用夹子夹住工人衣领固定,要使进气口尽量靠近工人口鼻并避免被衣物遮盖。做好记录(设备编号、被采样人、滤膜编号等),设置好流量(如 2 L/min),开始采样并记录时间,填写表 2-1-7。

②组装定点采样设备和滤膜,在工人进行打磨作业时,将设备放置在工人的工作位置旁,采样器应不影响工人正常操作且其进气口尽量靠近工人口鼻,如果现场有固定方向的风源(如风扇),采样器进气口应与工人处在风源的同一方向。设置好流量(如 20 L/min)后,开始采样并记录时间,15 min 后结束采样,完善采样记录,尽量保证采样的 15 min 里,工人都在采样点作业中。采样后取出滤膜,为防止滤膜上的粉尘脱落,用测尘滤膜衬纸或称量纸等紧密包裹住对折的滤膜后,再放入纸袋中,可起到进一步加固的作用。

③照此方法,在工人进行清扫作业时采集定点样品。

④上午工作结束、采集完整 3.5 h 工作班后,取回个体采样设备和滤膜,记录采样结束时间等,完善采样记录。

⑤午休结束,下午工作开始后按前述方法采集个体样品、打磨和清扫时的定点样品。同时采集一个休息室内的定点粉尘。将定点样品采样情况填写在表 2-1-8 中。

5. 样品运输和保存

样品在运输和保存过程中,应防止样品的污染、变质和损失。

6. 采样滤膜称量

采样前后,滤膜称量应使用同一台分析天平。判断采样前后滤膜增量符合表 2-1-4 滤膜总粉尘的增量要求。

7. 数据计算和处理

①粉尘浓度计算。计算该岗位工人张三上午个体粉尘浓度 C_1、下午个体粉尘浓度 C_2,上午打磨作业定点粉尘浓度 C_3、上午清扫作业定点粉尘浓度 C_4、下午打磨作业定点粉尘浓度 C_5、下午清扫作业定点粉尘浓度 C_6、休息室定点粉尘浓度 C_7,填写表 2-1-9。

表2-1-7　工作场所空气中有害物质个体采样记录

检测任务编号：　　　　　气压：　　　　kPa　　　　　　　　　　第　页/共　页

用人单位									
仪器名称、型号									
检测项目			检测类别	□评价　□定期　□其他					
检测依据			校准仪器名称、编号						
			采样方法	□活性炭管　□硅胶管　□吸收液　□滤膜　□其他					

现场编号	样品编号	仪器编号	采样对象（车间名称及岗位/工种）	佩戴人姓名	生产状况、职业病防护设施运行情况及个人防护用品使用情况	采样流量/(L·min⁻¹) 采样前	采样流量 采样后	采样时间 开始	采样时间 结束	温度/℃	备注
								：	：		
								：	：		
								：	：		
								：	：		
								：	：		

采样人：　　　　　年　月　日　　　　　　陪同人：　　　　　年　月　日

表 2-1-8 工作场所空气中有害物质定点采样记录

检测任务编号：　　　　气压：　　　kPa　　　　　　　　　　　　　　　　　　　　　　　　　　　第　页/共　页

用人单位							检测类别	□评价　□定期　□其他			
仪器名称、型号							校准仪器名称、编号				
检测项目							采样方法	□活性炭管　□硅胶管　□吸收液　□滤膜　□其他			
采样依据											
膜/管号	样品编号	仪器编号	采样点	生产状况，职业病防护设施运行情况及个人防护用品使用情况	采样流量 /（L·min⁻¹）		采样时间		温度 /℃	备注
					采样前	采样后	开始	结束		
							：	：		
							：	：		
							：	：		
							：	：		
							：	：		

采样人：　　　　　　　　　年　月　日　　　　　陪同人：　　　　　　　　　年　月　日

表 2-1-9 工作场所空气中粉尘测定原始记录

检测任务编号： 第 页/共 页

样品名称		空气收集器		用人单位			
送检日期		检测日期		检测项目		粉尘类型	
检测依据			检测方法		滤膜质量法		
天平型号及编号				仪器状态			
天平室初称温度/℃		湿度/%		天平室称样温度/℃		湿度/%	
样品编号	采样体积 /m³	滤膜初称质量/mg	采样后滤膜称重1/mg	采样后滤膜称重2/mg	滤膜增重 /mg	计算结果 /(mg·m⁻³)	备注
计算公式	空气中粉尘浓度(mg·m⁻³)：$C = \dfrac{m_2 - m_1}{V}$						
备注							

检测人： 年 月 日 复核人： 年 月 日

②个体采样粉尘时间加权平均浓度计算，计算 $C_{\text{TWA}} = (C_1 \times 3.5 + C_2 \times 4.5)/8$。

③比较 C_{TWA} 与木粉尘的 PC-TWA 值，查看 C_3、C_4、C_5、C_6 是否大于 PC-TWA 值的 3 倍或 5 倍。

④定点采样粉尘时间加权平均浓度计算，如果因设备或其他条件限制无法采集得到 C_1、C_2，只能得到 C_3、C_4、C_5、C_6、C_7 时，可用定点检测结果计算 $C_{\text{TWA}} = (C_3 \times 1 + C_4 \times 0.5 + C_5 \times 3 + C_6 \times 0.5 + C_7 \times 3)/8$，填写表 2-1-10。

表 2-1-10 职业病危害因素检测结果与分析

岗位/工种	采样对象/采样点	检测项目	C_{WTA} /(mg·m⁻³)	PC-WTA /(mg·m⁻³)	判定结果

三、检查与评价

填写任务完成过程评价表（表2-1-11）。

表2-1-11　任务完成过程评价表

考核要点	评价关键点	分值/分	组内评价（30%）	小组互评（30%）	教师评价（40%）
滤膜称重	干燥、除静电操作	20			
	规范操作天平	20			
	称重记录	10			
现场采样	校准采样器流量	10			
	采样布点规范	10			
	采样流量、时间设置	20			
	采样记录	10			
总得分		100			

四、思考与拓展

水泥粉尘浓度的测定

某水泥厂实行每周工作5 d，每天8 h工作制，上午工作3.5 h，下午工作4.5 h。装袋工每天上午进行2次装袋操作，每次装袋约20 min，每次装袋后对工位进行清扫作业，约15 min，未进行作业时在休息室休息；每天下午进行4次装袋操作，每次装袋约20 min，每次装袋后对工位进行清扫作业，约15 min，未进行作业时在休息室休息。对该装袋工位接触的水泥粉尘进行测量，记录数据，并对数据进行计算、分析。

要求：

①查阅《工作场所有害因素职业接触限值 第1部分：化学有害因素》（GBZ 2.1—2019）中的限值，确定需要测定的粉尘类型。

②针对限值的评价需求，结合现场情况，制订采样方案。

③了解预分离器的结构，正确使用预分离器。

④对该装袋工位接触的水泥粉尘进行测量，做好个体防护。记录数据，并对数据进行计算、分析。

⑤判断水泥粉尘的接触水平是否符合职业接触限值的要求。

项目二 有毒物质的检测及分析

学习目标

知识目标:

1. 了解氨、铅元素的理化性质、污染来源以及对人体的危害。

2. 掌握工作场所中氨的测定方法。

3. 掌握工作场所空气铅及其化合物样品采集和分析方法。

技能目标:

1. 具备工作场所空气中有毒物质现场采样的能力。

2. 具备良好的实验操作技能。

素养目标:

1. 具备良好的资料收集和文献检索的能力。

2. 具备现场采样协调与沟通的能力。

3. 具备良好的结果计算能力和分析能力。

4. 具备找准职业危害根源,守护劳动者职业健康的责任和担当。

任务一　工作场所空气中氨的测定

任务背景

氨(ammonia)为无色气体,具有强烈辛辣刺激性臭味,熔点 $-77.8\ ℃$,沸点 $-33.5\ ℃$,对空气的相对密度为 0.596 2。氨极易溶于水、乙醇和乙醚。氨的水溶液呈碱性,有腐蚀性。氨具有可燃性,燃烧时火焰稍带绿色,生成有毒的氮氧化物烟雾;在空气中,氨的含量达到 $16.5\% \sim 26.8\%$(V/V)时,能形成爆炸态气体。

氨是含氮有机物质腐败分解的最终产物,是主要的空气污染物之一。此外,氨也是化学工业的主要原料,广泛用于生产硝酸、氮肥、炸药、冷冻剂、药物、塑料、染料、油漆、树脂和铵盐。生产和使用氨的过程都可能产生大量的含氨废气废水。同时,农业生产使用氮肥时也可能造成氨的污染。

氨对人体健康危害较大,短时间高浓度的氨暴露会造成人体急性中毒,长期低浓度的氨暴露也会对人体也产生致突变和致癌作用。因此,需要对工作场所空气中的氨进行日常的、定期的监测。掌握工作场所中氨的测定方法是实现工作场所空气中氨的监测的基础,对保障职业暴露人群的身体健康有着至关重要的作用。

任务描述

🅰 化肥生产企业工作场所空气中氨的测定

某化肥生产企业实行每周工作 5 d，每天 8 h 工作制。皮带巡检工对原料输送皮带累计巡检时间 1 h，其余时间在控制室操作或休息；包装工累计 2 h 在包装机处操作，其余 6 h 在控制室操作或休息。对该两个工种接触的氨进行测量，并对数据进行分析。

依据《工作场所空气中有害物质监测的采样规范》（GBZ 159—2004），现场采集工作场所的空气样品。按照《工作场所空气中无机含氮化合物的测定方法》（GBZ/T 160.29—2004）中氨的测定方法，对所采集到的工作场所空气中的氨进行测定。

问题：

①采样后，样品是否需要尽快测定。

②氨的测定过程中是否有外源性干扰，如何排除。

任务分析

知识与技能要求：

知识点：标准采样体积、纳氏试剂、分光光度法。

技能点：按照《工作场所空气中有害物质监测的采样规范》（GBZ 159—2004）现场采样，按照《工作场所空气中无机含氮化合物的测定方法》（GBZ/T 160.29—2004）对工作场所空气中的氨进行测定。

任务知识技能点链接

一、术语

1. 纳氏试剂

纳氏试剂（Nessler）是指一种利用紫外-可见分光光度法原理用于测定空气中、水体中氨含量的试剂。纳氏试剂是在常温下略显淡黄绿色的透明溶液，随着曝光时间增加逐渐生成黄棕色沉淀，溶液会渐渐变黄。纳氏试剂的作用机理是碘离子和汞离子在强碱性条件下，会与氨反应生成淡红棕色络合物，此颜色在波长 420 nm 处会有强烈的吸收。而生成的这类红棕色络

氨的测定及分光光度法

合物的吸光度会与其溶液的氨含量成正比，可用测试反应液的吸收值来测定氨的含量。

纳氏试剂中含有汞盐和强碱，毒性强，并具有强烈的刺激和腐蚀作用。使用过程中按如下方式处理，以免造成环境污染：将废液收集在塑料桶中，当废水容量达 20 L 左右时，以曝气方式混匀废液，并加入 50 mL 氢氧化钠（400 g/L）溶液，再加入 50 g 硫化钠，10 min 后，慢慢加入 200 mL 市售过氧化氢，静置 24 h 后，抽取上清液弃去。

2. 分光光度法

分光光度法是通过测定被测物质在特定波长处或一定波长范围内光的吸收度，对该物质进行定性和定量分析的方法。它具有灵敏度高、操作简便、快速等优点，是生物化学实验中常用的实验方法。

分光光度计结构如图 2-2-1 所示。在进行分光光度法分析时，要注意以下几点：

①防止光电管疲劳。不测定时必须将比色皿暗箱盖打开，使光路切断，以延长光电管使用寿命。

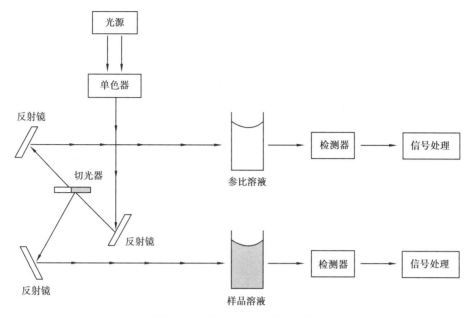

图 2-2-1 分光光度计结构示意图

②比色皿的使用方法:手指只能捏住比色皿的毛玻璃面,不要碰比色皿的透光面,以免沾污。清洗比色皿时,一般先用水冲洗,再用蒸馏水洗净。不能用碱溶液或氧化性强的洗涤液洗比色皿,以免损坏。也不能用毛刷清洗比色皿,以免损伤它的透光面。每次做完实验时,应立即洗净比色皿。

③保护透光镜面:比色皿外壁的水用擦镜纸或细软的吸水纸吸干。

④测定吸光度时:一定要用有色溶液洗比色皿内壁几次,以免改变有色溶液的浓度。另外,在测定一系列溶液的吸光度时,通常都按由稀到浓的顺序测定,以减小测量误差。

二、卫生标准

工作场所空气中氨的职业接触限值见表 2-2-1。

表 2-2-1 工作场所空气中铅及其化合物的职业接触限值

中文名	英文名	化学文摘号 CAS 号	OEL/（mg·m⁻³）		
			MAC	PC-TWA	PC-STEL
氨	Ammonia	78-00-2	—	20	30

▎工作页

一、信息、决策与计划

①目前适用的工作场所空气中氨的检测标准?

答:_____

②工作场所空气中氨的检测流程?

答:_____

③阐述纳氏试剂分光光度法测定氨的原理。

答：_____

④为什么要对采样体积进行标准体积换算？

答：_____

⑤如何对分光光度计进行日常维护？

答：_____

二、任务实施

◇ 化肥生产企业工作场所空气中氨的测定

某化肥生产企业实行每周工作 5 d，每天 8 h 工作制。皮带巡检工对原料输送皮带累计巡检时间 1 h，其余时间在控制室操作或休息；包装工累计 2 h 在包装机处操作，其余 6 h 在控制室操作或休息；对该两个工种接触的氨用纳氏试剂分光光度法进行测量，并对数据进行分析。

1. 现场调查

根据现场调查的结果，皮带巡检工人和产品包装工人均在生产过程中可能接触到的职业病危害因素为氨。选择具有代表性的工作地点，包括空气中有害物质浓度最高的、劳动者接触时间最长的工作地点，根据生产现场的设备数量设置采样点，1～3 台设置 1 个采样点，4～10 台设置 2 个采样点，10 台以上至少设置 3 个采样点，仪表控制室和劳动者休息室至少设置 1 个采样点。根据两个不同工种的生产劳动时间，制订相应的采样计划，填写采样计划表 2-2-2。

表 2-2-2　现场采样计划表

岗位(工种)	采样点/对象	检测项目	采样/检测方式	采样时机/时段	采样流量/(L·min^{-1})	空气收集器

2. 准备采样设备

检查所用的空气收集器和空气采样器的性能与规格，应符合《工作场所空气中无机含氮化合物的测定方法》(GBZ/T 160.29—2004)的要求。检查所用的空气收集器的空白、采样效率和解吸效率或洗脱效率。校正空气采样器的采样流量(校正时，必须串联与采样相同的空气收集器)。使用定时装置控制采样时间的采样，应校正定时装置。

3. 配制吸收液

将 26.6 mL 硫酸($\rho_{20} = 1.84$ g/mL)缓缓加入 1 000 mL 水中。

4. 样品的采集、运输与保存

在现场按照《工作场所空气中有害物质监测的采样规范》（GBZ 159—2004）执行采样操作，串联两支各装有 5.0 mL 吸收液的大型气泡吸收管，以 0.5 mL/min 流量采集 15 min 空气样品。采样后立即封闭吸收管进出气口，将吸收管置于清洁的容器内保存和运输。样品尽量于采样当日测定。填写表 2-2-3 工作场所空气中有害物质定点采样记录表。

5. 配制纳氏试剂

溶解 17 g 氯化汞于 300 mL 水中，另溶解 35 g 碘化钾于 100 mL 水中，将前液慢慢加入后液中至生成红色沉淀为止。加入 600 mL 氢氧化钠溶液（200 g/L）和剩余的氯化汞溶液，混匀。贮存于棕色瓶中，于暗处放置数日，取出上清液置于另一棕色瓶中，用胶塞塞紧，避光保存。

6. 配制标准溶液

准确称取 0.387 9 g 硫酸铵（于 80 ℃干燥 1 h），溶于吸收液中，定量转移入 100 mL 容量瓶中，用吸收液稀释至刻度。此溶液为 1.0 mg/mL 氨标准储备液。临用前，用吸收液稀释成 20 μg/mL 氨标准溶液。或者使用国家认可的标准溶液配制。

7. 对照实验

将装有 5 mL 吸收液的大型气泡吸收管带至采样点，除不采集空气样品之外，其余操作同样品一致，以此作为样品的空白对照。

8. 样品处理

将采样过的吸收液洗涤吸收管内壁 3 次。前后管分别取出 1.0 mL 样品溶液于具塞比色管中，加吸收液至 10 mL，摇匀，供测定。若浓度超过标准溶液的线性范围，用吸收液稀释后测定，计算式乘以稀释倍数。

9. 标准曲线的绘制

取 7 支具塞比色管，分别加入 0.00，0.10，0.30，0.50，0.70，0.90，1.20 mL 氨标准溶液，各自加入吸收液至 10.0 mL，配制为 0.0，2.0，6.0，10.0，14.0，18.0，24.0 μg 氨标准系列。向各标准管加入 0.5 mL 纳氏试剂，摇匀；放置 5 min，于 420 nm 波长下测量吸光度；每个浓度重复测定 3 次，以吸光度均值对氨含量（μg）绘制标准曲线，如图 2-2-2 所示。

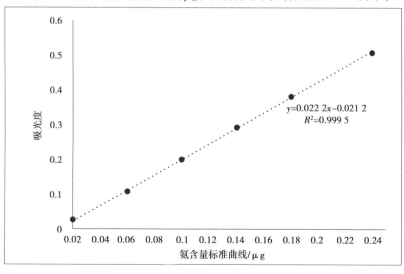

图 2-2-2　氨含量标准曲线

表 2-2-3　工作场所空气中有害物质定点采样记录表

报告编号		用人单位			检测类别　□评价　□定期　□其他				
待测物		采样介质　□活性炭管　□硅胶管　□吸收液　□滤膜　□其他			校准仪器（名称、编号）				
采样仪器（名称、型号）		采样方法			采样日期				

序号	样品编号	仪器编号	车间或部门	工种/岗位	采样地点	生产状况、职业病防护设施运行情况及个人防护用品使用情况	接触时间/h	采样流量/(L·min⁻¹) 前 / 后	采样时间 开始 / 结束	温度/℃	气压/kPa	备注
								: / :	: / :			
								: / :	: / :			
								: / :	: / :			
								: / :	: / :			

采样人：　　　　　　复核人：　　　　　　陪同人：　　　　　　年　月　日

10. 样品测定

用测定氨标准溶液的操作条件测定样品溶液和空白对照溶液。样品吸光度减去空白对照吸光度后,由标准曲线得氨含量(μg)。

11. 计算

将采样体积换算为标准采样体积。按下式计算空气中的氨浓度:

$$C = \frac{5 \times (m_1 + m_2)}{V_0} \tag{2-2-1}$$

式中　C——空气中的氨浓度,mg/m^3;

　　　m_1,m_2——测得的前后样品管中氨的含量,μg;

　　　V_0——标准采样体积,L。

根据仪器测试出的吸光度值和计算出的标准体积,以及计算出的溶液中的氨浓度、空气中的氨浓度,填写测定数据记录表2-2-4。

表 2-2-4　测定数据记录表

样品编号	标准采样体积 V_0/L	样品定容体积 v/mL	吸光度值 A	测定浓度 c/($\mu g \cdot mL^{-1}$)	报告浓度 C/($mg \cdot m^{-3}$)

12. 是否符合职业接触限值判断

以皮带巡检工和包装工为对象采集的样品测定结果对照表2-2-1工作场所空气中氨的职业接触限值,判断工人接触的工作场所空气中的氨是否符合卫生标准要求,填写表2-2-5。

表 2-2-5　氨检测结果的计算与分析

检测点	检测项目	实测结果/($mg \cdot m^{-3}$)			职卫限值/($mg \cdot m^{-3}$)			结果判定
		C_{MAX}	C_{STEL}	C_{TWA}	MAX	PC-STEL	PC-TWA	

三、检查与评价

填写任务完成过程评价表(表 2-2-6)。

表 2-2-6　任务完成过程评价表

考核要点	评价关键点	分值/分	组内评价(30%)	小组互评(30%)	教师评价(40%)
工作场所空气样品采集	采样前准备	15			
	采样时记录	10			
	标准采样体积的换算	15			
纳氏试剂分光光度法	纳氏试剂的配制	15			
	标准溶液的配制	15			
	样品的测定	10			
分光光度计的使用	分光光度计的上机操作	10			
	分光光度计的日常维护	10			
总得分		100			

四、思考与拓展

某化肥生产企业工作场所空气中氨的检测

某化肥生产企业实行每周工作 5 d,每天 8 h 工作制。刮料机操作工对刮料机累计巡检时间 1 h,其余时间在控制室操作或休息。对该工种接触的氨进行测量,记录数据,并对数据进行分析。

要求:

①查阅《工作场所有害因素职业接触限值 第 1 部分:化学有害因素》(GBZ 2.1—2019)中氨的职业接触限值。

②针对限值的评价需求,结合现场情况,制订采样方案。

③配制纳氏试剂分光光度法所需的各类试剂以及标准溶液。

④按照《工作场所空气有毒物质测定 无机含氮化合物》(GBZ/T 160.29—2004)规定的方法对该刮料机操作工接触的工作场所空气中的氨进行测定,做好个体防护。记录数据,并对数据进行计算、分析。

⑤判断该刮料机操作工接触的工作场所空气中的氨的接触水平是否符合职业接触限值的要求。

任务二 工作场所空气中铅及其化合物的测定

任务背景

目前,全世界已发现的一百多种元素中,金属和类金属约占85%。绝大多数金属和类金属有重要的经济价值,广泛应用于工农业生产,是人类生活必不可少的材料。在已知对人类有害的毒物中,金属元素是最主要的毒物之一,在冶金、建筑、汽车、电子和其他制造工业中,从业人员都会有不同程度的接触,给他们的健康造成潜在的危害,因此了解金属和类金属的理化特性、接触机会以及检测方法具有重要的意义。本任务以铅及其化合物的检测方法为例,介绍金属元素的常用检测方法。

任务描述

② 蓄电池厂工作场所空气中铅及其化合物的测定

某蓄电池厂拟对铅作业岗位工人的工作环境进行现状评价,请依据《工作场所空气中有害物质监测的采样规范》(GBZ 159—2004)和《工作场所空气有毒物质测定 第15部分:铅及其化合物》(GBZ/T 300.15—2017)对重点岗位工作场所空气中铅及其无机化合物进行采样和检测。

问题:

①铅及其化合物在空气中的存在状态有哪几种? 分别选用什么采样方法? 采样时使用哪种采样介质?

②根据《工作场所空气有毒物质测定 第15部分:铅及其化合物》(GBZ/T 300.15—2017)对处理后的样品溶液进行检测,并根据采样体积,计算空气中铅及其化合物的浓度。

任务分析

知识与技能要求:

知识点:铅及其化合物、样品采集与保存、卫生标准、样品分析测定、数据处理与结果报告。

技能点:现场采样操作、实验室检测,根据《工作场所空气有毒物质测定 第15部分:铅及其化合物》(GBZ/T 300.15—2017)对样品进行检测。

任务知识技能点链接

一、铅元素的理化性质及毒性

铅为银灰色质软重金属,原子量为207.2,比重11.35,熔点327.4 ℃,沸点1 620 ℃。加热至400~500 ℃时,即有大量铅蒸气逸出,与氧反应生成氧化铅。金属铅和铅的化合物大多数不溶于水但可溶于稀硝酸。

四乙基铅[lead tetraethyl, $Pb(C_2H_5)_4$]为无色油状液体,芳香气味,不溶于水、稀酸和碱,易溶于有机溶剂。受日光作用和受热易分解。常温易挥发,比重较空气稍大,为剧毒化学物

工作场所空气中铅及其化合物的测定

质,毒性为金属铅的100倍。

在生产环境中的铅及其化合物主要以粉尘、烟和蒸气的形式存在,经呼吸道进入人体,其次是胃肠道,其毒性取决于其颗粒大小及其在组织内的溶解度。从呼吸道进入人体的约有20%～50%被吸收,其余由呼吸道排出,进入胃肠道的铅约有5%～10%被吸收。无机铅化合物不能通过完整的皮肤吸收,但四乙基铅可通过皮肤和黏膜吸收。

铅进入人体后,可作用于全身器官和系统,主要累及造血系统、神经系统、消化系统、血管及肝脏。中毒机理为引起卟啉代谢紊乱,导致血红素合成障碍,卟啉代谢紊乱是铅中毒重要和较早的变化之一。铅在细胞内还与蛋白质巯基结合,抑制细胞呼吸色素生成,干扰多种细胞酶类活性。此外,铅可使大脑皮层兴奋与抑制的正常功能发生紊乱,使末梢神经传导速度降低。

二、术语

1. 蒸气

液态或固态物质汽化或升华而形成的气态物质。

2. 气溶胶

由固体颗粒或液体颗粒分散在空气中形成的一种多相分散系。按物理形态分类,通常可分为尘(dust)、烟(smoke)和雾(fog)。

3. 空气收集器

指用于采集空气中气态、蒸气态和气溶胶态有害物质的器具,如采气袋、各类气体吸收管及吸收液、固体吸附剂管、滤料及采样夹和采样头等。

4. 样品空白

采集空气样品的同时制备样品空白,其制备过程除不连接空气采样器采集工作场所空气外,其余操作与空气样品完全相同。

三、原子吸收光谱法

原子吸收光谱法(AAS)是利用气态原子可以吸收一定波长的光辐射,使原子中外层的电子从基态跃迁到激发态的现象而建立的。由于各种原子核外电子的能级不同,将有选择性地共振吸收一定波长的辐射光,这个共振吸收波长恰好等于该原子受激发后发射光谱的波长,由此可作为元素定性的依据,而吸收辐射的强度在一定的浓度范围内遵循朗伯-比尔定律,作为定量的依据进行定量分析。原子吸收光谱法在当前职业卫生金属样品的检测

原子吸收光谱仪
及其操作

中应用最为广泛。例如,空气中气溶胶态铅及其化合物(包括铅尘和铅烟等)用微孔滤膜采集,酸消解后,用乙炔-空气火焰原子吸收分光光度计,在283.3 nm波长下测定吸光度,进行定量。空气中的蒸气态四乙基铅用活性炭采集,酸解吸后,用石墨炉原子吸收分光光度计在283.3 nm波长下测定吸光度,进行定量。

四、紫外可见分光光度法

根据被测物质在紫外-可见光的特定波长处或一定波长范围内对光的吸收特性而对该物质进行定性定量分析的方法称紫外-可见分光光度法,具有灵敏度高、测量精度高、操作简便等优点,是职业卫生样品检测中常用的方法。例如,空气中铅烟和铅尘用微孔滤膜采集,硝酸溶液洗脱后,铅离子在pH值为8.5～11.0溶液中与双硫腙反应生成的双硫腙铅红色络合物,氯仿萃取后,用分光光度计在520 nm波长下,测定萃取液的吸光度,进行定量。

五、卫生标准

工作场所空气中铅及其化合物的职业接触限值见表2-2-7。

表2-2-7 工作场所空气中铅及其化合物的职业接触限值

中文名	英文名	化学文摘号 CAS号	OEL/(mg·m^{-3})		
			MAC	PC-TWA	PC-STEL
铅及其无机化合物（按Pb计）	Lead and inorganic Compounds,as Pb	7439-92-1(Pb)	—	—	—
铅尘	Lead dust		—	0.05	—
铅烟	Lead fume		—	0.03	—
四乙基铅（按Pb计）	Tetraethyl lead,as Pb	78-00-2	—	0.02	—

█ 工作页

一、信息、决策与计划

①目前适用的工作场所空气中铅及其化合物的检测标准？

答：＿＿＿＿＿＿＿＿＿＿＿＿＿＿＿＿＿＿＿＿＿＿＿＿＿＿＿＿＿

②铅及其化合物的检测流程？

答：＿＿＿＿＿＿＿＿＿＿＿＿＿＿＿＿＿＿＿＿＿＿＿＿＿＿＿＿＿

③为什么在采样的同时要采集空白样品？

答：＿＿＿＿＿＿＿＿＿＿＿＿＿＿＿＿＿＿＿＿＿＿＿＿＿＿＿＿＿

④影响原子吸收光谱法分析的因素有哪些？

答：＿＿＿＿＿＿＿＿＿＿＿＿＿＿＿＿＿＿＿＿＿＿＿＿＿＿＿＿＿

⑤铅及其化合物在空气中的存在状态有哪几种？分别选用什么采样方法？采样时使用哪种采样介质？

答：＿＿＿＿＿＿＿＿＿＿＿＿＿＿＿＿＿＿＿＿＿＿＿＿＿＿＿＿＿

二、任务实施

◇ 蓄电池厂工作场所空气中铅及其化合物的测定

职业性铅接触人群是铅中毒的高危人群,保护铅作业工人身体健康,必须首先采取定期检测工作场所空气中铅及其无机化合物的浓度。某蓄电池厂拟对铅作业岗位工人的工作环境进行现状评价,请依据《工作场所空气中有害物质监测的采样规范》(GBZ 159—2004)和《工作场所空气有毒物质测定 第15部分:铅及其化合物》(GBZ/T 300.15—2017)对重点岗位工作场所空气中铅及其无机化合物进行采样和检测。

1.现场调查

经现场调查,确定该蓄电池厂铅作业岗位主要包括包片、烧焊、装配,接触的铅及其化合物的形式为铅烟,因此选择这三个岗位的工人作为采样对象,采用个体采样的方式进行采样,采样计划见表2-2-8。

表2-2-8　现场采样计划表

岗位(工种)	采样点/对象	检测项目	采样/检测方式	采样时机/时段	采样流量/(L·min⁻¹)	空气收集器
包片	装配区	铅及其无机化合物	个体	8:00—16:00	1.0 L/min	微孔滤膜
烧焊	操作区	铅及其无机化合物	个体	8:00—16:00	1.0 L/min	微孔滤膜
装配	装配区	铅及其无机化合物	个体	8:00—16:00	1.0 L/min	微孔滤膜

2. 现场采样前的准备

应准备好现场采样记录表以及相关辅助和安全防护设施。选择符合采样要求的空气样品采集器(图2-2-3),检查其正常运行操作、电池电量、充电器、计量检定有效期、防爆性能等情况,做好采样设备的充电工作和流量校准工作。准备采样介质微孔滤膜(图2-2-4)、采样袋等相关物品。

图2-2-3　空气样品采集器

图2-2-4　微孔滤膜

3. 现场采样

空气中气溶胶态铅及其化合物(包括铅尘和铅烟等)用微孔滤膜采集。

①短时间采样:在采样点,用装好微孔滤膜的大采样夹,以5.0 L/min流量采集15 min空气样品。

②长时间采样:在采样点,用装好微孔滤膜的小采样夹,以1.0 L/min流量采集2～8 h空气样品。采样后,打开采样夹,取出微孔滤膜,接尘面朝里对折两次,放入清洁的塑料袋或纸袋中,置清洁容器内运输和保存。样品在室温下可长期保存。在采样点,打开装好微孔滤膜的采样夹,立即取出滤膜,放入清洁的塑料袋或纸袋中,作为样品空白,同样品一起运输、保存和测定。每批次样品不少于2个样品空白。请填写现场采样记录表2-2-9。

表 2-2-9　工作场所空气中有害物质采样记录表

样品编号	采样对象/地点	采样流量/($L \cdot min^{-1}$)	开始时间	结束时间	温度/℃，压强/kPa
1-1					
1-2					
1-3					
1-4 样品空白					
1-5 样品空白					

4. 实验室检测

空气中气溶胶态铅及其化合物(包括铅尘和铅烟等)用微孔滤膜采集,在实验室可选用火焰原子吸收光谱法或双硫腙分光光度法检测。原子吸收光谱仪如图 2-2-5 所示。

火焰原子吸收光谱法分析步骤:

样品处理:将采过样的微孔滤膜放入烧杯中,加入 5 mL 消解液,盖上表面皿,在控温电热器(图 2-2-6)上 200 ℃左右缓缓消解至溶液近干为止。取下,稍冷,用硝酸溶液将残液定量转移入具塞刻度试管中,并稀释至 5.0 mL,样品溶液供测定。若样品溶液中铅浓度超过测定范围,用硝酸溶液稀释后测定,计算时乘以稀释倍数。

标准曲线的制备:取 5～8 支 50 mL 容量瓶,分别加入 0.0～10.0 mL 铅标准应用液,用硝酸溶液定容,配成 0.0～20.0 μg/mL 浓度范围的铅标准系列。将原子吸收分光光度计调节至最佳测定状态,在 283.3 nm 波长下,用乙炔-空气贫燃气火焰分别测定标准系列各浓度的吸光度。以测得的吸光度对相应的铅浓度(μg/mL)绘制标准曲线或计算回归方程,其相关系数应不小于 0.999。

样品测定:用测定标准系列的操作条件测定样品溶液和样品空白溶液,测得的吸光度值由标准曲线或回归方程得样品溶液中铅的浓度(μg/mL)。

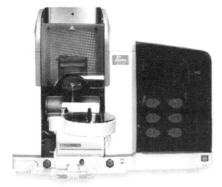

图 2-2-5　原子吸收光谱仪

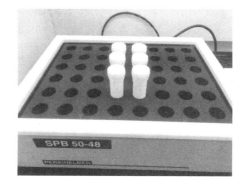

图 2-2-6　控温电热器

5. 结果计算与分析

按式(2-1-1)将采样体积换算成标准采样体积,按式(2-2-2)计算空气中铅的浓度。

$$C = \frac{5C_0}{V_0} \tag{2-2-2}$$

式中　　C——空气中铅的浓度,mg/m³;

　　　　5——样品溶液的体积,mL;

　　　　C_0——测得的样品溶液中铅的浓度(减去样品空白),μg/mL;

　　　　V_0——标准采样体积,L。

根据仪器测试出的结果、计算出的标准体积,计算出的空气中的铅的浓度,填写测定数据记录表 2-2-10。

表 2-2-10　测定数据记录表

样品编号	标准采样体积 V_0/L	样品定容体积 v/mL	吸光度值 A	测定浓度 $c/(\mu g \cdot mL^{-1})$	报告浓度 $C/(mg \cdot m^{-3})$
1-1					
1-2					
1-3					
1-4 样品空白					
1-5 样品空白					

根据现场调查,三个工种工人的工作时间都小于 8 h。以三个工人为对象采集的样品测定结果对照表 2-2-7 工作场所空气中铅及其化合物的职业接触限值,判断三个工种工人接触的工作场所空气中铅及其无机化合物是否符合卫生标准要求,填写表 2-2-11。

表 2-2-11　铅检测结果的计算与分析

检测点	检测项目	实测结果/(mg·m⁻³)			职卫限值/(mg·m⁻³)			结果判定
		C_{MAX}	C_{STEL}	C_{TWA}	MAX	PC-STEL	PC-TWA	

双硫腙分光光度法分析步骤:

样品处理:将采过样的微孔滤膜放入烧杯中,加入 20 mL 硝酸溶液 A,在控温电热器上缓缓煮沸约 30 min。用硝酸溶液 A 将溶液定量转移入具塞比色管中,滤膜留在烧杯内。待溶液冷却后,再稀释至 25.0 mL。摇匀后,取 10.0 mL 样品溶液于另一具塞比色管中,供测定。

标准曲线的制备:取 5~8 支具塞比色管,分别加入 0.0~0.80 mL 铅标准应用液,各加硝酸溶液 A 至 10.0 mL,配成 0.0~0.80 µg/mL 浓度范围的铅标准系列。

混色法:向各标准管中加入 0.5 mL 柠檬酸铵溶液、2 滴盐酸羟胺溶液和 1 滴酚红溶液,摇匀;用氨水调溶液呈红色,再多加 2~3 滴,使溶液 pH 值为 9~10;加入 0.5 mL 氰化钾溶液,摇匀;准确加入 5.0 mL 双硫腙氯仿溶液,塞紧具塞比色管,振摇 100 次;放置 10 min,弃去水层,取氯仿层,用分光光度计(图2-2-7)于 520 nm 波长下,分别测量标准系列各浓度的吸光度。以测得的吸光度对相应的铅浓度(µg/mL)绘制标准曲线或计算回归方程,其相关系数应不小于 0.999。

图 2-2-7　分光光度计

单色法:向混色法所得的氯仿层中加入 15 mL 洗除液,塞紧具塞比色管,振摇 50 次;放置 10 min,弃去水层,必要时可再洗 1 次。取氯仿层,用分光光度计于 520 nm 波长下,分别测量标准系列各浓度的吸光度。以测定的吸光度对相应的铅浓度(µg/mL)绘制标准曲线或计算回归方程,其相关系数应不小于 0.999。

样品测定:用测定标准系列的操作条件测定样品溶液和样品空白溶液。测得的吸光度值由标准曲线或回归方程得样品溶液中铅的浓度(µg/mL)。若浓度超过测定范围,用氯仿稀释后测定,计算时乘以稀释倍数。

按式(2-2-1)将采样体积换算成标准采样体积,按式(2-2-3)计算空气中铅的浓度。

$$C = \frac{25 C_0}{V_0} \tag{2-2-3}$$

式中　C——空气中铅的浓度,mg/m^3;

　　　25——样品溶液的体积,mL;

　　　C_0——测得的样品溶液中铅的浓度(减去样品空白),µg/mL;

　　　V_0——标准采样体积,L。

根据仪器测试出吸光度值、计算出的标准体积,计算出的溶液中的铅浓度和空气中的铅的浓度,填写测定数据记录表 2-2-12。

表 2-2-12　测定数据记录表

样品编号	标准采样体积 V_0/L	样品定容体积 v/mL	吸光度值 A	测定浓度 $c/(\mu g \cdot mL^{-1})$	报告浓度 $C/(mg \cdot m^{-3})$
1-1					
1-2					

续表

样品编号	标准采样体积 V_0/L	样品定容体积 v/mL	吸光度值 A	测定浓度 c/($\mu g \cdot mL^{-1}$)	报告浓度 C/($mg \cdot m^{-3}$)
1-3					
1-4 样品空白					
1-5 样品空白					

根据现场调查了解到,三个工种工人的工作时间都小于 8 h。以三个工人为对象采集的样品测定结果对照表 2-2-7 工作场所空气中铅及其化合物的职业接触限值,判断三个工种工人接触的工作场所空气中铅及其无机化合物是否符合卫生标准要求,填写表 2-2-13 铅检测结果的计算与分析。

表 2-2-13 铅检测结果的计算与分析

检测点	检测项目	实测结果/($mg \cdot m^{-3}$)			职卫限值/($mg \cdot m^{-3}$)			结果判定
		C_{MAX}	C_{STEL}	C_{TWA}	MAX	PC-STEL	PC-TWA	

三、检查与评价

填写任务完成过程评价表(表 2-2-14)。

表 2-2-14 任务完成过程评价表

考核要点	评价关键点	分值/分	组内评价(30%)	小组互评(30%)	教师评价(40%)
工作场所空气样品采集	采样计划的制订	10			
	采样方法的选择	10			
	样品及样品空白采集	20			

考核要点	评价关键点	分值/分	组内评价（30%）	小组互评（30%）	教师评价（40%）
实验室检测	试剂器具的准备	10			
	标准曲线及样品测定	20			
	结果计算	10			
仪器使用	原子吸收光谱仪正确使用及维护	10			
	分光光度计正确使用及维护	10			
总得分		100			

四、思考与拓展

某冶炼厂工作场所空气中铅及其无机化合物的检测

某冶炼厂在每年进行的职业健康体检中,发现有 3 个岗位的工人血铅水平均高于普通人,但未达到中毒水平,据工人反应,身体并无不适。该冶炼厂为及时发现原因保障工人健康,拟对工作场所空气中铅浓度进行检测。经前期现场调查,铅作业工作岗位有 3 个:加料工、炉前工、操作工。请根据所学的知识制订采样方案,实施现场采样。采集的空气样品采用酸消解-火焰原子吸收光谱法检测,并计算出工作场所空气中铅及其无机化合的含量。

要求:

①查阅《工作场所有害因素职业接触限值 第 1 部分:化学有害因素》(GBZ 2.1—2019)中铅的职业接触限值。

②针对限值的评价需求,结合现场情况,制订采样方案。

③采用正确的采样方法:空气收集器、采样流量、采样时间。

④按照《工作场所空气有毒物质测定 第 15 部分:铅及其化合物》(GBZ/T 300.15—2017)规定的方法对加料工、炉前工、操作工接触的工作场所空气中的铅含量进行测定,做好个体防护。记录数据,并对数据进行计算、分析。

⑤判断该冶炼厂加料工、炉前工、操作工接触的工作场所空气中的氨的接触水平是否符合职业接触限值的要求。

项目三　物理因素的检测及分析

🔍 学习目标

知识目标：

1. 了解稳态噪声、非稳态噪声、脉冲噪声、等效声级、噪声作业等定义；了解噪声的评价依据。

2. 掌握噪声的测量方法。

3. 了解高温作业、WBGT 指数、接触时间率、本地室外通风设计温度等定义；了解高温的评价依据。

4. 掌握高温的测量方法。

5. 了解手传振动、全身振动、日接振时间、频率计权振动加速度、4 h 等能量频率计权振动加速度等定义；了解手传振动的评价依据。

6. 掌握手传振动的测量方法。

7. 掌握测量数据的分析方法。

技能目标：

1. 具备噪声的测量和分析能力。

2. 具备高温的测量和分析能力。

3. 具备手传振动的测量和分析能力。

素养目标：

1. 养成积极有效的组织、协调和沟通能力。

2. 具备科学、严谨、客观、真实的检测态度。

3. 养成积极主动参与工作，能吃苦耐劳，崇尚劳动光荣的精神。

任务一　噪声的检测及分析

任务背景

噪声是最常见的物理因素，在建筑、矿山、危化等行业的生产劳动过程中广泛分布。长期接触一定强度的噪声，可以对人体健康产生不良影响，甚至导致噪声性耳聋。掌握噪声的检测技术和分析方法，是职业卫生安全检测工作的基础。检测分析的目的是得到客观、真实的劳动者"暴露剂量"，所以其检测分析应包括接触强度和接触时间两部分内容。

任务描述

❓ 某矿山工作场所噪声的检测

某矿山实行每周工作5 d,每天8 h工作制。其破碎工累计2 h在破碎机处操作,其余6 h在控制室操作或休息;其皮带巡检工对原料输送皮带累计巡检时间1 h,其余时间在控制室操作或休息。对两个工种接触的噪声进行测量,并对数据进行分析。

问题:破碎工和皮带巡检工可能接触到什么性质的噪声,应该怎样测量和分析?

任务分析

知识与技能要求:

知识点:稳态噪声、非稳态噪声、脉冲噪声、等效声级的定义。

技能点:稳态噪声、非稳态噪声、脉冲噪声的测量方法;等效声级的计算方法。

任务知识技能点链接

一、术语

1. 生产性噪声(industrial noise)

在生产过程中产生的一切声音称为生产性噪声。生产性噪声的分类方法有多种,根据其产生的动力和方式不同可分为机械性噪声、流体动力性噪声和电磁性噪声等;按噪声的时间分布可分为连续噪声和间断噪声;连续噪声按照随时间的变化程度又可分为稳态噪声和非稳态噪声,此外,还有一类噪声称为脉冲噪声。

噪声分类及
计权声级

2. 稳态噪声(steady noise)

在观察时间内,采用声级计"慢挡"动态特性测量时,声级波动<3 dB(A)的噪声称为稳态噪声。

3. 非稳态噪声(nonsteady noise)

在观察时间内,采用声级计"慢挡"动态特性测量时,声级波动≥3 dB(A)的噪声称为非稳态噪声。

4. 脉冲噪声(impulsive noise)

噪声突然爆发又很快消失,持续时间≤0.5 s,间隔时间>1 s,声压有效值变化≥40 dB(A)的噪声称为脉冲噪声。

5. 声压(sound pressure)

声压指声波振动对介质(空气)产生的压力,即垂直于声波传播方向上单位面积所承受的压力。

6. A声级(sound level)

声级又称计权声压级,指通过滤波器经频率计权后测得的声压级,用A计权网络测得的声级为A声级 dB(A)。A声级由国际标准化组织(ISO)推荐,用作噪声卫生学评价的指标。

7. 频谱

在工作中和生活环境中所接触到的声音绝大多数都是各种频率声音的组合,属于复合声,把组成复合声的频率由低到高加以排列而形成的频率连续谱称为频谱。为便于测量和分析,通常人为地把声频范围(20～20 000 Hz)划分为若干频谱。在实际工作中,为了便于测量和分析,人为地把声频范围(20～20 000 Hz)划分成若干小的频段,称为频带或频程,每段都以几何中心频率表示,如31.5 Hz是指其声频范围为22.5～45 Hz;63 Hz是指声频范围为45～90 Hz。噪声测量时,测量的是倍频程的中心频率,这种情况称为1/1倍频程,有时为了进行更详细的分析,采用1/2倍频程或1/3倍频程进行频谱分析。

8. 等效连续 A 计权声压级(等效声级)

在规定的时间内,某一连续稳态噪声的 A 计权声压,具有与时变的噪声相同的均方 A 计权声压,则这一连续稳态噪声的声级就是该时变噪声的等效声级,单位为 dB(A)。根据等能量原理,一天 8 h 等效声级($L_{EX,8h}$)是指将一天实际工作时间内接触噪声强度规格化到工作 8 h 的等效声级,每周 40 h 的等效声级是指非 5 d 工作制的特殊工作场所接触的噪声声级通过 $L_{EX,8h}$ 计算规格化每周工作 5 天(40 h)的等效声级。

9. 噪声作业(work(job) exposed to noise)

存在有损听力、有害健康或有其他危害的声音,且 8 h/d 或 40 h/w 噪声暴露等效声级≥80 dB(A)的作业。

二、噪声的测量

1. 测量参数

①稳态及其他非脉冲噪声:A 计权声级(A 声级)、等效声级。

②脉冲噪声:峰值、脉冲次数。

2. 测量仪器

噪声测量

①声级计:2 型或以上,具有 A 计权,"S(慢)"挡。

②积分声级计或个人噪声剂量计:2 型或以上,具有 A 计权、C 计权,"S(慢)"挡和"Peak(峰值)"挡。

③倍频程滤波器是一种频谱分析仪,可以测量各频带声压级的大小,倍频程滤波器有的是与主机组装在一起,有的是与主机分离的,使用时需与主机配套使用。有的声级计还同时设有1/2倍频程、1/3倍频程。供频谱分析使用。

④测量脉冲噪声时使用的秒表。

3. 测量方法

测量方法参见《工作场所物理因素测量 第8部分:噪声》(GBZ/T 189.8—2007)。

(1)现场调查

为正确选择测量点、测量方法和测量时间等,必须在测量前对工作场所进行现场调查。调查内容主要包括:

①工作场所的面积、空间、工艺区划、噪声设备布局等,绘制略图,如图2-3-1所示。

②工作流程的划分、各生产程序的噪声特征、噪声变化规律等。

③预测量,判定噪声是否稳态、分布是否均匀。

④工作人员的数量、工作路线、工作方式、停留时间等。

(2)仪器准备

①测量仪器选择:固定的工作岗位选用声级计,流动的工作岗位优先选用个体噪声剂量计或对不同的工作地点使用声级计分别测量,并计算等效声级。

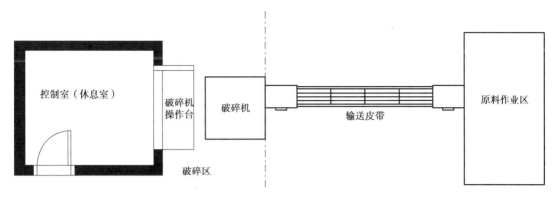

图 2-3-1　简图示例

②测量前应根据仪器校正要求对测量仪器校正。

③积分声级计或个人噪声剂量计设置为 A 计权、"S（慢）"挡,取值为声级 L_{pA} 或等效声级 L_{Aeq};测量脉冲噪声时使用"Peak（峰值）"挡。

（3）测点选择

①工作场所声场分布均匀[测量范围内 A 声级差别 < 3 dB（A）],选择 3 个测点,取平均值。

②工作场所声场分布不均匀时,应将其划分若干声级区,同一声级区内声级差 < 3 dB（A）。每个区域内,选择 2 个测点,取平均值。

例如,一个车间里有抛丸区和数控区,就分别对这两个区各选择 2 个测点,分别取平均值。

③劳动者工作是流动的,应优先选用个体噪声剂量计。如使用声级计测量时,在流动范围内,应对工作地点分别进行测量,并记录作业时间,计算等效声级。

例如,一个劳动者在某个工作场所工作 1 h,到另一个工作场所工作 2 h,再到第三个工作场所工作 5 h,就需要对上述 3 个工作地点分别进行测量,记录各自作业时间,计算等效声级。

④使用个人噪声剂量计的抽样方法:根据检测的目的和要求,选择抽样对象。在工作过程中,凡接触噪声危害的劳动者都列为抽样对象范围。抽样对象中应包括不同工作岗位的、接触噪声危害最高和接触时间最长的劳动者,其余的抽样对象随机选择。每种工作岗位劳动者数不足 3 名时,全部选为抽样对象,劳动者 3 ~ 5 人,采样对象数 2 人;劳动者 6 ~ 10 人,采样对象数 3 人;劳动者大于 10 人,采样对象数 4 人。

（4）测量

①传声器应放置在劳动者工作时耳部的高度,站姿人员:1.50 m;坐姿人员:1.10 m。

②传声器的指向是声源的方向。

③测量仪器固定在三角架上,置于测点;若现场不适于放三角架,可手持声级计,但应保持测试者与传声器的间距 > 0.5 m。

④稳态噪声的工作场所,每个测点测量 3 次,取平均值。

⑤非稳态噪声的工作场所,根据声级变化（声级波动 ≥ 3 dB）确定时间段,测量各期间的等效声级,并记录各时间段的持续时间。

⑥脉冲噪声测量时,应测量脉冲噪声的峰值和工作日内脉冲次数。

⑦测量应在正常生产情况下进行。工作场所风速超过 3 m/s 时,传声器应佩戴风罩。应尽量避免电磁场的干扰。

⑧噪声强度超标,需进一步采取工程技术措施进行治理时,应对噪声源噪声进行频谱分析。用实时窄带分析仪对脉冲信号作平均谱分析。频谱的频率范围为 20 Hz ~ 20 kHz。从频谱图上读出脉冲的主要频谱成分。

(5)测量记录

测量记录应该包括测量日期、测量时间、气象条件(温度、相对湿度)、测量地点(单位、厂矿名称、车间和具体测量位置)、被测仪器设备型号和参数、测量仪器型号、测量数据、测量人员等。

(6)测量注意事项

在进行现场测量时,测量人员应注意个体防护。

(7)计算

①非稳态噪声的工作场所,按声级相近的原则把一天的工作时间分为 n 个时间段,用积分声级计测量每个时间段的等效声级 L_{Aeq,T_i},按下式计算全天的等效声级:

$$L_{Aeq,T} = 10 \lg\left(\frac{1}{T} \sum_{i=1}^{n} T_i 10^{\frac{L_{Aeq,T_i}}{10}}\right) \text{dB(A)} \tag{2-3-1}$$

式中 $L_{Aeq,T}$——表示全天的等效声级,dB(A);

L_{Aeq,T_i}——表示时间段 T_i 内等效连续 A 计权声压级 dB(A);

T——表示这些时间段的总时间, h;

T_i——表示 i 时间段的时间,h;

n——表示总的时间段的个数。

②一天 8 h 等效声级($L_{EX,8h}$)的计算:

根据等能量原理将一天实际工作时间内接触噪声强度规格化到工作 8 h 的等效声级,按下式计算:

$$L_{EX,8h} = L_{Aeq,T_e} + 10 \lg \frac{T_e}{T_0} \text{dB(A)} \tag{2-3-2}$$

式中 $L_{EX,8h}$——一天实际工作时间内接触噪声强度规格化到工作 8 h 的等效声级,dB(A);

T_e——实际工作日的工作时间 h;

L_{Aeq,T_e}——实际工作日的等效声级,dB(A);

T_0——标准工作日时间,8 h。

③每周 40 h 的等效声级:

通过 $L_{EX,8h}$ 计算规格化每周工作 5 d(40 h)接触的噪声强度的等效连续 A 计权声级,用下式计算:

$$L_{EX,w} = 10 \lg\left(\frac{1}{5} \sum_{i=1}^{n} 10^{0.1(L_{EX,8h})_i}\right) \text{dB(A)} \tag{2-3-3}$$

式中 $L_{EX,w}$——指每周平均接触值,dB(A);

$L_{EX,8h}$——一天实际工作时间内接触噪声强度规格化到工作 8 h 的等效声级,dB(A);

n——指每周实际工作天数,d。

④脉冲噪声:使用积分声级计,"Peak(峰值)"挡,可直接读声级峰值 L_{peak}。

注意:噪声的平均值不是简单的几个测量值的算术平均值,其计算式:

$$L_{Aeq,T_i} = 10 \lg\left[(10^{0.1L_{As,1}} + 10^{0.1L_{As,2}} + 10^{0.1L_{As,3}})/3\right] \qquad (2\text{-}3\text{-}4)$$

式中　L_{Aeq,T_i}——表示时间段 T_i 内等效连续 A 计权声压级的平均值,dB(A);

　　　　$L_{As,1}$——表示第一个测点或第一次测量的噪声值,dB(A);

　　　　$L_{As,2}$——表示第二个测点或第二次测量的噪声值,dB(A);

　　　　$L_{As,3}$——表示第三个测点或第三次测量的噪声值,dB(A)。

思考:某车间抛丸区内声场分布均匀,怎样进行噪声的测量?

提示:选择 3 个测点测得噪声值分别为 84.7,83.9,84.2 dB(A),其平均值用下式计算:

$$L_{Aeq,T_i} = 10 \lg\left[10^{0.1 \times 84.7} + 10^{0.1 \times 83.9} + 10^{0.1 \times 84.2}\right] = 84.3 \text{ dB(A)}$$

又如,某矿山采矿工需在综采工作面工作 2 h,测得噪声值分别为 88.1,87.5,89.2 dB(A),需在掘进工作面工作 2 h,测得噪声值分别为 92.1,93.5,93.2 dB(A),1 h 在休息室,测得噪声值分别为 62.5,63.3,63.6 dB(A),该工人的噪声接触水平是多少?

提示:分别计算各区域的平均值为 88.3,93.0,63.2 dB(A),再根据式(2-3-1)计算得 $L_{Aeq,T}$ =

$$10 \lg\left[\frac{1}{5} \times \left(2 \times 10^{\frac{88.3}{10}} + 2 \times 10^{\frac{93.0}{10}} + 1 \times 10^{\frac{63.2}{10}}\right)\right] = 90.3 \text{ dB(A)};再计算 } L_{EX,8h} = 88.3 \text{ dB(A)}。$$

三、噪声的评价

评价依据参见《工作场所有害因素职业接触限值 第 2 部分:物理因素》(GBZ 2.2—2007)。

1. 噪声的职业接触限值

工作场所噪声职业接触限值见表 2-3-1。每周工作 5 d,每天工作 8 h,稳态噪声限值为 85 dB(A),非稳态噪声等效声级的限值为 85 dB(A);每周工作 5 d,每天工作时间不等于 8 h,需计算 8 h 等效声级,限值为 85 dB(A);每周工作不是 5 d,需计算 40 h 等效声级,限值为 85 dB(A)。

表 2-3-1　工作场所噪声职业接触限值

接触时间	接触限值/dB(A)	备注
5 d/w, = 8 h/d	85	非稳态噪声计算 8 h 等效声级
5 d/w,≠8 h/d	85	计算 8 h 等效声级
≠5 d/w	85	计算 40 h 等效声级

脉冲噪声的工作场所,噪声声压级峰值和脉冲次数不应超过表 2-3-2 的规定。

表 2-3-2　工作场所脉冲噪声职业接触限值

工作日接触脉冲次数 n/次	声压级峰值/dB(A)
$n \leqslant 100$	140
$100 < n \leqslant 1\,000$	130
$1\,000 < n \leqslant 10\,000$	120

2. 作业场所职业病危害程度分级

分级标准参见《工作场所职业病危害作业分级 第4部分:噪声》(GBZ/T 229.4—2012)。

(1)分级依据

根据劳动者接触噪声水平和接触时间对噪声作业进行分级。

(2)分级方法

1)稳态和非稳态连续噪声

按照 GBZ/T 189.8—2007 的要求进行噪声作业测量,依据噪声暴露情况计算 $L_{EX,8h}$ 或 $L_{EX,w}$ 后,根据表 2-3-3 确定噪声作业级别,共分四级。

表 2-3-3 噪声作业分级

分级	等效声级 $L_{EX,8h}$ dB(A)	危害程度
I	$85 \leqslant L_{EX,8h} < 90$	轻度危害
II	$90 \leqslant L_{EX,8h} < 94$	中度危害
III	$94 \leqslant L_{EX,8h} < 100$	重度危害
IV	$L_{EX,8h} \geqslant 100$	极重危害

注:表中等效声级 $L_{EX,8h}$ 与 $L_{EX,w}$ 等效使用。

2)脉冲噪声

按照 GBZ/T 189.8—2007 的要求测量脉冲噪声声压级峰值和工作日内脉冲次数 n,根据表 2-3-4 确定脉冲噪声作业级别,共分四级。

表 2-3-4 脉冲噪声作业分级

分级	声压峰值/dB			危害程度
	$n \leqslant 100$	$100 < n \leqslant 1\,000$	$1\,000 < n \leqslant 10\,000$	
I	$140.0 \leqslant n < 142.5$	$130.0 \leqslant n < 132.5$	$120.0 \leqslant n < 122.5$	轻度危害
II	$142.5 \leqslant n < 145.0$	$132.5 \leqslant n < 135.0$	$122.5 \leqslant n < 125.0$	中度危害
III	$145.0 \leqslant n < 147.5$	$135.0 \leqslant n < 137.5$	$125.0 \leqslant n < 127.5$	重度危害
IV	$n \geqslant 147.5$	$n \geqslant 137.5$	$n \geqslant 127.5$	极重危害

注:n 为每日脉冲次数。

(3)分级管理原则

对于 8 h/d 或 40 h/w 噪声暴露等效声级 ≥80 dB(A)但 <85 dB(A)的作业人员,在目前的作业方式和防护措施不变的情况下,应进行健康监护,一旦作业方式或控制效果发生变化,应重新分级。

轻度危害(I级):在目前的作业条件下,可能对劳动者的听力产生不良影响。应改善工作环境,降低劳动者实际接触水平,设置噪声危害及防护标识,佩戴噪声防护用品,对劳动者进行职业卫生培训,采取职业健康监护、定期作业场所监测等措施。

中度危害(II级):在目前的作业条件下,很可能对劳动者的听力产生不良影响。针对企业特点,在采取上述措施的同时,采取纠正和管理行动,降低劳动者实际接触水平。

重度危害(Ⅲ级):在目前的作业条件下,会对劳动者的健康产生不良影响。除了上述措施外,应尽可能地采取工程技术措施,进行相应的整改,整改完成后,重新对作业场所进行职业卫生评价及噪声分级。

极重危害(Ⅳ级):目前作业条件下,会对劳动者的健康产生不良影响,除上述措施外,及时采取相应的工程技术措施进行整改。整改完成后,对控制及防护效果进行卫生评价及噪声分级。

例如,经检测,某破碎工和皮带巡检工的 $L_{EX,8h}$ 分别为 90.4 dB(A) 和 83.2 dB(A),噪声作业危害程度分级结果见表 2-3-5。

表 2-3-5　噪声作业危害程度分级样表

工种/岗位	检测地点	$L_{EX,8h}$	分级结果	危害程度
破碎工	破碎机	90.4	Ⅱ	中度危害
皮带巡检工	—	83.2	未达到分级标准	—

工作页

一、信息、决策与计划

①目前适用的工作场所物理因素测量噪声的检测标准?

答:_____

②噪声的检测流程?

答:_____

③根据劳动者接触的噪声特点,如何选择测点? 怎样测量?

答:_____

④脉冲噪声的测量相对简单,通过对稳态噪声和非稳态噪声的测量任务的实施,思考如何对脉冲噪声进行检测分析?

答:_____

⑤如何对噪声检测结果进行评价?

答:_____

二、任务实施

◇ 某矿山工作场所噪声的检测

某矿山实行每周工作 5 d,每天 8 h 工作制,上班时间 8:30—16:30。对该矿山的破碎工和皮带巡检工接触的噪声进行测量,并对数据进行分析。

1. 现场调查

调查破碎工和皮带巡检工的工作场所特点、破碎工总人数、工作内容、工作地点及停留时间、通过预测量了解接触的噪声特点及变化规律等。

经现场调查,发现破碎工总人数2人,工作内容是操作破碎机,破碎工累计2 h在破碎机处操作,其余6 h在控制室操作或休息。皮带巡检工共3人,工作内容是对输料皮带进行巡检,累计巡检时间1 h,其余时间在控制室操作或休息。

分析:破碎工需在破碎机控制室和休息室停留,两处的噪声声场分布均匀,均属于稳态噪声,因此,可用积分声级计分别进行检测,表2-3-7适用,通过计算分析获得该工种接触的噪声等效声级;皮带巡检工属于流动工作岗位,巡检路线上噪声分布不均匀,应优先选用个人噪声剂量计,表2-3-8更适用,根据抽样方法,至少进行2人佩戴个人噪声剂量计,其中接触噪声危害最高和接触时间最长者应纳入。

工作场所往往涉及多个岗位和多种危害因素,且调查和现场检测的人员可能不同,因此,实际工作中,往往需要制订检测计划,计划应具有可操作性,使不同的人都能同样的完成检测工作。填写表2-3-6噪声检测计划表。

表2-3-6 噪声检测计划表

岗位 (工种)	采样点/对象	检测项目	数量:测点数(人数)×次数×天数	采样/检测方式	采样时机/时段	采样设备

2. 仪器准备

检查设备状态是否完好,电量是否充足,开机确认设置为A计权,"S"挡,取值为L_{pA}或等效声级L_{Aeq},用标准声源对设备进行校准。

3. 测量

在正常生产情况下进行,如果工作场所风速超过3 m/s,传声器应佩戴防风罩,尽量避免电磁场干扰。传声器位置应在劳动者耳部的高度,指向生源的方向。测试者与传声器间距大于0.5 m,稳态噪声每个测点测量3次,取平均值,并记录在工作场所现场检测原始记录表中。填写表2-3-7和表2-3-8。

4. 计算分析

①破碎工为5 d/w,8 h工作制,有两处工作地点,噪声强度不同,需计算8 h等效声级。先通过测量值计算L_{Aeq,T_i},再根据不同的接触时间,运用公式计算全天等效声级$L_{Aeq,T}$,由于为8 h工作制,$L_{EX,8h}=L_{Aeq,T}$。将计算结果填入表2-3-7中(计算过程应保留)。

②皮带巡检工已通过个人噪声剂量计测得8 h等效声级,无须再计算。

表 2-3-7　工作场所现场检测原始记录（稳态／非稳态噪声）

用人单位												
检测依据	GBZ/T 189.8—2007				检测日期							
检测仪器名称及编号	声校准器型号/编号				温度/℃			相对湿度/%				
积分声级计（编号：　）	（编号：　）							校准值：114.0 dB（A）				
测量编号	工种/岗位/测量地点	生产状况	d/w	T/h	T_i/h	$L_{\mathrm{AS},T_i,1}$ /dB（A）	$L_{\mathrm{AS},T_i,2}$ /dB（A）	$L_{\mathrm{AS},T_i,3}$ /dB（A）	L_{Aeq,T_i} /dB（A）	$L_{\mathrm{Aeq},T}$ /dB（A）	$L_{\mathrm{EX},8h}$ /dB（A）	$L_{\mathrm{EX},40h}$ /dB（A）

注：$L_{\mathrm{Aeq},T_i}=10\ \lg[（10^{0.1L_{\mathrm{As},1}}+10^{0.1L_{\mathrm{As},2}}+10^{0.1L_{\mathrm{As},3}}）/3]$；式中，$T$ 表示全天的工作时间，h；T_i 表示 i 时间段的工作时间，h；T_i 表示时间段内的时间，h；L_{Aeq,T_i} 表示时间段 T_i 内等效声级，dB（A）；$L_{\mathrm{Aeq},T}$ 表示全天的等效声级，dB（A）；$L_{\mathrm{EX},8h}$ 表示一天实际工作时间内接触噪声强度规格化到工作 8 h 的等效声级，dB（A）；$L_{\mathrm{EX},40h}$ 表示通过 $L_{\mathrm{EX},8h}$ 计算规格化每周工作 5 d（40 h）的等效声级，dB（A）。

检测人：　　　　　　　　　　　　　　　年　　　月　　　日

表 2-3-8　工作场所现场检测原始记录（稳态/非稳态噪声个体检测）

用人单位								
检测依据	GBZ/T 189.8—2007				检测日期			
检测仪器名称及编号					温度/℃		相对湿度/%	
	个人噪声剂量计（编号：　　）				声校准器型号/编号（编号：　　）		校准值:114.0 dB(A)	
测量编号	测量仪器编号	车间名称及岗位（工种）	偏戴人姓名	生产状况	d/w	T/h	T_i/h	测量时间		$L_{Aeq,Te}/dB(A)$	$L_{EX,8h}/dB(A)$	$L_{EX,40h}/dB(A)$
								开始时间	结束时间			

注:T 表示全天的工作时间,h;T_i 表示接触时间,h;$L_{Aeq,T}$ 表示全天的等效声级,dB(A);$L_{EX,8h}$ 表示一天实际工作时间内接触噪声强度规格化到工作 8 h 的等效声级,dB(A);

$L_{EX,40h}$ 表示通过 $L_{EX,8h}$ 计算规格化每周工作 5 d(40 h) 的等效声级,dB(A)。

检测人:　　　　　　　　　　　　　　　　　　年　　月　　日

三、检查与评价

填写任务完成过程评价表(表2-3-9)。

表2-3-9 任务完成过程评价表

考核要点	评价关键点	分值/分	组内评价(30%)	小组互评(30%)	教师评价(40%)
测量前准备	现场调查和预测量	10			
	仪器准备和校准	10			
	测点选择准确(看采样检测计划)	10			
测量	正确测量	20			
	读数和记录	10			
	个人防护	10			
计算分析	公式正确	20			
	计算结果准确	10			
总得分		100			

四、思考与拓展

对某矿山凿岩工接触的噪声进行检测分析

某矿山凿岩工,每天工作8 h,其中6 h在凿岩机驾驶室操作,2 h在休息室休息,利用积分声级计或个人噪声剂量计对该工人接触的噪声强度进行测量,并对检测结果进行计算分析。

要求:

①查阅《工作场所有害因素职业接触限值 第2部分:物理因素》(GBZ 2.2—2007)中噪声的职业接触限值。

②针对限值的评价需求,测量前进行现场调查,制订检测计划。

③选择合适的测量仪器并做好准备。

④按照《工作场所物理因素测量 第8部分:噪声》(GBZ/T 189.8—2007)规定的方法对矿山凿岩工接触的噪声进行测量,做好个体防护。记录数据,并对数据进行计算、分析。

⑤判断该矿山凿岩工的噪声的接触水平是否符合职业接触限值的要求。

任务二 高温的检测及分析

任务背景

高温既可以来自大气环境,也可以来自人为的生产环境。高温作业时,人体可出现一系列生理功能改变,严重时可导致职业性中暑的发生。由于建筑、矿山、危化等行业多存在露天作业,若同时存在生产性热源,那么夏季高温的危害就更不容忽视。掌握高温的检测技术和分析方法,是职业卫生安全检测技能之一。检测分析的目的是得到客观、真实的劳动者"暴露剂量",所以其检测分析应包括接触强度和接触时间两部分内容。

任务描述

？ 某化工企业高温检测

某化工企业某操作岗位需对其生产性热源的某转化炉进行巡检,累计巡检时间 2 h,其余时间在控制室操作或休息。对该工种接触的高温进行测量,并对数据进行分析。

问题:

①该巡检工接触的高温有什么特点,什么情况下可能接触到高温,整个作业过程的生产环境热源稳定吗?

②怎样选择高温的测量时机?

③怎样选择高温的测点?

④怎样对测量数据进行分析?

任务分析

知识与技能要求:

知识点:高温作业、WBGT 指数、接触时间率、本地室外通风设计温度的定义。

技能点:高温的测量方法;WBGT 指数的计算方法。

任务知识技能点链接

一、术语

1. **高温作业**(work(job)under heat stress)

有高气温或有强烈的热辐射、或伴有高气湿相结合的异常气象条件,在生产劳动过程中,工作地点平均 WBGT 指数 ≥25 ℃ 的作业。

高温的检测

2. **湿球黑球温度指数**(wet-bulb globe temperature index,WBGT 指数)

该指数是指综合评价人体接触作业环境热负荷的一个基本参量,单位为℃。

室外:WBGT = 湿球温度(℃)×0.7 + 黑球温度(℃)×0.2 + 干球温度(℃)×0.1。

室内:WBGT = 湿球温度(℃)×0.7 + 黑球温度(℃)×0.3。

WBGT 指数是评价高温作业的主要参数,它综合考虑了气温、气湿、气流和热辐射四个因素。

3. **接触时间率**(exposure time rate)

劳动者在一个工作日内实际接触高温作业的累计时间与 8 h 的比率。

4. **本地区室外通风设计温度**(local outside ventilation design temperature)

近十年来,本地区气象台正式记录每年最热月的每日 13:00—14:00 的气温平均值。

5. **热应激**(heat stress)

综合考虑劳动者的代谢热、气象条件(即气温、湿度、气流和热辐射)以及防护服要求的所接触的热负荷净值。

6. **热应激反应**(heat strain)

由热应激引起的全身性生理反应。

7. 热平衡(heat balance)

机体通过调节产热率和散热率,使机体的产热量等于散热量,而保持机体体温处于平衡状态。

8. 热习服(acclimatization)

个体耐受热强度能力渐进性增强的生理性适应过程。

二、高温的测量及分析

1. 测量参数

①WBGT 指数。

②接触时间率、体力劳动强度等。

2. 测量仪器

①WBGT 指数测定仪,WBGT 指数测量范围为 21～49 ℃,可用于直接测量。

WBGT 指数
及其操作

②干球温度计(测量范围为 10～60 ℃)、自然湿球温度计(测量范围为 5～40 ℃)、黑球温度计(直径 150 mm 或 50 mm 的黑球,测量范围为 20～120 ℃)。

③辅助设备,三脚架、线缆、校正模块。

3. 测量方法

测量方法参见《工作场所物理因素测量 第 7 部分:高温》(GBZ/T 189.7—2007)。

(1)现场调查

①了解每年或工期内最热月份工作环境变化幅度和规律。

②工作场所的面积、空间、作业和休息区域划分以及隔热设施、热源分布、作业方式等一般情况,绘制简图。

③工作流程包括生产工艺、加热温度和时间、生产方式等。

④工作人员的数量、工作路线、在工作地点停留时间、频度及持续时间等。

(2)测量

①测量前应按照仪器使用说明书进行校正。

②确定湿球温度计的储水槽注入蒸馏水,确保棉芯干净并且充分地浸湿,注意不能加自来水。

③在开机过程中,如果显示的电池电压低,则应更换电池或者给电池充电。

④测定前或者加水后,需要 10 min 稳定时间。

(3)测点选择

①工作场所无生产性热源,选择 3 个测点,取平均值;存在生产性热源,选择 3～5 个测点,取平均值。

②工作场所被隔离为不同热环境或通风环境,每个区域内设置 2 个测点,取平均值。

(4)测点位置

①测点应包括温度最高和通风最差的工作地点。

②劳动者工作是流动的,在流动范围内,相对固定工作地点分别进行测量,计算时间加权 WBGT 指数。

③测量高度:立姿作业为 1.5 m 高;坐姿作业为 1.1 m 高。作业人员实际受热不均匀时,应测踝部、腹和头部。立姿作业为 0.1、1.1 和 1.7 m 处;坐姿作业为 0.1、0.6 和 1.1 m。

WBGT 指数的平均值计算式为：

$$\text{WBGT} = \frac{\text{WBGT}_{头} + 2 \times \text{WBGT}_{腹} + \text{WBGT}_{踝}}{4} \tag{2-3-5}$$

式中　WBGT——WBGT 指数平均值；

　　　$\text{WBGT}_{头}$——测得头部的 WBGT 指数；

　　　$\text{WBGT}_{腹}$——测得腹部的 WBGT 指数；

　　　$\text{WBGT}_{踝}$——测得踝部的 WBGT 指数。

（5）测量时间

①常年从事接触高温作业，在夏季最热季节测量；不定期接触高温作业，在工期内最热月测量；从事室外作业，在最热月晴天有太阳辐射时测量。

②作业环境热源稳定时，每天测 3 次，工作开始后及结束前 0.5 h 分别测 1 次，工作中测 1 次，取平均值。如在规定时间内停产，测定时间可提前或延后。

③作业环境热源不稳定，生产工艺周期变化较大时，分别测量并计算时间加权平均 WBGT 指数。

④测量持续时间取决于测量仪器的反应时间。

（6）测量条件

①测量应在正常生产情况下进行。

②测量期间避免受到人为气流影响。

③WBGT 指数测定仪应固定在三脚架上，同时避免物体阻挡辐射热或者人为气流，测量时不要站立在靠近设备的地方。

④环境温度超过 60 ℃，可使用遥测方式，将主机与温度传感器分离。

（7）时间加权 WBGT 指数计算

在热强度变化较大的工作场所，应计算时间加权平均 WBGT 指数，其计算式为：

$$\overline{\text{WBGT}} = \frac{\text{WBGT}_1 \times t_1 + \text{WBGT}_2 \times t_2 + \cdots + \text{WBGT}_n \times t_n}{t_1 + t_2 + \cdots + t_n} \tag{2-3-6}$$

式中　$\overline{\text{WBGT}}$——WBGT 指数时间加权均值；

　　　$t_1 + t_2 + \cdots + t_n$——工作人员在第 $1,2,\cdots,n$ 个工作地点实际停留的时间；

　　　$\text{WBGT}_1, \text{WBGT}_2, \cdots, \text{WBGT}_n$——时间 $t_1, t_2, \cdots, t_n$ 时的测量值。

（8）测量记录

测量记录应包括测量日期、测量时间、气象条件（温度、相对湿度）、测量地点（单位、厂矿名称、车间和具体测量位置）、被测仪器设备型号和参数、测量仪器型号、测量数据、测量人员等。

（9）注意事项

在进行现场测量时，测量人员应注意个体防护。

思考：某工作场所存在生产性热源，劳动者仅在该岗位定点作业 8 h，受热均匀，接触的高温怎样测量分析？

提示：由于存在生产性热源，且受热均匀，本次可选择 3 个测点，一天 3 次测得的 WBGT 指数分别为 37.5,37.8,38.2,38.4,38.7,39.2,39.5,39.5,38.5 ℃，那么该劳动者接触的 WBGT 指数为以上数值的平均值 38.6 ℃，但若该劳动者除在上述岗位作业 6 h 外，在休息室休息 2 h，用上述同样方法检测并计算休息室的 WBGT 指数平均值若为 24.6 ℃，计算时间加权平均 WBGT 指数:$\overline{\text{WBGT}} = (38.6 \times 6 + 24.6 \times 2)/(2+6)\,℃ = 35.1\,℃$。

如果劳动者受热不均匀,就需要测量踝部、腹和头部的 WBGT 指数,如某次测得 $\text{WBGT}_头$、$\text{WBGT}_腹$、$\text{WBGT}_踝$ 分别为 31.1,32.3,35.9 ℃,利用公式

$$\text{WBGT} = \frac{\text{WBGT}_头 + 2 \times \text{WBGT}_腹 + \text{WBGT}_踝}{4}$$代入数值后:

$\text{WBGT} = (31.1 + 2 \times 32.3 + 35.9)/4 = 32.9\,℃$。计算得出的平均值即为该测点该次检测的 WBGT 指数平均值。重复上述步骤,多次检测,即可获得所有测点的 WBGT 指数平均值,再进行下一步分析。

三、高温的评价

评价依据参见《工作场所有害因素职业接触限值 第 2 部分:物理因素》(GBZ 2.2—2007)。

1. 高温的职业接触限值

①接触时间率100%,体力劳动强度为Ⅳ级,WBGT 指数限值为 25 ℃;劳动强度分级每下降一级,WBGT 指数限值增加 1~2 ℃;接触时间率每减少 25%,WBGT 指数限值增加 1~2 ℃,见表2-3-10。常见职业体力劳动强度分级见表2-3-11。

②本地区室外通风设计温度≥30 ℃的地区,表 2-3-10 中规定的 WBGT 指数相应增加1 ℃。

表 2-3-10　工作场所不同体力劳动强度 WBGT 限值　　　　　单位:℃

接触时间率/%	体力劳动强度			
	Ⅰ	Ⅱ	Ⅲ	Ⅳ
100	30	28	26	25
75	31	29	28	26
50	32	30	29	28
25	33	32	31	30

表 2-3-11　常见职业体力劳动强度分级表

体力劳动强度分级	职业描述
Ⅰ(轻劳动)	坐姿:手工作业或腿的轻度活动(正常情况下,如打字、缝纫、脚踏开关等);立姿:操作仪器,控制、查看设备,以上臂用力为主的装配工作
Ⅱ(中等劳动)	手和臂持续动作(如锯木头等);臂和腿的工作(如卡车、拖拉机或建筑设备等运输操作);臂和躯干的工作(如锻造、风动工具操作、粉刷、间断搬运中等重物、除草、锄田、摘水果和蔬菜等)
Ⅲ(重劳动)	臂和躯干负荷工作(如搬重物、铲、锤锻、锯刨或凿硬木、割草、挖掘等)
Ⅳ(极重劳动)	大强度的挖掘、搬运,快到极限节律的极强活动

2. 工作场所职业病危害程度分级

高温作业按危害程度分为 4 级,即轻度危害作业(Ⅰ级)、中度危害作业(Ⅱ级)、重度危害作业(Ⅲ级)和极重度危害作业(Ⅳ级),详见表2-3-12。

表 2-3-12　高温作业分级

劳动强度	接触高温作业时间/min	WBGT 指数/℃						
		29～30 (28～29)	31～32 (30～31)	33～34 (32～33)	35～36 (34～35)	37～38 (36～37)	39～40 (38～39)	41～ (40～)
I (轻劳动)	60～120	I	I	II	II	III	III	IV
	121～240	I	II	II	III	III	IV	IV
	241～360	II	II	III	III	IV	IV	IV
	361～	II	III	III	IV	IV	IV	IV
II (中劳动)	60～120	I	II	II	III	III	IV	IV
	121～240	II	II	III	III	IV	IV	IV
	241～360	II	III	III	IV	IV	IV	IV
	361～	III	III	IV	IV	IV	IV	IV
III (重劳动)	60～120	II	II	III	III	IV	IV	IV
	121～240	II	III	III	IV	IV	IV	IV
	241～360	III	III	IV	IV	IV	IV	IV
	361～	III	IV	IV	IV	IV	IV	IV
IV (极重劳动)	60～120	II	III	III	IV	IV	IV	IV
	121～240	III	III	IV	IV	IV	IV	IV
	241～360	III	IV	IV	IV	IV	IV	IV
	361～	IV	IV	IV	IV	IV	IV	IV

注:括号内 WBGT 指数值适用于未产生热适应和热习服的劳动者。

工作页

一、信息、决策与计划

①目前适用的工作场所高温的检测标准?

答:＿＿＿＿＿＿＿＿＿＿＿＿＿＿＿＿＿＿＿＿＿＿＿＿＿＿＿＿

②高温的检测流程?

答:＿＿＿＿＿＿＿＿＿＿＿＿＿＿＿＿＿＿＿＿＿＿＿＿＿＿＿＿

③根据劳动者接触的高温的特点,如何选择测点? 怎样测量?

答:＿＿＿＿＿＿＿＿＿＿＿＿＿＿＿＿＿＿＿＿＿＿＿＿＿＿＿＿

④高温的测量时机有何要求?

答:＿＿＿＿＿＿＿＿＿＿＿＿＿＿＿＿＿＿＿＿＿＿＿＿＿＿＿＿

⑤如何对高温检测结果进行评价?

答:＿＿＿＿＿＿＿＿＿＿＿＿＿＿＿＿＿＿＿＿＿＿＿＿＿＿＿＿

二、任务实施

◇ 某化工企业高温检测

某化工企业某操作岗位需对其生产性热源的某转化炉进行巡检,累计巡检时间 2 h,其余时间在控制室操作或休息。对该工种接触的高温进行测量,并对数据进行分析。

1. 现场调查

了解该化工企业的每年生产周期,有无高温假和大修期、工作制度等;该岗位总人数、工作内容、工作地点及停留时间等;转化炉的生产工艺、生产方式、加热温度、隔热设施、数量及分布;休息区的分布及防暑降温措施等。

经现场调查,该企业实行每周工作 5 d,4 班 3 倒,每班 8 h 工作制,上班时间 8:30—16:30。该转化炉自动化、密闭化生产,由于生产装置需连续运转,未安排高温假,但每年 4 月会有为期一月的大修。巡检工总人数 8 人,每班 2 人,工作内容主要是在控制室进行视频监控,每2 h 需到转化炉观察口查看转化炉运行情况,每次巡检时间约 30 min,8:30—9:00 进行第一次巡检,以此类推。转化炉一共 5 台,集中布置在某车间的顶楼,呈一字形布置并按顺序排列进行了编号,1 号炉和 5 号炉附近分别设置有进、出入口,车间设置有窗户但因工艺需求常年关闭,转化炉内设计温度 650～750 ℃,炉体设置有保温隔热措施。

分析:由于企业转化炉设计温度高,且集中布置,虽设置了保温隔热措施,但仍能产生高温及热辐射,在夏季高温季节将更为突出。如当地 8 月为最热月,则尽量选择 8 月的晴天有太阳辐射时测量。作业环境热源稳定,因此每天测 3 次,工作开始后及结束前 0.5 h 分别测1 次,工作中测 1 次,取平均值。且存在生产性热源,选择 3～5 个测点,测点应包括温度最高和通风最差的工作地点,取平均值。劳动者受热均匀,巡检时为立姿作业,控制室为坐姿作业,测量高度分别为 1.5 m 高和 1.1 m 高。

制订现场采样和检测计划,计划应具有可操作性,使不同的人都能同样的完成检测工作。填写表 2-3-13 现场检测计划表。

表 2-3-13　现场检测计划表

岗位/工种	采样点/对象	检测项目	检测数量(点数×次数)	测量高度	采样/检测方式	采样时机/时段	采样设备

2. 仪器准备

检查设备状态是否完好,电量是否充足,对设备进行校准。测定前或者加水后,需要10 min 稳定时间。确定湿球温度计的储水槽注入蒸馏水,确保棉芯干净并且充分地浸湿,注意不能加自来水。

3. 测量

在正常生产情况下进行,WBGT 指数测定仪应固定在三脚架上,同时避免物体阻挡辐射热或者人为气流,测量时不要站在靠近设备的地方,环境温度超过 60 ℃,可使用遥测方式,将主机与温度传感器分离,读数并记录在表 2-3-15 工作场所现场检测原始记录(热环境WBGT 指数)中。

4. 计算分析

由于劳动者工作是流动的,在控制室和转化炉两个相对固定的工作地点分别进行测量,计算时间加权 WBGT 指数,记录在表 2-3-14 工作场所现场检测原始记录(热环境 WBGT 指数)中。

表 2-3-14 工作场所现场检测原始记录（热环境 *WBGT* 指数）

用人单位										
检测仪器名称及编号										
检测依据	GBZ/T 189.7—2007		检测日期							
		室外温度	℃	相对湿度	%RH					
校正情况	$a=0.9\ \ b=0$	校正值 $= a \times$ 测量值 $+ b$		校正公式适用范围						
测量编号	工种/岗位	体力劳动强度	接触时间/h	接触时间率	测量地点	WBGT/℃				校正值
						第一次测量	第二次测量	第三次测量	总平均值	
						测量时间 / 测量值	测量时间 / 测量值	测量时间 / 测量值		

流动岗位 WBGT/℃

计算过程：（略）

检测人：

年　　月　　日

三、检查与评价

填写任务完成过程评价表(表2-3-15)。

表2-3-15　任务完成过程评价表

考核要点	评价关键点	分值/分	组内评价(30%)	小组互评(30%)	教师评价(40%)
测量前准备	现场调查	10			
	仪器准备和校准	10			
	测点选择准确(看检测计划)	10			
测量	正确测量	20			
	读数和记录	10			
	个人防护	10			
计算分析	公式正确	20			
	计算结果准确	10			
总得分		100			

四、思考与拓展

对某熔炼工进行高温检测分析

对某冶金厂的高炉熔炼工进行高温检测,并对检测结果进行分析。

要求:

①查阅《工作场所有害因素职业接触限值 第2部分:物理因素》GBZ 2.2—2007中高温的职业接触限值。

②针对限值的评价需求,结合现场情况,制订检测计划。

③选择合适的测量仪器并做好准备。

④按照《工作场所物理因素测量 第7部分:高温》(GBZ/T 189.7—2007)规定的方法对冶金厂的高炉熔炼工接触的高温进行测量,做好个体防护。记录数据,并对数据进行计算、分析。

⑤判断该冶金厂的高炉熔炼工接触的高温是否符合职业接触限值的要求。

任务三　手传振动的检测及分析

任务背景

手传振动是建筑、矿山、危化等行业中常见的职业性有害因素,接触机会常见于使用风动工具(风铲、风镐、风钻、气锤、凿岩机、捣固机、铆钉机等)、电动工具(电钻、电锯、电刨等)、高速旋转工具(砂轮机、抛光机等)的作业。手传振动在一定条件下会危害劳动者的身心健康,引起职业病。掌握手传振动的检测技术和分析方法是职业卫生安全检测技能之一。检测分析的目的是得到客观、真实的劳动者"暴露剂量",所以检测分析应包括接触强度和接触时间两部分内容。

任务描述

？某矿山凿岩工手传振动检测

某矿山凿岩工需操作手持式气动凿岩机,累计 2 h,其余 6 h 在休息室。对该工种接触的手传振动进行测量,并对数据进行分析。

问题:

①手传振动应该怎样测量?

②测量数据怎样分析?

任务分析

知识与技能要求:

知识点:手传振动、全身振动、日接振时间、频率计权振动加速度、4 h 等能量频率计权振动加速度的定义。

技能点:手传振动的测量方法;频率计权振动加速度的计算方法。

任务知识技能点链接

一、术语

1. 手传振动(hand-transmitted vibration)

手传振动又称手臂振动或局部振动,指生产中使用手持振动工具或接触受振工件时,直接作用或传递到人的手臂的机械振动或冲击。

2. 全身振动(whole body vibration)

工作地点或座椅的振动,人体足部或臀部接触,并通过下肢或躯干传导到全身的振动。接触机会常见于在交通工具(汽车、火车、铲车、拖拉机等)上的作业或在作业台(钻井平台、振动筛操作台等)上的作业。

3. 日接振时间(daily exposure duration to vibration)

工作日中使用手持振动工具或接触受振工件的累计接振时间,单位为 h。

4. 频率计权振动加速度(frequency-weighted acceleration to vibration)

按不同频率振动的人体生理效应规律计权后的振动加速度,单位为 m/s^2。

5. 4 h 等能量频率计权振动加速度(4 hours energy equivalent frequency-weighted acceleration to vibration)

在日接振时间不足或超过 4 h 时,将其换算为相当于接振 4 h 的频率计权振动加速度。

二、手传振动的测量及分析

1. 测量参数

频率计权加速度。

2. 测量仪器

振动测量仪器:采用设有计权网络的手传振动专用测量仪,直接读取计

手传振动的
检测及分析

权加速度或计权加速度级。

仪器要求:①测量仪器覆盖的频率范围至少为 5～1 500 Hz,其频率响应特性允许误差在 10～800 Hz 范围内为 ±1 dB;4～10 Hz 及 800～2 000 Hz 范围内为 ±2 Db;②振动传感器选用压电式或电荷式加速度计,其横向灵敏度应小于 10%;③指示器应能读取振动加速度或加速度级的均方根值。

3. 测量方法

测量方法参见《工作场所物理因素测量 第 9 部分:手传振动》(GBZ/T 189.9—2007)。

(1)测量

测量前应按仪器使用说明书进行检查及校准。

按照生物力学坐标系(图 2-3-2),分别测量三个轴向振动的频率计权加速度,取三个轴向中的最大值作为被测工具或工件的手传振动值。

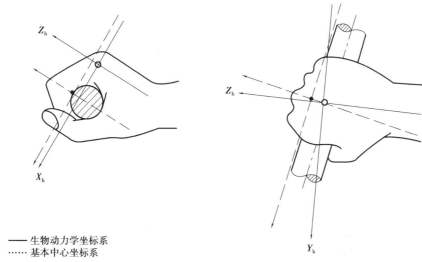

—— 生物动力学坐标系
······ 基本中心坐标系

(a)紧握姿势(手以标准握法握住半径为2 cm的圆棒)

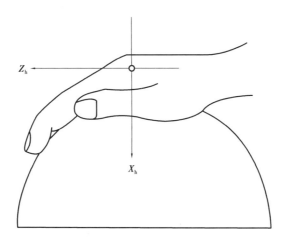

(b)伸掌姿势(手压在半径为10 cm的球面上)

图 2-3-2　生物动力学坐标系

生物动力学坐标系:以第三掌骨头作为坐标原点,Z轴(Z_h)由该骨的纵轴方向确定。当手处于正常解剖位置时(手掌朝前),X轴垂直于掌面,以离开掌心方向为正向。Y轴通过原点并垂直于X轴。手坐标系中各个方向的振动均应以"h"作下标表示(Z轴方向的加速度记a_{Zh},X轴、Y轴方向的振动以此类推)。

(2)计算

测得工人工作日中所使用振动工具的频率计权加速度值和相应的接振时间后,应进行下列计算。

计算工作日中接振总能量:

$$(a_{hw})_{eq(T)} = \sqrt{\frac{\sum (a_{hw}^2 \times t_i)}{\sum t_i}} \tag{2-3-7}$$

式中 $(a_{hw})_{eq(T)}$——工作日中接振总能量,m/s^2;

t_i——每次接振时间,s;

T——全天接振时间,s;

a_{hw}——t_i 时间段内的频率计权加速度值。

计算 4 h 等能量频率计权振动加速度值(a_{hw})$_{eq(4)}$:

$$(a_{hw})_{eq(4)} = \sqrt{\frac{\sum t_i}{4}} \times \sqrt{\frac{\sum (a_{hw}^2 \times t_i)}{\sum t_i}} \tag{2-3-8}$$

例如,若某凿岩工操作手持式气动凿岩机,每天累计 1 h,测得 a_{Xh},a_{Yh},a_{Zh} 分别为 12,6,8 m/s^2,该工人接触的手传振动水平是多少? 若该凿岩工另外还需操作 2 h 手持式电钻,测得 a_{Xh},a_{Yh},a_{Zh} 分别为 5,7,4 m/s^2,该工人接触的手传振动水平又是多少?

提示:

问题1,应根据生物动力学坐标系测得的数据取最大值,作为被测工具或工件的手传振动值,因此,应取值 $a_{hw} = 12$ m/s^2,通过公式计算(a_{hw})$_{eq(T)} = 12$ m/s^2,(a_{hw})$_{eq(4)} = 8.5$ m/s^2。

问题2,应考虑不同时间段接触不同的手传振动强度,第一个时间段应取值 $a_{hw} = 12$ m/s^2,接触时间 1 h,第二个时间段应取值 $a_{hw} = 7$ m/s^2,接触时间 2 h,通过公式计算(a_{hw})$_{eq(T)} =$ 9.0 m/s^2,(a_{hw})$_{eq(4)} = 7.8$ m/s^2。

(3)测量记录

测量记录应该包括测量日期、测量时间、气象条件(温度、相对湿度)、测量地点(单位、厂矿名称、车间和具体测量位置)、被测仪器设备型号和参数、测量仪器型号、测量数据、测量人员等。

(4)测量注意事项

在进行现场测量时,测量人员应注意个体防护。

三、手传振动的评价

评价依据参见《工作场所有害因素职业接触限值 第 2 部分:物理因素》(GBZ 2.2—2007)。

手传振动 4 h 等能量频率计权振动加速度限值见表 2-3-16。

表 2-3-16 工作场所手传振动职业接触限值

接触时间	等能量频率计权振动加速度/(m·s⁻²)
4 h	5

工作页

一、信息、决策与计划

①目前适用的工作场所手传振动的检测标准?

答:＿＿＿＿＿＿＿＿＿＿＿＿＿＿＿＿＿＿＿＿＿＿＿＿＿＿＿＿＿

②手传振动的检测流程?

答:＿＿＿＿＿＿＿＿＿＿＿＿＿＿＿＿＿＿＿＿＿＿＿＿＿＿＿＿＿

③怎样区分工作场所中接触的是手传振动还是全身振动?

答:＿＿＿＿＿＿＿＿＿＿＿＿＿＿＿＿＿＿＿＿＿＿＿＿＿＿＿＿＿

④手传振动怎样进行防护?

答:＿＿＿＿＿＿＿＿＿＿＿＿＿＿＿＿＿＿＿＿＿＿＿＿＿＿＿＿＿

二、任务实施

◇ 某矿山凿岩工手传振动检测

某矿山凿岩工需操作手持式气动凿岩机,累计 3 h,其余 5 h 在休息室。对该工种接触的手传振动进行测量,并对数据进行分析。

1. 现场调查

调查凿岩工的工作制度、凿岩工总人数、工作内容、工作地点及停留时间、使用的设备及型号等。

经现场调查,发现凿岩工仅 1 人,工作时间为 8:30—16:30,工作内容是操作 Y26 手持式气动凿岩机,需要钻凿炮孔时使用,工作日内最长使用时间约 3 h,主要是在上午工作,其余时间休息。

分析:该凿岩工会接触手传振动,用振动测量仪器进行检测,制订检测计划,填写表 2-3-17 检测计划表。

表 2-3-17 检测计划表

岗位 (工种)	采样点/ 对象	检测 项目	样品数量 (点数×样品数×天数)	采样/检测 方式	采样时机/时段	采样 设备

2. 仪器准备

检查设备状态是否完好,电量是否充足,对设备进行校准。

3. 测量

在正常生产情况下进行,分别测量生物动力学坐标系三个轴向的频率计权加速度,取最大值作为被测工具的手传振动值,记录至表 2-3-18 中。

4. 计算分析

通过公式计算 $(a_{hw})_{eq(T)}$ 和 $(a_{hw})_{eq(4)}$,记录至表 2-3-18 中。

表 2-3-18　工作场所现场检测原始记录（手传振动）

用人单位

检测依据

仪器名称及型号：

振动测量仪（型号：　　）

检测日期

环境条件　温度/℃：　　　相对湿度/%：

校正情况　$a=1.1$　$b=0.3$　修正值 $=a\times$ 测量值 $+b$

测量编号	姓名	工作内容	使用工具及型号	检测测量位置（被测仪器/振动器/振动工作）	每次接振时间 t_i/h	测定时间	频率计权振动加速度/$(\text{m}\cdot\text{s}^{-2})$			最大值 a_{hw}	修正值	4 h 等能量频率计权振动加速度 $(a_{hw})_{eq(4)}/(\text{m}\cdot\text{s}^{-2})$
							a_{Xh}	a_{Yh}	a_{Zh}			

注：$(a_{hw})_{eq(4)} = \sqrt{\dfrac{\sum t_i}{4}} \times \sqrt{\dfrac{\sum (a_{hw}^2 \times t_i)}{\sum t_i}}$，其中 a_{hw} 为检测值的最大值。

检测人：

年　　月　　日

三、检查与评价

填写任务完成过程评价表(表 2-3-19)。

表 2-3-19　任务完成过程评价表

考核要点	评价关键点	分值/分	组内评价(30%)	小组互评(30%)	教师评价(40%)
测量前准备	现场调查	10			
	仪器准备和校准	10			
	测点选择准确(看检测计划)	10			
测量	正确测量	20			
	读数和记录	10			
	个人防护	10			
计算分析	公式正确	20			
	计算结果准确	10			
总得分		100			

四、思考与拓展

对某矿山凿岩工接触的手传振动进行检测分析

某矿山凿岩工需操作手持式气动凿岩机,对该工种接触的手传振动进行测量和分析。

要求:

①查阅《工作场所有害因素职业接触限值　第 2 部分:物理因素》(GBZ 2.2—2007)中手传振动的职业接触限值。

②针对限值的评价需求,结合现场情况,制订检测计划。

③选择合适的测量仪器并做好准备。

④按照《工作场所物理因素测量　第 9 部分:手传振动》(GBZ/T 189.9—2007)规定的方法对矿山凿岩工接触的手传振动进行测量,做好个体防护。记录数据,并对数据进行计算、分析。

⑤判断该矿山凿岩工接触的手传振动是否符合职业接触限值的要求。

模块三　土木工程材料检测

　　土木工程材料质量的优劣直接影响建（构）筑物的质量和安全。因此，工程材料性能试验与质量检测，是从源头抓好建设工程质量管理工作，确保建设工程质量和安全的重要保证。随着建筑业的改革与发展，新材料、新技术层出不穷，国家工程材料检测技术规程、标准、规范不断修订和更新，新方法、新仪器的采用和检测标准的变更，更要求相关从业人员不断学习，更新知识；所以，安全技术人员应具备一定的工程材料试验的基本知识和操作技能，才能正确评价材料的质量，合理而经济地选用材料。

　　模块三主要对接建筑施工单位安全员和材料员的工作岗位要求和"注册安全工程师考试大纲"中建筑施工安全技术要求。

土木工程材料检测——
精准施测，居安思危

模块框图：

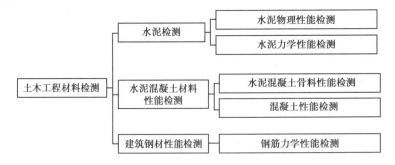

项目一　水泥检测

🔍 学习目标

知识目标：

1. 熟悉硅酸盐水泥的矿物组成，了解其硬化机理及技术性质。

2. 掌握硅酸盐水泥等几种通用水泥的性能特点及相应的检测方法。

3. 掌握水泥检测的工作程序与基本要求。

4. 掌握水泥检测结果的处理与判定。

技能目标：

1. 能按照试验规程，正确使用试验仪器、设备，独立完成水泥各项技术指标的检测。

2. 能根据试验检测数据，对比相关标准，独立完成。对水泥合格与否作出正确的判断。

素养目标：

1. 具备良好的资料收集和文献检索的能力。

2. 具备良好的协调与沟通能力。

3. 具备良好的结果计算能力和分析能力。

4. 养成积极主动参与工作，能吃苦耐劳，崇尚劳动光荣的精神。

5. 具备精准施测、居安思危的安全意识。

任务一　水泥物理性能检测

▮ 任务背景

细度是指水泥颗粒的粗细程度，是鉴定水泥品质的选择性指标。

水泥的细度直接影响水泥的凝结时间、强度、水化热等技术性质，因此，水泥的细度是否达到规范要求，对工程具有十分重要的实用意义。

水泥的凝结时间有初凝与终凝之分。初凝时间是指从水泥加水到水泥浆开始失去可塑性所需的时间；终凝时间是指从水泥加水到水泥浆完全失去可塑性，并开始产生强度所需的时间。水泥凝结时间的测定，是以标准稠度的水泥净浆，在规定温度和湿度条件下，用凝结时间测定仪测定。

水泥的凝结时间对混凝土和砂浆的施工有重要的意义。初凝时间不宜过短，以便施工时有足够的时间来完成混凝土和砂浆的搅拌、运输、浇捣或砌筑等操作；终凝时间也不宜过长，是为了使混凝土和砂浆在浇捣或砌筑完毕后能尽快凝结硬化，具有一定的强度，以利于下一道工序的及早进行。

国家标准规定,硅酸盐水泥初凝不小于 45 min,终凝不大于 390 min。普通硅酸盐水泥、矿渣硅酸盐水泥、火山灰质硅酸盐水泥、粉煤灰硅酸盐水泥和复合硅酸盐水泥初凝不小于 45 min,终凝不大于 600 min。

水泥的体积安定性,是指水泥在凝结硬化过程中,体积变化的均匀性。若水泥硬化后体积变化不均匀,即所谓的安定性不良。使用安定性不良的水泥会造成构件产生膨胀性裂缝,降低建筑物质量,甚至引起严重事故。

国家标准《通用硅酸盐水泥》(GB 175—2007)规定,硅酸盐水泥安定性经沸煮法试验必须合格,方可使用。体积安定性不合格的水泥作报废处理,严禁用于工程中。

任务描述

⑦ 某工地承重结构用水泥物理性能检测

对某工地承重结构用水泥送检,请根据相关标准和规范进行水泥物理性能检测,正确进行数据记录并对数据进行分析。

问题:

①如何对水泥进行取样?

②如何对水泥的细度进行检测?

③如何对水泥的标准稠度用水量进行检测?

④如何对水泥的凝结时间进行检测?

⑤如何对水泥的安定性进行检测?

任务分析

知识与技能要求:

知识点:取样部位、取样步骤、取样量,水泥物理性能检验方法的原理。

技能点:按照相关标准和规定进行取样;正确测定水泥物理性能并分析测定结果,整理试验数据及分析评定。

任务知识技能点链接

一、术语

1. **手工取样**(manual sampling)

用手工取样器采集水泥样品。

2. **自动取样**(automatic sampling)

使用自动取样器采集水泥样品。

3. **检查批**(inspection lot)

为实施抽样检查而汇集起来的一批同一条件下生产的单位产品。

4. **编号**(lot number)

代表检查批的代号。

5. **单样**(unit sample)

由一个部位取出的适量的水泥样品。

6. **混合样**(composite sample)

从一个编号内不同部位取得的全部单样,经充分混匀后得到的样品。

7. **试验样**(laboratory sample)

从混合样中取出,用于出厂水泥质量检验的一份称为试验样。

8. **封存样**(retained sample)

从混合样中取出,用于复验仲裁的一份称为封存样。

9. **分割样**(division sample)

在一个编号内按每1/10编号取得的单样,用于匀质性试验的样品。

10. **通用水泥**(common cement)

用于一般土木建筑工程的水泥称为通用水泥。

11. **负压筛析法**(vacuum sieving)

用负压筛析仪,通过负压源产生的恒定气流,在规定筛析时间内使试验筛内的水泥达到筛分。

12. **水筛法**(wet sieving)

将试验筛放在水筛座上,用规定压力的水流,在规定时间内使试验筛内的水泥达到筛分。

13. **手工筛析法**(manual sieving)

将试验筛放在接料盘(底盘)上,用手工按照规定的拍打速度和转动角度,对水泥进行筛析试验。

二、取样要求

水泥的技术指标检测,应根据《水泥取样方法》(GB/T 12573—2008)规定进行取样,再根据相关规程标准进行试验。

1.取样部位

取样应在有代表性的部位进行,并且不应在污染严重的环境中取样,一般在以下部位取样:

①水泥输送管路中。

②袋装水泥堆场。

③散装水泥卸料处或水泥运输机具上。

2.取样步骤

(1)手工取样

散装水泥:当所取水泥深度不超过2 m时,每一个编号内采用散装水泥取样器随机取样。通过转动取样器内管控制开关,在适当位置插入水泥一定深度,关闭后小心抽出,将所取样品放入符合相应要求的容器中。每次抽取的单样量应尽量一致。

袋装水泥:每一个编号内随机抽取不少于20袋水泥,采用袋装水泥取样器取样,将取样器沿对角线方向插入水泥包装袋中,用大拇指按住气孔,小心抽出取样管,将所取样品放入符合相应要求的容器中。每次抽取的单样量应尽量一致。

(2)自动取样

采用自动取样器取样。该装置一般安装在尽量接近于水泥包装机或散装容器的管路中,从流动的水泥流中取出样品,将所取样品放入符合相应要求的容器中。

3.取样量

①混合样的取样量应符合相关水泥标准要求。

②分割样的取样量应符合下列规定：

袋装水泥：每1/10编号从一袋中取至少6 kg。

散装水泥：每1/10编号在5 min内取至少6 kg。

三、试验原理

1.水泥细度

采用45 μm和80 μm方孔筛对水泥进行筛析试验，用筛上筛余物的质量百分数来表示水泥试样的细度。

2.水泥标准稠度

水泥标准稠度净浆对标准试杆（或试锥）的沉入具有一定阻力。通过试验不同含水量水泥净浆的穿透性，以确定水泥标准稠度净浆中所需加入的水量。

3.凝结时间

试针沉入水泥标准稠度净浆至一定深度所需的时间。

4.安定性

①雷氏法是通过测定水泥标准稠度净浆在雷氏夹中沸煮后试针的相对位移表征其体积膨胀的程度。

②试饼法是通过观测水泥标准稠度净浆试饼煮沸后的外形变化情况表征其体积安定性。

四、水泥细度试验（GB/T 1345—2005）

1.仪器设备

（1）负压筛析仪

负压筛析仪由筛座、负压筛、负压源及收尘器组成。筛座由转速（30 ± 2）r/min的喷气嘴、负压表、控制板、微电机及壳体组成，如图3-1-1所示。筛析仪负压可调范围为4 000 ~ 6 000 Pa。

水泥细度检测

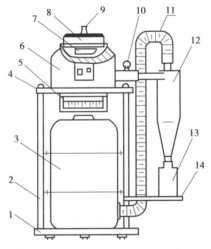

图 3-1-1　负压筛示意图

1—底座；2—立柱；3—吸尘器；4—面板；5—真空负筛；6—筛析仪；7—喷嘴；8—试验筛；
9—筛盖；10—气压接头；11—吸尘软管；12—收尘筒；13—收集容器；14—把座

（2）天平

最大称量 100 g，最小分度值不大于 0.01 g。

2.试验步骤

（1）负压筛安装

试验前应先把负压筛安装在筛座上，盖上筛盖，接通电源，进行控制系统检查，然后将负压调整到 4 000～6 000 Pa。

（2）筛析

称取试样 25 g，置于洁净的负压筛中，盖好筛盖，放在筛座上，开动筛析仪连续筛析 2 min。筛析期间，如有试样附着在筛盖上，可轻轻敲击使试样落下。

（3）称取全部筛余物的质量

筛毕，在天平上称取全部筛余物的质量。

（4）异常处理

当工作负压小于 4 000 Pa 时，应清理吸尘器内的水泥，使负压恢复正常。

3.试验结果计算及评定

（1）水泥试样筛余百分数计算

水泥试样筛余百分数按式（3-1-1）计算，精确至 0.1%。

$$F = \frac{R_t}{W} \times 100\% \tag{3-1-1}$$

式中　F——水泥试样的筛余百分数，%；

R_t——水泥筛余物的质量，g；

W——水泥试样的质量，g。

（2）筛余结果的修正

为使试验结果具有可比性，应采用试验筛修正系数的方法修正按式（3-1-1）计算的结果。修正系数的测定按下列方法进行：

①用一种已知 0.080 mm 标准筛筛余百分数的粉状试样作为标准样。按前述试验操作程序测定标准样在试验筛上的筛余百分数。

②试验筛修正系数按式（3-1-2）计算，精确至 0.01。

$$C = \frac{F_s}{F_t} \tag{3-1-2}$$

式中　C——试验筛修正系数；

F_s——标准样品的筛余标准值，%；

F_t——标准样品在试验筛上的筛余值，%。

注：修正系数 C 超出 0.80～1.20 的试验筛，不能用作水泥细度试验。

③水泥试样筛余百分数结果修正按下式计算：

$$F_c = C \times F \tag{3-1-3}$$

式中　F_c——水泥试样修正后的筛余百分数，%；

C——试验筛修正系数；

F——水泥试样修正前的筛余百分数，%。

（3）合格评定

以两次试验的平均值为筛析结果。若两次筛余结果绝对误差大于 0.5%时（筛余值大于 5.0%时可放至 1.0%）应再做一次试验，取两次相近结果的算术平均值作为最终结果。

当负压筛法、水筛法、手工筛析法测定的结果发生争议时，以负压筛法为准。

五、水泥标准稠度用水量

由于加水量的多少对水泥的一些技术性质（如凝结时间等）的测定值影响很大，故测定这些性质时，必须在一个规定的稠度下进行。这一规定的稠度称为标准稠度（详见水泥试验部分）。水泥净浆达到标准稠度时所需的拌和水量（以水占水泥质量的百分比表示），称为标准稠度用水量。

水泥标准稠度
用水量检测

硅酸盐水泥的标准稠度用水量一般为 24% ~30%。水泥熟料矿物成分不同时，其标准稠度用水量也有差别。水泥磨得越细，标准稠度用水量越大。国家标准规定，水泥标准稠度用水量用标准稠度测定仪测定。

1.仪器设备

（1）水泥净浆搅拌机

符合《水泥净浆搅拌机》（JC/T 729—2005）的要求。

（2）标准法维卡仪

标准稠度测定用试杆如图 3-1-2（c）所示，其有效长度为（50±1）mm，由直径为（10±0.05 mm）的圆柱形耐腐蚀金属制成。测定凝结时间时用试针如图 3-1-2（d）、（e）所示，试针是由钢制成的圆柱体，其初凝针有效长度为（50±1）mm，终凝针有效长度为（30±1）mm，直径为（1.13±0.05）mm 的圆柱体。滑动部分的总质量为（300±1）g。与试杆、试针联结的滑动杆表面应光滑，能靠重力自由下落，不得有紧涩和摇动现象。

（3）试模

盛装水泥净浆的试模[图 3-1-2（a）]应由耐腐蚀的，有足够硬度的金属制成。试模为深（40±0.2）mm、顶内径 ϕ（65±0.5）mm、底内径 ϕ（75±0.5）mm 的截顶圆锥体。每只试模应配有一块厚度≥2.5 mm 的平板玻璃底板。

（4）量筒

最小刻度 0.1 mL，精度 1%。

（5）天平

最大称量不小于 1 000 g，分度值不大于 1 g。

2.试验步骤

（1）试验前检查

维卡仪的滑动杆能自由滑动，调整至试杆接触玻璃板时指针对准零点，搅拌机能正常运转。

（2）水泥净浆的拌制

拌制前，将搅拌锅、搅拌叶片用湿布擦净，将拌和水倒入搅拌锅内，在 5 ~10 s 内将称好的 500 g 水泥加入水中，防止水和水泥溅出；拌和时，先将搅拌锅固定在搅拌机锅座上，升至搅拌位置，开动搅拌机，先低速搅拌 120 s，停拌 15 s，同时将叶片和锅壁上的水泥浆刮入锅中，接着高速搅拌 120 s 停机。

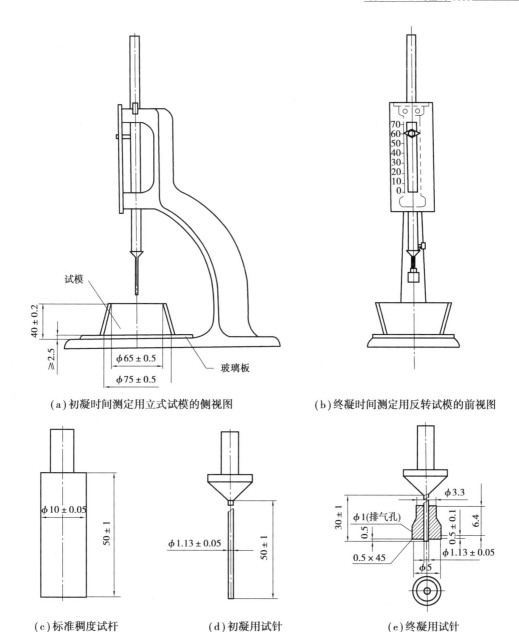

（a）初凝时间测定用立式试模的侧视图　　　　（b）终凝时间测定用反转试模的前视图

（c）标准稠度试杆　　　（d）初凝用试针　　　（e）终凝用试针

图 3-1-2　测定水泥标准稠度和凝结时间用的维卡仪（单位：mm）

（3）标准稠度用水量的测定

拌和完毕后,立即将拌制好的水泥净浆一次性装入已置于玻璃底板上的试模中,用小刀插捣并轻轻振动数次,刮去多余净浆并抹平后,速将试模和玻璃底板移至维卡仪上,并将其中心定在试杆下,降低试杆至水泥净浆表面接触,拧紧螺丝 1～2 s 后,突然放松,使试杆垂直自由地沉入水泥净浆中。在试杆停止沉入或释放试杆 30 s 时记录试杆距底板之间的距离,升起试杆后,立即擦净;整个操作应在搅拌后 1.5 min 内完成。

（4）结果评定

①以试杆沉入水泥净浆并距底板（6 ± 1）mm 的水泥净浆为标准稠度净浆。其拌和用水量为该水泥的标准稠度用水量（P）,以水泥质量的百分比计。

②如测试结果超出范围,须另称试样,调整水量,重做试验,直至达到试杆沉入水泥净浆并距底板(6±1)mm时为止。

六、水泥的凝结时间试验

水泥凝结时间检测

1. 仪器设备

(1)水泥净浆搅拌机

符合JC/T 729—2005的要求。

(2)标准维卡仪

与测定标准稠度用水量时所用的测定仪相同,只是将试杆换成试针。

(3)湿气养护箱

温度控制在(20±1)℃,相对湿度>90%。

其他与水泥标准稠度用水量测定试验相同。

2. 试验步骤

(1)试验前的准备

将维卡仪金属滑杆下的试杆改为试针,调整凝结时间测定仪的试针接触玻璃板时指针对准标尺零点。

(2)试件的制备

按标准稠度用水量试验的方法制成标准稠度净浆后,立即一次性装满试模,振动数次刮平,然后放入湿气养护箱内。记录水泥全部加入水中的时间作为凝结时间的起始时间。

(3)初凝时间的测定

试件在湿气养护箱中养护至加水后30 min时进行第一次测定。测定时,从湿气养护箱中取出试模放到试针下,使试针与水泥净浆表面接触。拧紧螺丝1～2 s后,突然放松,试针垂直自由地沉入水泥净浆。观察试针停止下沉或释放试针30 s时指针的读数。临近初凝时间时每隔5 min测定一次,当试针沉至距底板(4±1)mm时,为水泥达到初凝状,由水泥全部加入水中至初凝状态的时间为水泥的初凝时间,用"min"表示。

(4)终凝时间测定

由水泥全部加入水中至终凝状态的时间为水泥的终凝时间,用"min"表示。为了准确观测试针沉入的状况,在终凝针上安装了一个环形附件[图3-1-2(e)]。在完成初凝时间测定后,立即将试模连同浆体以平移的方式从玻璃板取下,翻转180°,直径大端向上、小端向下放在玻璃板上,再放入湿气养护箱中继续养护,临近终凝时间时每隔15 min测定一次,当试针沉入浆体0.5 mm,即终凝针上的环形附件开始不能在试体上留下痕迹时,认为水泥达到终凝状态。当水泥达到终凝状态时需在试体另外两个不同点测试,结论相同时才能判定达到终凝状态。

(5)测定时应注意的事项

在最初测定的操作时应轻轻扶持金属滑杆,使其徐徐下降,以防试针被撞弯,但结果必须以自由下落为准;在整个测试过程中试针沉入的位置至少要距试模内壁10 mm。临近初凝时,每隔5 min测定一次,临近终凝时,每隔15 min测定一次。每次测定不能让试针落入原针孔,每次测试完毕须将试针擦净并将试模放回湿气养护箱内,整个测试过程中试模要轻拿轻放,不得受到振动。

3. 试验结果及评定

到达初凝或终凝状态时应立即重复测一次,当两次结果相同时才能定为到达初凝或终凝状态。在确定初凝时间时,如有疑问,应连续测3个点,以其中结果相同的两个点来判定。

判断终凝时间时,当水泥达到终凝状态时需在试体另外两个不同点测试,即终凝时间至少测量 3 次,结论相同时才能判定达到终凝状态。

七、水泥安定性试验

1.仪器设备

（1）沸煮箱

水泥安定性试验

有效容积约为 410 mm × 240 mm × 310 mm,篦板的结构应不影响试验结果,篦板与加热器之间的距离大于 50 mm。箱的内层由不易锈蚀的金属材料制成,能在(30 ± 5)min 内将箱内的试验用水由室温加热至沸腾并可保持沸腾状态3 h 以上。

（2）雷氏夹

雷氏夹由标准弹性铜板制成,如图 3-1-3 所示。当一根指针的根部先悬挂在一根金属丝或尼龙丝上,另一根指针的根部再挂上 300 g 质量的砝码时,两根指针针尖距离增加应在 (17.5 ± 2.5)mm 范围以内,即 $2x = (17.5 ± 2.5)$mm,如图 3-1-4 所示。当去掉砝码后针尖的距离能恢复至挂砝码前的状态。

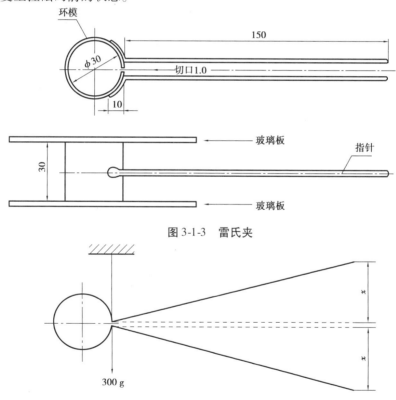

图 3-1-3　雷氏夹

图 3-1-4　雷氏夹受力示意图

（3）雷氏夹膨胀测定仪

雷氏夹膨胀测定仪如图 3-1-5 所示,标尺最小刻度为 0.5 mm。

（4）湿气养护箱

温度控制在(20 ± 1)℃,相对湿度 >90%。

其他同标准稠度用水量测定试验。

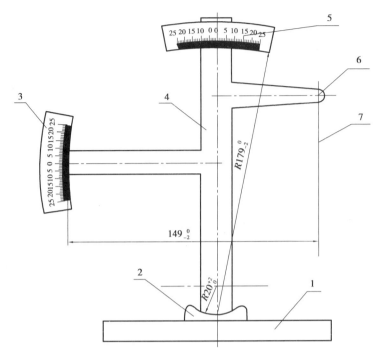

图 3-1-5　雷氏夹膨胀测定仪

1—底座;2—模子座;3—测弹性标尺;4—立柱;5—测膨胀值标尺;6—悬臂;7—悬丝

2.试验方法

水泥安定性的测定方法有雷氏法(标准法)和试饼法(代用法)两种,当两种方法发生争议时以雷氏法测定的结果为准。

3.试样制备

(1)水泥标准稠度净浆的制备

按标准稠度用水量测定方法制成标准稠度的水泥净浆。

(2)测定前的准备工作

每个试样需成型两个试件,每个雷氏夹应配备边长或直径约 80 mm、厚度 4~5 mm 的玻璃板两块,一垫一盖,凡是与水泥净浆接触的玻璃板和雷氏夹内表面都要稍稍涂上一层油。

(3)雷氏夹试件的成型

将预先准备好的雷氏夹放在已稍涂油的玻璃板上,并立即将已制备好的标准稠度净浆一次装满雷氏夹,装浆时一只手轻轻扶持雷氏夹,另一只手用宽约 25 mm 的小刀插捣 3 次,然后抹平,盖上稍涂油的玻璃板,接着立即将试件移至湿气养护箱中养护(24±2)h。

(4)试饼的成型

将制好的标准稠度净浆取出一部分分成两等分,使之呈球形,放在涂过油的玻璃板上,轻轻振动玻璃板并用湿布擦过的小刀由边缘向中央抹动,做成直径 70~80 mm、中心厚约 10 mm、边缘渐薄、表面光滑的试饼,接着将试饼放入湿气养护箱中养护(24±2)h。

4.试验步骤

(1)沸煮

调整好沸煮箱内的水位,使水能保证在整个沸煮过程中都超过试件,不需中途增加试验用水。同时又能保证在(30±5)min 内升至沸腾。

（2）雷氏法测定

当用雷氏法测定时,脱去玻璃板取下试件,先测量雷氏夹指针尖端间的距离(A),精确至 0.5 mm。接着将试件放入沸煮箱水中的试件架上,指针朝上,试件之间互不交叉,然后在(30 ± 5)min 内加热至沸并恒沸(180 ± 5)min。

（3）试饼法测定

当用试饼法测定时,脱去玻璃板取下试饼,应先检查试饼是否完整,如已开裂、翘曲,要检查原因,确认无外因时,该试饼已属不合格,不必沸煮。在试饼无缺陷的情况下,将试饼放在沸煮箱水中的篦板上,在(30 ± 5)min 内加热至沸并恒沸(180 ± 5)min。

5. 试验结果及评定

沸煮结束后,立即放掉沸煮箱中的热水,打开箱盖,待箱体冷却至室温,取出试件进行判定。

（1）雷氏夹法

测量雷氏夹指针尖端之间的距离(C),准确至 0.5 mm。当两个试件沸煮后增加距离($C-A$)的平均值不大于 5.0 mm 时,即认为该水泥的安定性合格。当两个试件沸煮后增加距离($C-A$)的平均值大于 5.0 mm 时,应用同一样品立即重做一次试验,若结果再如此,则认为该水泥的安定性不合格。

（2）试饼法

目测试饼未发现裂缝,用钢直尺检查也没有弯曲（使钢直尺和试饼底部紧靠,以两者间不透光为不弯曲）的试饼为安定性合格,反之为不合格。当两个试饼的判定结果有争议时,该水泥的安定性不合格。

工作页

一、信息、决策与计划

①目前适用的水泥的物理性能检测标准有哪些?

答:＿＿＿＿＿＿＿＿＿＿＿＿＿＿＿＿＿＿＿＿＿＿

②结果精确至 0.1%,负压筛析法、水筛法和手工筛析法测定结果有争议时,以哪种方法为准?

答:＿＿＿＿＿＿＿＿＿＿＿＿＿＿＿＿＿＿＿＿＿＿

③使用水泥时,有哪几种情况下必须对水泥进行胶砂强度、安定性和凝结时间检测,并提供试验报告?

答:＿＿＿＿＿＿＿＿＿＿＿＿＿＿＿＿＿＿＿＿＿＿

二、任务实施

某工地承重结构用水泥物理性能检测

对某工地承重结构用水泥送检,请根据相关标准和规范进行水泥物理性能检测,正确进行数据记录并对数据进行分析。

1. 细度、密度、比表面积检测

进行水泥细度、密度、比表面积检测,填写表 3-1-1 混凝土结构材料（水泥）检验检测原始记录。

表 3-1-1　混凝土结构材料(水泥)检验检测原始记录

记录编号：　　　　　　　　　　　　　　　　　　　　　　　　　　　　　第　页　共　页

<table>
<tr><td rowspan="4">样品信息</td><td>样品编号</td><td colspan="6"></td></tr>
<tr><td>样品名称</td><td colspan="6">□普通硅酸盐水泥　□复合硅酸盐水泥　□(　　　　　　　　　　　　)</td></tr>
<tr><td>代号</td><td colspan="3">□P·O　□P·C　□(　　　　)</td><td>强度等级</td><td colspan="2"></td></tr>
<tr><td>样品说明</td><td colspan="6">□无污染、无结块、符合检测要求　□(　　　　　　　　　　　　　　)</td></tr>
<tr><td rowspan="20">检测信息</td><td>检测日期</td><td colspan="4">____年__月__日—____年__月__日</td><td>检测环境</td><td>符合标准要求</td></tr>
<tr><td>检测依据</td><td colspan="6">□GB 175—2007　□GB/T 176—2017　□(　　　　　　　　　　　)</td></tr>
<tr><td>检测项目</td><td colspan="6">检测数据</td></tr>
</table>

细度
□负压筛析法
□水筛法

□45 μm 筛 □80 μm 筛	样品质量/g	筛余质量/g			修正系数	细度检测结果/%
		1	2	3		

□密度
□比表面积
(勃氏法)

密度

序号	水泥质量/g	读数/cm³		读数时温度/℃	检测结果/(g·cm⁻³)	
		第一次	第二次		单值	结果
1						
2						

试料层体积

序号	水银质量/g		水银密度/(g·cm⁻³)	试验时温度/℃	试料层体积/cm³	
	未装样品时	装满样品时			单值	结果
1						
2						

试验用量

	样品	密度/(g·cm⁻³)	试料层体积/cm³	空隙率取值	试样量/g
	标样				
	试样				

试样比表面积

序号	透气时间/s		空气黏度/Pa·s	读数时温度/℃	标样比表面积/(cm²·g⁻¹)	检测结果/(m²·kg⁻¹)	
	标样	试样				单值	结果
1							
2							

<table>
<tr><td>主要仪器设备名称及编号</td><td>□CJC78-1 电热鼓风干燥箱　□CJC7 天平-0.1g
□CJC31 负压筛析仪　□CJC33 负压筛 80 μm
□CJC33-1 负压筛 45 μm　□CJC45 李氏比重瓶 250 mL　□CJC45-1 李氏比重瓶 250 mL
□CJC126 超级恒温水浴　□CJC7-5 天平-0.01g
□CJC18-1 玻璃温度计-0.5℃　□CJC44 电动勃氏透气比表面积仪</td><td>仪器设备运行状况</td><td>□正常
□检测前(中、后)有故障。故障情况见运行记录，故障设备：_____</td></tr>
<tr><td>备注</td><td colspan="3">本页记录在校核完成时共有____处修改。</td></tr>
</table>

校核：　　　　　　　　　　　　　　　　　　　　　　　　　　　　　　检测：

2.细度、密度、比表面积检测

进行水泥安定性、标准稠度用水量、水泥胶砂流动度,凝结时间检测,填写 3-1-2 混凝土结构材料(水泥)检验检测原始记录表。

表 3-1-2　混凝土结构材料(水泥)检验检测原始记录

记录编号：　　　　　　　　　　　　　　　　　　　　　　　　　第　页　共　页

<table>
<tr><td rowspan="5">样品信息</td><td>样品编号</td><td colspan="7"></td></tr>
<tr><td>样品名称</td><td colspan="7">□普通硅酸盐水泥　□复合硅酸盐水泥　□(　　　　　　　　　　)</td></tr>
<tr><td>代号</td><td colspan="3">□P·O　□P·C　□(　　　)</td><td>强度等级</td><td colspan="3"></td></tr>
<tr><td>样品说明</td><td colspan="7">□无污染、无结块、符合检测要求　□(　　　　　　　　　　　)</td></tr>
<tr><td rowspan="20">检测信息</td><td>检测日期</td><td colspan="3">____年__月__日—____年__月__日</td><td>检测环境</td><td colspan="3">符合标准要求</td></tr>
</table>

<table>
<tr><td rowspan="2">样品信息</td></tr>
<tr></tr>
</table>

	检测日期	____年__月__日—____年__月__日		检测环境	符合标准要求

<table>
<tr><td rowspan="20">检测信息</td><td>检测依据</td><td colspan="6">□GB 175—2007　□GB/T 176—2008　□(　　　　　　　　　)</td></tr>
<tr><td>检测项目</td><td colspan="6" align="center">检测数据</td></tr>
<tr><td rowspan="4">安定性</td><td rowspan="2">试饼法</td><td>裂纹</td><td>□有　□无
□有　□无</td><td rowspan="2">雷氏法</td><td>沸煮前指针尖端间距
A/m</td><td>1
2</td><td></td></tr>
<tr><td>弯曲</td><td>□有　□无
□有　□无</td><td>沸煮后指针尖端间距
C/mm</td><td>1
2</td><td></td></tr>
<tr><td colspan="6"></td></tr>
<tr><td colspan="6"></td></tr>
<tr><td>标准稠度用水量
□标准法
□代用法</td><td>样品质量/g</td><td>加水量/mL</td><td colspan="2">试杆(试锥)下沉高度/mm</td><td colspan="2">用水量/%</td></tr>
</table>

安定性

	试饼法	裂纹	□有　□无 / □有　□无	雷氏法	沸煮前指针尖端间距 A/m	1 / 2	
		弯曲	□有　□无 / □有　□无		沸煮后指针尖端间距 C/mm	1 / 2	

标准稠度用水量 □标准法 □代用法	样品质量/g	加水量/mL	试杆(试锥)下沉高度/mm	用水量/%

水泥胶砂流动度	序号	1	2	3
	水灰比			
	成型用水量,mL			
	胶砂流动度/mm 测值			
	均值			

凝结时间	加水时间		初凝		min	终凝		min

各时刻(h:min)试针下沉深度(mm)测试

序号	测试时刻	下沉深度	序号	测试时刻	下沉深度	序号	测试时刻	下沉深度
1			5			9		
2			6			10		
3			7			11		
4			8			12		

续表

检测信息	CaO 含量	序号	样品质量/g	每毫升 EDTA 标液相当于氧化钙的毫克数/（mg·mL⁻¹）	滴定 CaO 消耗 EDTA 标液的体积/mL	CaO 含量/%	
						单值	结果
		1					
		2					
	主要仪器设备名称及编号	□CJC7 天平-0.1 g　□CJC28 水泥净浆搅拌机　□CJC29 水泥胶砂搅拌机　□CJC39 沸煮箱　□CJC42 胶砂流动度测定仪　□CJC34 标准养护箱　□CJC9-6 钢直尺 300 mm　□CJC43 净浆流动度截锥圆模　□CJC35 标准法维卡仪　□CJC130-1 电子天平 0.1 mg　□CJC131 高温箱式电阻炉　□CJC182-2 滴定管			仪器设备运行状况	□正常　□检测前（中、后）有故障。故障情况见运行记录，故障设备：_____		

备注	本页记录在校核完成时共有____处修改。

校核：　　　　　　　　　　　　　　　　　　　　　　　　　检测：

三、检查与评价

填写任务完成过程评价表见表 3-1-3。

表 3-1-3　任务完成过程评价表

考核要点	评价关键点	分值/分	组内评价（30%）	小组互评（30%）	教师评价（40%）
检测准备	现场取样	10			
	仪器准备和校准	10			
检测试验	正确的试验步骤	20			
	读数和记录	20			
	个人防护	10			
计算分析	公式正确	20			
	计算分析结果准确	10			
总得分		100			

四、思考与拓展

某建筑工地水泥物理性能检测

对某道路施工工地某批次进场水泥进行取样检测，并对检测结果进行分析。

要求：

①根据《水泥取样方法》（GB/T 12573—2008）规定，检测前制订检测计划。

②选择合适的仪器、设备并做好准备。

③按照《水泥细度检验方法 筛析法》(GB/T 1345—2005)、《水泥标准稠度用水量、凝结时间、安定性检验方法》(GB/T 1346—2011)规定的方法对该道路施工工地某批次进场水泥进行物理性能检测,做好个体防护。记录数据,并对数据进行计算、分析。

任务二　水泥力学性能检测

■ 任务背景

水泥的强度是评价水泥质量的重要指标,也是划分水泥强度等级的依据。水泥的强度是指水泥胶砂硬化试体所能承受外力破坏的能力,用 MPa(兆帕)表示。它是水泥重要的力学性能之一。

根据受力形式的不同,水泥强度通常分为抗压强度、抗折强度和抗拉强度三种。水泥胶砂硬化试体承受压缩破坏时的最大应力,称为水泥的抗压强度;水泥胶砂硬化试体承受弯曲破坏时的最大应力,称为水泥的抗折强度;水泥胶砂硬化试体承受拉伸破坏时的最大应力,称为水泥的抗拉强度。

■ 任务描述

⑦ 某工地承重结构用水泥力学性能检测

对某工地承重结构用水泥送检,请根据相关标准和规范进行水泥力学性能进行检测,正确进行数据记录,并对数据进行分析。

问题:

①如何对水泥胶砂强度进行检测?

②如何确定水泥的抗折强度和抗压强度?

■ 任务分析

知识与技能要求:

知识点:取样部位、取样步骤、取样量,水泥胶砂强度检验方法的原理、检测设备。

技能点:按照相关标准和规定进行取样;正确测定水泥胶砂强度并分析测定结果,整理试验数据及分析评定。

■ 任务知识技能点链接

一、水泥力学性能试验目的及原理

试验目的:通过试验测定水泥的胶砂强度,评定水泥的强度等级或判定水泥的质量。

试验原理:通过测定标准方法制作的胶砂试块的抗压破坏荷载及抗折破坏荷载,确定其抗压强度、抗折强度。

水泥砂胶强度
测试

二、水泥力学性能试验仪器设备

1.胶砂搅拌机

胶砂搅拌机属行星式,应符合《行星式水泥胶砂搅拌机》(JC/T 681—2022)要求,如图3-1-6所示。

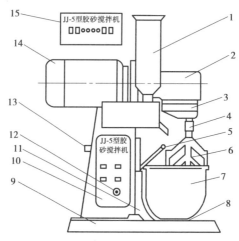

图 3-1-6　胶砂搅拌机结构示意图

1—砂斗;2—减速箱;3—行星机构及叶片公标志;4—叶片;5—凸轮;

6—止动器;7—同步电机;8—锅座;9—机座;10—立柱;11—升降机构;

12—面板自动手动切换开关;13—接口;14—立式双速电机;15—程控器

2.水泥胶砂试体成型振实台

水泥胶砂试体成型振实台应符合《水泥胶砂试体成型振实台》(JC/T 682—2022)的要求,如图3-1-7所示。

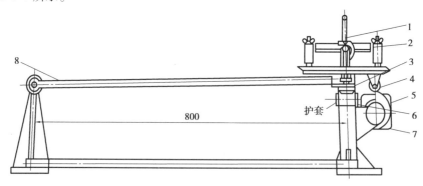

图 3-1-7　胶砂振动台

1—卡具;2—模套;3—突头;4—随动轮;5—凸轮;6—止动器;7—同步电机;8—臂杆

3.试模

由三个水平模槽组成(图3-1-8),可同时成型三条截面为 40 mm × 40 mm × 160 mm 的棱形试体。成型操作时,为了控制试模内料层厚度和刮平胶砂,应备有两个布料器和一个金属刮平直尺。

4.湿气养护箱

温度控制为(20 ±1)℃,相对湿度 >90% 。

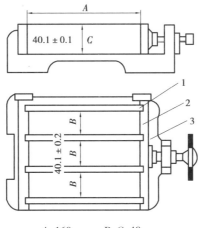

A:160 mm B、C:40 mm

图 3-1-8 试模
1—隔板;2—端板;3—底座

5. 抗折强度试验机

抗折夹具的加荷与支撑圆柱直径均为(10 ± 0.2) mm,两个支撑圆柱中心距为(100 ± 0.2)mm,其性能应符合《水泥胶砂电动抗折试验机》(JC/T 724—2005)的要求。

6. 抗压强度试验机

以 100 ~ 300 kN 为宜,误差不得超过 2%,并应具有(2 400 ± 200)N/s 速率的加荷能力,其性能应符合《水泥胶砂强度自动压力试验机》(JC/T 960—2022)的要求。

7. 抗压夹具

由硬质钢材制成,加压板面积为 40 mm × 40 mm,其性能应符合《40 mm × 40 mm 水泥抗压夹具》(JC/T 683—2005)的要求。

三、胶砂组成

1. 中国 ISO 标准砂

中国 ISO 标准砂应完全符合表 3-1-4 颗粒分布的规定,通过对有代表性样品的筛析来测定,粒度检测方法应符合《中国 ISO 标准砂粒度检测方法》(JC/T 2664—2022)。中国 ISO 标准砂以(1 350 ± 5)g 量的塑料袋混合包装,所用塑料袋材料不应影响强度试验结果。

表 3-1-4 ISO 标准砂颗粒分布

方孔筛孔径/mm	2.00	1.60	1.00	0.50	0.36	0.08
累计筛余/%	0	7 ± 5	33 ± 5	67 ± 5	87 ± 5	99 ± 1

2. 水泥

水泥样品应储存在气密的容器里,这个容器不应与水泥发生反应。试验前混合均匀。

3. 水

验收试验或有争议时应使用符合《分析实验室用水规格和试验方法》(GB/T 6682—2008)规定的三级水,其他试验可使用饮用水。

四、胶砂的制备

1. 配合比

胶砂的质量配合比应为一份水泥,三份标准砂和半份水(水胶比为0.5)。

一锅胶砂成型三条试体,每锅胶砂的材料用量见表3-1-5。

表3-1-5　每锅胶砂的材料用量

水泥品种	水泥/g	标准砂/g	水/mL
硅酸盐水泥、普通硅酸盐水泥、矿渣硅酸盐水泥、粉煤灰硅酸盐水泥、复合硅酸盐水泥	450±2	1 350±5	225±1

2. 搅拌

每锅胶砂采用胶砂搅拌机进行机械搅拌。先将搅拌机处于待工作状态,然后按以下的程序操作:

先把水加入锅中,再加入水泥,把锅放在固定架上,上升至固定位置,然后立即开动机器,低速搅拌30 s后,在第二个30 s开始的同时均匀地将砂子加入。当各级砂石分装时,从最粗粒级开始,依次将所需的每级砂量加完。把机器转至高速再拌30 s,停拌90 s。在第一个15 s内用胶皮刮具将叶片和锅壁上的胶砂刮入锅中间,在高速下继续搅拌60 s。各个搅拌阶段,时间误差应在±1 s以内。

五、试件制备及成型

1. 试件尺寸

试件尺寸应是40 mm×40mm×160mm的棱柱体。

2. 振实

在搅拌胶砂的同时,应用黄油等密封材料涂覆试模的外接缝,试模的内表面应涂上一薄层模型油或机油。并将试模和模套固定在振实台上,用一个适当勺子直接从搅拌锅里将胶砂分两层装入试模,装第一层时,每个槽里约放300 g胶砂,用大播料器垂直架在模套顶部沿每个模槽来回一次将料层播平,接着振实60次。再装入第二层胶砂,用小播料器播平,再振实60次。移走模套,从振实台上取下试模,用一金属直尺以近似90°的角度架在试模模顶的一端,然后沿试模长度方向以横向锯割动作慢慢向另一端移动,一次将超过试模部分的胶砂刮去,并用同一直尺以近似水平的情况下将试体表面抹平。去掉留在试模四周的胶砂。

3. 标记

在试模上做标记或加字条标明试件编号和试件相对于振实台的位置。

六、试件的养护

1. 脱模前的处理和养护

将做好标记的试模放入雾室或湿气养护箱的水平架子上养护,湿空气应能与试模各边接触,养护时不应将试模放在其他试模上。一直养护到规定的脱模时间时取出脱模。脱模前,用防水墨汁或颜料笔对试体进行编号和做其他标记。两个龄期以上的试体,在编号时应将同一试模中的3条试体分在两个以上的龄期内。

2. 脱模

脱模应当非常小心,脱模时可用塑料锤、橡皮榔头或专门的脱模器。对于24 h龄期的,应在破型试验前 20 min 脱模。对于 24 h 以上龄期的,应在成型后 20~24 h 脱模。已确定作为 24 h 龄期试验的已脱模试体,应用湿布覆盖至做试验时为止。

3. 水中养护

将做好标记的试件立即水平或竖直放在(20±1)℃的水中养护,水平放置时刮平面应朝上。试件放在不易腐烂的篦子上,彼此间保持一定间距,以让水与试件的 6 个面接触。养护期间试件之间间隔或试体上表面的水深不得小于 5 mm。每个养护池只养护同类型的试件,不允许在养护期间全部换水。除 24 h 龄期或延迟至 48 h 脱模的试体外,任何到龄期的试体应在试验(破型)前从水中取出。揩去试体表面沉积物,并用湿布覆盖至做试验为止。

4. 强度试验试体的龄期

试体龄期从水泥加水搅拌开始算起。不同龄期强度试验在下列时间进行,见表 3-1-6。

表 3-1-6　不同龄期强度试验的时间

试体龄期	24 h	48 h	72 h	7 d	>28 d
试验时间	24 h±15 min	48 h±30 min	72 h±45 min	7 d±2 h	>28 d±8 h

七、强度检验

1. 抗折强度测定

将试体一个侧面放在试验机支撑圆柱上,试体长轴垂直于支撑圆柱,通过加荷圆柱以(50±10)N/s 的速率均匀地将荷载垂直地加在棱柱体相对侧面上,直至折断,分别记下三个试件的抗折破坏荷载。保持两个半截棱柱体处于潮湿状态直至抗压试验。

每个试件的抗折强度 $f_{ce,m}$(精确至 0.1 MPa):

$$f_{ce,m} = \frac{3FL}{2b^3} \tag{3-1-4}$$

式中　F——折断时施加于棱柱体中部的荷载,N;

　　　L——支撑圆柱之间的距离,$L = 100$ mm;

　　　b——棱柱体截面正方形的边长,$b = 40$ mm。

以一组三个棱柱体抗折结果的平均值作为试验结果。当三个强度值中有一个超出平均值 ±10% 时,应剔除后再取平均值作为抗折强度的测定值。如有两个试件的测定结果超过平均值的 ±10% 时,应重做试验。

2. 抗压强度测定

抗折强度试验后的断块应立即进行抗压试验,抗压试验须用抗压夹具进行,试验时以试件的侧面为受压面,试件的底面靠紧夹具定位销,并使夹具对准压力机压板中,抗压强度试验在整个加荷过程中以(2 400±200)N/s 的速率均匀地加荷直至破坏,分别记下抗压破坏荷载。

每个试件的抗压强度 $f_{ce,c}$(精确至 0.1 MPa):

$$f_{ce,c} = \frac{F}{A} \tag{3-1-5}$$

式中　F——破坏时的最大荷载,N;

　　　A——受压部分面积,mm²。

八、水泥的合格检验

强度测定方法有两种主要用途,即合格检验和验收检验。此处主要讨论合格检验,即确定水泥是否符合规定的强度要求。

1. 抗折强度

以一组三个棱柱体抗折结果的平均值作为试验结果。当三个强度值中有超出平均值±10%时,应剔除后再取平均值作为抗折强度试验结果。

2. 抗压强度

以一组三个棱柱体上得到的六个抗压强度测定值的算术平均值为试验结果。

如六个测定值中有一个超出六个平均值的±10%,就应剔除这个结果,而以剩下五个的平均数为结果。如果五个测定值中再有超过它们平均数±10%的,则此组结果作废。当六个测定值中同时有两个或两个以上超出平均值的±10%时,则此组结果作废。

3. 试验结果的计算

各试体的抗折强度记录至0.1 MPa,按规定计算平均值,计算精确至0.1 MPa。

各个半棱柱体得到的单个抗压强度结果计算至0.1 MPa,按规定计算平均值,计算精确至0.1 MPa。

4. 试验报告

报告应包括所有各单个强度结果(包括按规定舍去的试验结果)和计算出的平均值。

5. 检验方法的精确性

短期重复性给出的是使用同一中国ISO标准砂样品和水泥样品,在同一实验室、同一设备、同一人员操作条件下,在较短的时间内所获得的试验结果的一致性程度。当用于中国ISO标准砂和代用设备的验收试验时,短期重复性可用于测量试验方法的精确性。

长期重复性给出的是使用经均化的同一水泥样品和同一中国ISO标准砂样品,在同一实验室、使用不同设备、不同人员操作条件下,在较长时间所获得的试验结果的一致性程度。长期重复性可用于测量中国ISO标准砂月检以及实验室长期试验方法的精确性。

再现性给出的是同一个水泥样品在不同实验室的不同操作人员在不同的时间,用不同来源的标准砂和不同设备所获得试验结果的一致性程度。再现性可用来评价水泥或中国ISO标准砂匀质性试验方法的精确性。

工作页

一、信息、决策与计划

①目前适用的水泥力学性能检测标准?

答:_____

②如何对水泥胶砂强度进行检测?

答:_____

③如何确定水泥的抗折强度和抗压强度?

答:_____

二、任务实施

◇ **某工地承重结构用水泥力学性能检测**

对某工地承重结构用水泥送检,请根据相关标准和规范进行水泥力学性能进行检测,正确进行数据记录,并对数据进行分析。

1. 检测工具准备

对照表 3-1-7 水泥胶砂强度检测设备表,检查试验所需检测设备是否齐全。

表 3-1-7　水泥胶砂强度检测设备表

序号	设备名称	准备情况	备注
1	试验筛	□	
2	搅拌机	□	
3	试模	□	
4	振实台	□	
5	抗折强度试验机	□	
6	抗压强度试验机	□	
7	抗压强度试验机用夹具	□	

2. 试样制备

胶砂的质量配合比为一份水泥、三份标准砂和半份水(水胶比为 0.5)。一锅胶砂成型三条试体,每锅材料的用量填入表 3-1-8 每锅胶砂的材料用量。

表 3-1-8　每锅胶砂的材料用量

水泥品种	水泥/g	标准砂/g	水/mL
□硅酸盐水泥　□普通硅酸盐水泥			

按规定对每锅胶砂采用胶砂搅拌机进行机械搅拌。

3. 试件的制备

尺寸:40 mm × 40 mm × 160 mm 的棱柱体。

胶砂制备后立即按规定采用振实台(或代用振动台)进行成型。

4. 试件的养护

①按规定做好脱模前的处理和养护。

②按规定进行脱模。

③按规定进行水中养护。

④试体龄期从水泥加水搅拌开始算起。

5. 试验步骤

用规定的设备以中心加荷载法测定抗折强度。

在折断的棱柱体上进行抗压试验,抗压试验须用抗压夹具进行,试验时以试件的侧面为受压面,试件的底面靠紧夹具定位销,并使夹具对准压力机压板中,抗压强度试验在规定速率下均匀地加荷直至破坏,分别记下抗压破坏荷载。填写表 3-1-9 混凝土结构材料(水泥)力学性能检验检测原始记录。

6. 水泥的合格检验

按规定进行合格检验,确定水泥是否符合规定的强度要求。

表 3-1-9　混凝土结构材料(水泥)力学性能检验检测原始记录

记录编号：　　　　　　　　　　　　　　　　　　　　　　　　　　第　页　共　页

<table>
<tr><td rowspan="4">样品信息</td><td>样品编号</td><td colspan="7"></td></tr>
<tr><td>样品名称</td><td colspan="7">□普通硅酸盐水泥　□复合硅酸盐水泥　□(　　　　　　　　　　)</td></tr>
<tr><td>代号</td><td colspan="3">□P·O　□P·C　□(　　　)</td><td>强度等级</td><td colspan="3"></td></tr>
<tr><td>样品说明</td><td colspan="7">□无污染、无结块、符合检测要求　□(　　　　　　　　　)</td></tr>
<tr><td rowspan="27">检测信息</td><td colspan="4">检测日期</td><td colspan="2">____年__月__日—____年__月__日</td><td>检测环境</td><td>符合标准要求</td></tr>
<tr><td colspan="4">检测依据</td><td colspan="4">□GB 175—2007　□GB/T 176—2008　□(　　　　　　)</td></tr>
<tr><td colspan="4">检测项目</td><td colspan="4" align="center">检测数据</td></tr>
<tr><td rowspan="16">胶砂强度</td><td colspan="3">成型时刻</td><td colspan="3">____年__月__日__时__分</td><td>成型加水量/mL</td></tr>
<tr><td colspan="3">龄期</td><td colspan="2">□3 天　□(　　)</td><td>□28 天　□(　　)</td><td>□(　　)</td></tr>
<tr><td colspan="3">破型时刻</td><td colspan="5"></td></tr>
<tr><td colspan="2">编号</td><td>抗折荷载/N</td><td>抗折强度/MPa</td><td>抗折荷载/N</td><td>抗折强度/MPa</td><td>抗折荷载/N</td><td>抗折强度/MPa</td></tr>
<tr><td rowspan="4">抗折试验</td><td>1</td><td colspan="6"></td></tr>
<tr><td>2</td><td colspan="6"></td></tr>
<tr><td>3</td><td colspan="6"></td></tr>
<tr><td>—</td><td colspan="2">代表值</td><td colspan="2">代表值</td><td colspan="2">代表值</td></tr>
<tr><td colspan="2">编号</td><td>抗压荷载/kN</td><td>抗压强度/MPa</td><td>抗压荷载/kN</td><td>抗压强度/MPa</td><td>抗压荷载/kN</td><td>抗压强度/MPa</td></tr>
<tr><td rowspan="7">抗压试验</td><td>1</td><td colspan="6"></td></tr>
<tr><td>2</td><td colspan="6"></td></tr>
<tr><td>3</td><td colspan="6"></td></tr>
<tr><td>4</td><td colspan="6"></td></tr>
<tr><td>5</td><td colspan="6"></td></tr>
<tr><td>6</td><td colspan="6"></td></tr>
<tr><td>—</td><td colspan="2">代表值</td><td colspan="2">代表值</td><td colspan="2">代表值</td></tr>
<tr><td rowspan="7">氧化镁原子吸收光谱法</td><td colspan="3">波长 Mg</td><td colspan="5">□285.2 nm　□(　　　　　　)</td></tr>
<tr><td colspan="3" rowspan="3">标准曲线</td><td colspan="2">标液浓度/(μg·mL^{-1})</td><td colspan="3"></td></tr>
<tr><td colspan="2">谱线强度</td><td colspan="3"></td></tr>
<tr><td colspan="2">相关系数</td><td colspan="3"></td></tr>
<tr><td>序号</td><td>皿的质量/g</td><td>皿加样品质量/g</td><td>样品质量/g</td><td>仪器示数</td><td>Mg 含量/%</td><td colspan="2">MgO 含量/%</td></tr>
<tr><td></td><td></td><td></td><td></td><td></td><td></td><td>单值</td><td>结果</td></tr>
<tr><td>1</td><td></td><td></td><td></td><td></td><td></td><td></td><td></td></tr>
<tr><td>2</td><td></td><td></td><td></td><td></td><td></td><td></td><td></td></tr>
</table>

检测信息	主要仪器设备名称及编号	□CJC7 天平-0.1g □CJC28 水泥净浆搅拌机 □CJC29 水泥胶砂搅拌机 □CJC30 水泥胶砂振实台 □CJC41 水泥胶砂试模 □CJC34 标准养护箱 □CJC 237 微机控制抗压抗折一体机 □CJC130-1 电子天平 0.1 mg □CJC179-4 容量瓶 250mL □CJC179-5 容量瓶 250 mL □CJC128 原子吸收分光光度计	仪器设备运行状况	□正常 □检测前(中、后)有故障。故障情况见运行记录,故障设备:
备注	本页记录在校核完成时共有____处修改。			

校核: 检测:

三、检查与评价

填写任务完成过程评价表(表 3-1-10)。

表 3-1-10　任务完成过程评价表

考核要点	评价关键点	分值/分	组内评价(30%)	小组互评(30%)	教师评价(40%)
测量前准备	现场调查	10			
	仪器准备和校准	10			
	测点选择准确(看检测计划)	10			
测量	正确测量	20			
	读数和记录	10			
	个人防护	10			
计算分析	公式正确	20			
	计算结果准确	10			
总得分		100			

四、思考与拓展

某建筑工地水泥力学性能检测

对某道路施工工地某批次进场水泥进行取样检测,并对检测结果进行分析。

要求:

①根据《水泥取样方法》(GB/T 12573—2008)规定,检测前制订检测计划。

②选择合适的仪器、设备并做好准备。

③按照《水泥胶砂强度检测(ISO 法)》(GB/T17671—2021)规定的方法对该道路施工工地某批次进场水泥进行力学性能检测,做好个体防护。记录数据,并对数据进行计算、分析。

项目二 水泥混凝土材料性能检测

🔎 学习目标

知识目标:

1.掌握水泥混凝土各组成材料的技术要求及检验方法。

2.掌握混凝土拌合物和易性的概念、指标、测定方法。

3.掌握水泥混凝土的强度的检测方法及检测结果的处理与判定。

技能目标:

1.能描述石子的级配、物理常数指标的定义、测定方法及工程意义。

2.能测定砂的粗细程度和级配;能按照试验规程,正确使用试验仪器、设备,独立完成水泥各项技术指标的检测。

3.能根据试验检测数据,根据检测数据比对相关标准,对水泥混凝土进行分析判断。

素养目标:

1.具备良好的资料收集和文献检索的能力。

2.具备良好的协调与沟通能力。

3.具备良好的结果计算能力和分析能力。

4.养成积极主动参与工作,能吃苦耐劳,崇尚劳动光荣的精神。

5.具备精准施测、居安思危的安全意识。

任务一 水泥混凝土骨料性能检测

▌ 任务背景

普通混凝土是由水泥、水、细骨料(天然砂等)和粗骨料(石子等)等为基本材料,或再掺加适量外加剂、混合材料等制成的复合材料。

在水泥混凝土中,各组成材料起着不同的作用。砂、石等骨料在混凝土中起骨架作用,对混凝土起稳定性作用。由水泥与水所形成的水泥浆通常包裹在骨料的表面,赋予新拌混凝土一定的流动性,以便于施工操作;在混凝土硬化后,水泥浆形成的水泥石又起胶结作用,把砂、石等骨料胶结成为整体而成为坚硬的人造石材,并产生力学强度。

为了使配制的混凝土达到所要求的各项技术要求,并节省材料用量,降低工程造价,必须合理地选用混凝土的各项组成材料。

任务描述

⏱ **某建筑工程水泥混凝土的质量检测**

某建筑工程根据设计要求需拌制 C30 的水泥混凝土用于浇筑框架梁,该梁的截面尺寸为 400 mm×300 mm,钢筋净间距为 200 mm。现工地上有砂、石大量,其中,石子的最大粒径为 40 mm,采用 32.5R 普通硅酸盐水泥,饮用水。采用机械搅拌和振捣的方式施工。请根据《普通混凝土用砂、石质量及检验方法标准》(JGJ 52—2006)、《建设用砂》(GB/T 14684—2022)检测水泥混凝土骨料质量。

问题:

①试比较用碎石和卵石拌制混凝土的特点。

②砂子标准筛分曲线图中的 1 区、2 区、3 区说明什么问题? 三个区以外的区域又说明什么? 配制混凝土时,选用哪个区的砂比较好?

任务分析

知识与技能要求:

知识点:石子的级配、物理常数指标的定义,砂的粗细程度和级配;混凝土物理力学指标的定义及检测方法。

技能点:按照相关标准和规定进行取样;正确测定混凝土及其组成材料的物理指标并分析测定结果,整理试验数据及分析评定。

任务知识技能点链接

一、术语

1. **天然砂**(naturalsand)

自然生成的,经人工开采和筛分的粒径小于 4.75 mm 的岩石颗粒,包括河砂、湖砂、山砂、淡化海砂,但不包括软质、风化的岩石颗粒。

2. **机制砂**(manufactured sand)

经除土处理,由机械破碎、筛分制成的,粒径小于 4.75 mm 的岩石、矿山尾矿或工业废渣颗粒,但不包括软质、风化的颗粒,俗称人工砂。

3. **混合砂**(mixed sand)

由天然砂与人工砂按一定比例组合而成的砂。

4. **碎石**(crushed stone)

由天然岩石或卵石经破碎、筛分而得的,公称粒径大于 5 mm 的岩石颗粒。

5. **卵石**(gravel)

由自然条件作用而形成的,公称粒径大于 5.00 mm 的岩石颗粒。

6. **含泥量**(dust content)

砂、石中公称粒径小于 80 μm 颗粒的含量。

7. **砂的泥块含量**(clay lump content in sands)

砂中原粒径大于 1.18 mm,经水浸洗、手捏后小于 600 μm 的颗粒含量。

8. 石的泥块含量(clay lump content in stones)

石中公称粒径大于 5 mm,经水洗、手捏后变成小于 2.50 mm 的颗粒的含量。

9. 石粉含量(crusher dust content)

人工砂中公称粒径小于 80 μm,且其矿物组成和成分与被加工母岩石相同的颗粒含量。

10. 表观密度(apparentdensity)

骨料颗粒单位体积(包括内封闭孔隙)的质量。

11. 紧密密度(tight density)

骨料按规定方法颠实后单位体积的质量。

12. 堆积密度(bulk density)

骨料在自然堆积状态下单位体积的质量。

13. 坚固性(soundness)

骨料在气候、环境变化或其他物理因素作用下抵抗破裂的能力。

14. 轻物质(light material)

砂中表观密度小于 2 000 kg/m^3 的物质。

15. 针、片状颗粒(elongated and flaky particle)

凡岩石颗粒的长度大于该颗粒所属粒级的平均粒径 2.4 倍者为针状颗粒;厚度小于平均粒径 0.4 倍者为片状颗粒。平均粒径是指该粒级上、下限粒径的平均值。

16. 压碎值指标(crushing value index)

人工砂、碎石或卵石抵抗压碎的能力。

17. 碱活性骨料(alkali-active aggregate)

能在一定条件下与混凝土中的碱发生化学反应导致混凝土产生膨胀、开裂甚至破坏的骨料。

18. 碱集料反应(alkali-aggregate reaction)

水泥、外加剂等混凝土组成物及环境中的碱与集料中碱活性矿物在潮湿环境下缓慢发生并导致混凝土开裂破坏的膨胀反应。

19. 亚甲蓝(MB)值(methylene blue value)

用于判定机制砂中粒径小于 75 μm 颗粒的吸附性能的指标。

二、取样要求

1. 取样方法

①从料堆上取样时,取样部位应均匀分布。取样前应先将取样部位表层铲除,然后由各部位抽取大致相等的砂 8 份、石 16 份组成各自一组样品。

②从皮带运输机上取样时,应在皮带运输机机尾的出料处用接料器定时抽取砂 4 份、石 8 份组成各自一组样品。

③从火车、汽车、货船上取样时,应从不同部位和深度抽取大致相等的砂 8 份、石 16 份组成各自一组样品。

2. 取样数量

对于每一单项检验项目,砂、石的每组样品取样数量应分别满足表 3-2-1 和表 3-2-2 的规定。当需要做多项检验时,可在确保样品经一项试验后不致影响其他试验结果的前提下,用同组样品进行多项不同的试验。

表 3-2-1　每一单项检验项目所需砂的最小取样质量

检验项目	最小取样质量/g
筛分析	4 400
表观密度	2 600
吸水率	4 000
紧密密度和堆积密度	5 000
含水率	1 000
含泥量	4 400
泥块含量	20 000
石粉含量	1 600
人工砂压碎值指标	分成公称粒级 5.00～2.50 mm, 2.5～1.25 mm; 1.25 mm～630 μm; 630～315 μm; 315～160 μm, 每个粒级各需 1 000 g
有机物含量	2 000
云母含量	600
轻物质含量	3 200
坚固性	分成公称粒级 5.00～2.50 mm, 2.5～1.25 mm; 1.25 mm～630 μm; 630～315 μm; 315～160 μm, 每个粒级各需 1 000 g
硫化物及硫酸盐含量	50
氯离子含量	2 000
贝壳含量	10 000
碱活性	20 000

表 3-2-2　每一单项检验项目所需碎石或卵石的最小取样质量　　　　单位:kg

试验项目	最大公称粒径/mm							
	10.0	16.0	20.0	25.0	31.5	40.0	63.0	80.0
筛分析	8	15	16	20	25	32	50	64
表观密度	8	8	8	8	12	16	24	24
含水率	2	2	2	2	3	3	4	6
吸水率	8	8	16	16	16	24	24	32
堆积密度、紧密密度	40	40	40	40	80	80	120	120
含泥量	8	8	24	24	40	40	80	80
泥块含量	8	8	24	24	40	40	80	80
针、片状含量	1.2	4	8	12	20	40	—	—
硫化物及硫酸盐	1.0							

注:有机物含量、坚固性、压碎值指标及碱-骨料反应检验,应按试验要求的粒级及质量取样。

三、试验原理

1. 砂子的颗粒级配试验

将砂样通过一套由不同孔径组成的标准套筛,测定砂样中不同粒径的颗粒含量,以此判定砂的粗细程度和颗粒级配。

2. 石子的颗粒级配试验

称取规定的试样,用标准的石子套筛进行筛分,称取筛余量。再分别计算出各筛的分计筛余百分率和累计筛余百分率,根据计算的累计筛余百分率与国家标准规定的各筛孔尺寸的累计筛余百分率进行比较,能满足相应指标者即为级配合格。

3. 砂子、石子含泥量和泥块含量检测

取烘干试样 1 份放入容器中加水浸泡,然后用手淘洗过筛,滤去小于 75 μm 颗粒,重复上述过程,直到洗出的水清澈为止,烘干称量,根据公式计算含泥量。

4. 砂子表观密度、堆积密度测定

用天平测出砂的质量,通过排液体体积法测定砂的表观体积,再按公式计算出砂子的表观密度。

5. 砂的含水率试验

通过测定湿砂和干砂的质量,计算出砂的含水率。

6. 石子表观密度、堆积密度

通过排液法测定石子的表观体积,再根据公式计算石子的表观密度。

7. 石子的含水率试验

通过测定湿石子和干石子的质量,计算出石子的含水率。

8. 石子的压碎指标值试验

该试验是采用一定粒级气干状态下的石子试样,放入标准的圆模内,按规定施加压力。卸荷后测粒径小于 2.36 mm 的碎粒占试样总量的百分比。以此间接得出石子的抗压强度。

9. 石子的针片状颗粒含量试验

粗骨料中的针、片状颗粒采用规准仪逐粒对试样进行鉴定,以此评定其针、片状颗粒的含量。

四、砂子的颗粒级配试验

1. 试验目的

测定砂的颗粒级配,计算细度模数,评定砂的粗细程度。

2. 仪器设备

①鼓风烘箱:能使温度控制在 (105 ± 5)℃。

②天平:称量 1 000 g,感量 1 g。

③摇筛机。

④方孔筛:孔径为 150 μm,300 μm,600 μm,1.18 mm,2.36 mm,4.75 mm,9.50 mm 的筛各一只,并附有筛底和筛盖。

⑤搪瓷盘、毛刷等。

3. 试样制备

按规定方法取样,筛除大于 9.50 mm 的颗粒(并计算其筛余百分率),将试样缩分至约

1 100g,分为大致相等的两份,分别放入烘箱内烘干至恒量,待冷却至室温后备用。

4. 试验步骤

①称取试样 500 g,精确至 1 g。将试样倒入按孔径大小从上到下组合的套筛(附有筛底)中,盖好筛盖。

②将套筛置于摇筛机上固紧,摇 10 min 取下套筛,按筛孔大小顺序再逐个用手筛,筛至每分钟通过量小于试验总量的 0.1% 为止。通过的试样并入下一号筛中,并和下一号筛中的试样一起过筛;依次按顺序进行,直至各号筛全部筛完为止。

③称出各号筛的筛余量,精确至 1 g。试样在各号筛上的筛余量不得超过下式计算出的筛余量。

$$G = \frac{A \times d^{\frac{1}{2}}}{200} \tag{3-2-1}$$

式中　G——在一个筛上的筛余量,g;

　　　　A——筛的面积,mm^2;

　　　　d——筛孔边长,mm。

超过时应按下列方法之一进行处理:

a. 将该粒级试样分成少于按上式计算出的量,分别筛分,并以筛余量之和作为该号筛的筛余量。

b. 将该粒级及以下各粒级的筛余混合均匀,称出其质量,精确至 1 g,再用四分法缩分为大致相等的两份,取其中一份,称出其质量精确至 1 g,继续筛分。计算该粒级及以下各粒级的分计筛余量时应根据缩分比例进行修正。

5. 结果计算与评定

①计算分计筛余百分率:各号筛的筛余量除以试样总量的百分率,计算精确至 0.1%。

②计算累计筛余百分率:该号筛的分计筛余百分率加上该号筛以上各筛的分计筛余百分率之和,精确至 0.1%。筛分后,如每号筛的筛余量与筛底的筛余量之和同原试样质量之差超过 1% 时,需重新试验。

③砂的细度模数(M_x)按下式计算,精确至 0.01。

$$M_x = \frac{(A_2 + A_3 + A_4 + A_5 + A_6) - 5A_1}{100 - A_1} \tag{3-2-2}$$

式中　M_x——细度模数;

　　　　A_1、A_2、A_3、A_4、A_5、A_6——分别为 4.75 mm,2.36 mm,1.18 mm,600 μm,300 μm,

　　　　　　　　　　　　　　　　　　　150 μm 筛的累计筛余百分率。

④累计筛余百分率取两次试验结果的算术平均值,精确至 1%。细度模数取两次试验结果的算术平均值作为测定值,精确至 0.1;如两次试验的细度模数之差超过 0.20 时,须重新试验。

⑤根据各筛的累计筛余百分率,评定颗粒级配。砂按 0.6 mm 孔径筛的累计筛余百分率,划分成 3 个级配区即Ⅰ区、Ⅱ区、Ⅲ区,见表 3-2-3。普通混凝土用砂的颗粒级配应处于任何一个区内,否则不合格。以累计筛余百分率为纵坐标,以筛孔尺寸为横坐标,作出 3 个级配区的筛分曲线,如图 3-2-1 所示。观察所计算的砂的筛分曲线是否完全落在 3 个级配区的任一区内,即可判断该砂级配的合格性。

表 3-2-3　砂的颗粒级配区

筛径/mm	级配区		
	Ⅰ区	Ⅱ区	Ⅲ区
	累计筛余/%		
9.50	0	0	0
4.75	10 ~ 0	10 ~ 0	10 ~ 0
2.36	35 ~ 5	25 ~ 0	15 ~ 0
1.18	65 ~ 35	50 ~ 10	25 ~ 0
0.6	85 ~ 71	70 ~ 41	40 ~ 16
0.3	95 ~ 80	92 ~ 70	85 ~ 55
0.15	100 ~ 90	100 ~ 90	100 ~ 90

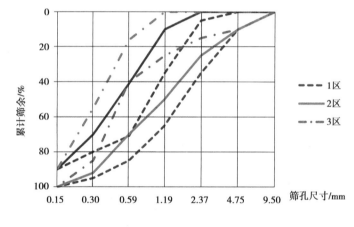

图 3-2-1　筛分曲线

五、砂子含泥量和泥块含量检测

1.砂的含泥量测定

(1)试验目的

通过试验测定砂中含泥量,评定砂的质量。以配制符合要求的混凝土。

(2)仪器设备

①鼓风烘箱:能使温度控制在(105 ± 5)℃。

②天平:称量 1 000 g,感量 1 g。

③方孔筛:孔径为 75 μm、1.18 mm 的筛各一只。

④容器:要求淘洗试样时,保持试样不溅出(深度大于 250 mm)。

⑤搪瓷盘、毛刷等。

(3)试样制备

按规定取样,并将试样缩分至约 1 100 g,置于烘箱内烘干至恒量,待冷却至室温后,分成大致相等的两份备用。

（4）试验步骤

①称取试样 500 g，精确 0.1。将试样放入淘洗容器中，注入清水，使水面高于试样面约 150 mm，充分搅拌均匀后，浸泡 2 h，然后用手在水中淘洗试样，使尘屑、淤泥、黏土与砂粒分离，把浑水缓缓倒入 1.18 mm 及 75 μm 的套筛上（1.18 mm 筛放在 75 μm 筛上面），滤去小于 75 μm 的颗粒。试验前筛子的两面应先用水润湿，在整个过程中应小心防止砂粒流失。

②再次加水于容器中，重复上述操作，直至容器内的水目测清澈为止。

③用水淋洗剩余在筛上的细粒，并将 75 μm 筛放在水中（使水面略高出筛中砂粒的上表面）来回摇动，以充分洗掉小于 75 μm 的颗粒，然后将两只筛的筛余颗粒和容器中已经洗净的试样一并倒入搪瓷盘，放在烘箱中烘干至恒量，待冷却至室温后称出其质量，精确至 0.1 g。

（5）结果计算与评定

①含泥量按下式计算，精确至 0.1%：

$$Q_a = \frac{G_0 - G_1}{G_0} \times 100\%$$ （3-2-3）

式中　Q_a——砂中含泥量，%；

　　　G_0——试验前烘干试样的质量，g；

　　　G_1——试验后烘干试样的质量，g。

②含泥量取两个试样的试验结果的算术平均值作为测定值。采用修约值比较法进行评定。

2. 砂的泥块含量的测定

（1）试验目的

通过试验测定砂中泥块含量，评定砂的质量。以配制符合要求的混凝土。

（2）仪器设备

①鼓风烘箱：能使温度控制在（105±5）℃。

②天平：称量 1 000 g，感量 0.1 g。

③方孔筛：孔径为 600 μm、1.18 mm 的筛各一只。

④容器：要求淘洗试样时，保持试样不溅出（深度大于 250 mm）。

⑤搪瓷盘、毛刷等。

（3）试样制备

按规定取样，并将试样缩分至约 5 000 g，放在烘箱内烘干至恒量，待冷却至室温后，筛除小于 1.18 mm 的颗粒，分成大致相等的两份备用。

（4）试验步骤

①称取试样 200 g，精确至 0.1 g。将试样倒入淘洗容器中，并注入清水，使水面高于试样表面约 150 mm，充分搅拌均匀后，浸泡 24 h。然后用手在水中碾碎泥块，再把试样放在 600 μm 筛上，用水淘洗，直至容器内的水目测清澈为止。

②将筛中保留下来的试样小心取出，装入搪瓷盘，放在烘箱中烘干至恒量，待冷却至室温后，称出其质量，精确至 0.1 g。

（5）结果计算与评定

①砂中泥块含量按下式计算，精确至 0.1%：

$$Q_b = \frac{G_1 - G_2}{G_1} \times 100\%$$ （3-2-4）

式中 Q_b——砂中泥块含量,%;

G_1——1.18 mm 筛筛余试样的质量,g;

G_2——试验后的烘干试样质量,g。

②取两次试验结果的算术平均值作为测定值。采用修约值比较法进行评定。

六、砂的表观密度、堆积密度

1.砂的表观密度(标准法)

(1)试验目的

通过试验测定砂的表观密度,评定砂的质量,为计算砂的孔隙率和混凝土配合比设计提供依据。

(2)仪器设备

①鼓风烘箱:能使温度控制在(105 ± 5)℃;

②天平:称量 1 000 g,感量 0.1 g;

③容量瓶:500 mL;

④干燥器、搪瓷盘、滴管、毛刷、温度计等。

(3)试样备制

按规定取样,并将试样缩分至 660 g 装入搪瓷盘,放在烘箱内烘干至恒量,并在干燥器中冷却至室温后,分为大致相等的两份备用。

(4)试验步骤

①称取试样 300 g(G_0),精确至 0.1 g。将试样装入容量瓶,注入冷开水至接近 500 mL 的刻度线,用手旋转摇动容量瓶使砂样充分摇动,排除气泡,塞紧瓶盖,静置 24 h。然后用滴管小心加水至容量瓶 500 mL 刻度处,塞紧瓶盖,擦干瓶外水分,称出其质量(G_1),精确至 1 g。

②倒出瓶内水和试样,洗净容量瓶,再向容量瓶内注入冷开水至 500 mL 处,水温与上次水温相差不超过 2 ℃,并在 15 ~ 25 ℃范围内,塞紧瓶盖,擦干瓶外水分,称出其质量(G_2),精确至 1 g。

(5)结果计算与评定

砂的表观密度按下式计算,精确至 10 kg/m³:

$$\rho = \left(\frac{G_0}{G_0 + G_2 - G_1} - \alpha_t \right) \times \rho_{水} \tag{3-2-5}$$

式中 ρ——砂的表观密度,kg/m³;

$\rho_{水}$——水的密度,1 000 g/cm³;

G_0——试样的烘干质量,g;

G_1——试样、水、容量瓶的总质量,g;

G_2——水、容量瓶的总质量,g。

α_t——水温对砂的表观密度影响的修正系数,见表 3-2-4。

取两次试验结果的算术平均值作为测定值。如两次试验的结果之差大于 20 kg/m³,须重新试验。

表 3-2-4　不同水温对砂、石的表观密度影响的修正系数

水温/℃	15	16	17	18	19	20
α_t	0.002	0.003	0.003	0.004	0.004	0.005
水温/℃	21	22	23	24	25	—
α_t	0.005	0.006	0.006	0.007	0.008	—

2. 堆积密度

（1）试验目的

通过试验测定砂的堆积密度，计算砂的空隙率，为混凝土配合比设计提供依据。

（2）仪器设备

①鼓风烘箱：能使温度控制在（105±5）℃。

②天平：称量 10 kg，感量 1 g。

③容量筒：圆柱形金属筒，内径 108 mm，净高 109 mm，筒底厚约 5 mm，壁厚 2 mm，容积为 1 L。

④方孔筛：孔径为 4.75 mm 的筛一只。

⑤垫棒：直径 10 mm，长 500 mm 的圆钢。

⑥漏斗、直尺或料勺、搪瓷盘、毛刷等。

（3）试样备制

按规定取样，筛除大于 4.75 mm 的颗粒，经缩分后的砂样不少于 3 L，装入搪瓷盘，放在烘箱内烘干至恒量，待冷却至室温后，分为大致相等的两份备用。

（4）试验步骤

①松散堆积密度：取试样一份，用料勺或漏斗将试样从容量筒中心上方 50 mm 处徐徐倒入，让试样以自由落体落下，当容量筒上部试样呈锥体，且容量筒四周溢满时，即停止加料。然后用直尺沿筒中心线向两边刮平（试验过程中应防止触动容量筒），称出试样和容量筒总质量，精确至 1 g。倒出试样，称取空容量筒质量。

②紧密堆积密度：取试样一份，分两次装入容量筒。装完第一层后，在筒底垫放一根直径为 10 mm 的垫棒，将筒按住，左右交替颠击地面各 25 次。然后装入第二层，第二层装满后用同样方法颠实（但筒底所垫垫棒的方向与第一层时的方向垂直）后，再加试样直至超过筒口，然后用直尺沿筒中心线向两边刮平，称出试样和容量筒总质量，精确至 1 g。倒出试样，称取空容量筒质量。

（5）结果计算与评定

松散堆积密度或紧密堆积密度按下式计算，精确至 10 kg/m³：

$$\rho_0' = \frac{G_1 - G_2}{V} \times 1\,000 \tag{3-2-6}$$

式中　ρ_0'——松散堆积密度或紧密堆积密度，kg/m³；

　　　G_1——试样和容量筒总质量，kg；

　　　G_2——容量筒质量，kg；

　　　V——容量筒的容积，L。

松散堆积密度或紧密堆积密度取两次试验结果的算术平均值,精确至 10 kg/m。

七、砂的含水率试验

1.试验目的

通过试验测定砂的含水率,供调整混凝土的施工配合比用。

2.仪器设备

①鼓风烘箱:能使温度控制在(105 ± 5)℃。

②天平:称量 1 000 g,感量 0.1 g。

③容器:如搪瓷盘等。

3.试验步骤

①将自然潮湿状态下的试样用四分法缩分至为约 1 100 g,拌匀后分为大致相等的两份备用。

②取试样一份,并将试样倒入已知质量的容器中称重(G_2),放在烘箱中烘干至恒量,待冷却至室温后,再称出试样质量(G_1),精确至 0.1 g。

4.结果计算与评定

砂的含水率按下式计算,精确至 0.1%:

$$W_s = \frac{G_2 - G_1}{G_1} \times 100\% \tag{3-2-7}$$

式中　W_s——砂的含水率,%;

　　　G_2——烘干前的试样与容器的总质量,g;

　　　G_1——烘干后的试样与容器的总质量,g。

取两次试验结果的算术平均值作为测定值,精确至 0.1%;两次试验结果之差大于0.2%时,应重新试验。

八、石子的颗粒级配试验

1.试验目的

通过测定石子的颗粒级配,作为混凝土配合比设计时合理选择和使用粗骨料的依据。

2.仪器设备

①试验筛:孔径为 2.36,4.75,9.50,16.0,19.0,26.5,31.5,37.5,53.0,63.0,75.0,90.0 mm的方孔筛各一只,并附有筛底和筛盖(筛框内径为 300 mm)。

②天平:称量 10 kg,感量 1 g。

③鼓风烘箱:能使温度控制在(105 ± 5)℃。

④摇筛机。

⑤搪瓷盘、毛刷等。

3.试样备制

按规定取样,并将试样缩分至略大于表 3-2-5 规定的数量,烘干或风干后用。

表 3-2-5　颗粒级配试验所需试样的最小数量

最大粒径/mm	9.50	16.0	19.0	26.5	31.5	37.5	63.0	75.0
最小试样质量/kg	1.9	3.2	3.8	5.0	6.3	7.5	12.6	16.0

4.试验步骤

①根据试样的最大粒径,称取按表 3-2-5 中规定数量的试样一份,精确至 1 g。将试样倒入按筛孔大小从上到下组合的套筛(附筛底)上,盖好筛盖。

②将套筛置于摇筛机上固紧,摇筛 10 min,取下套筛,按筛孔大小顺序再逐个用手筛,筛至每分钟通过量小于试样总量的 0.1% 为止。通过的试样并入下一号筛中,并和下一号筛中的试样一起过筛,依次按顺序进行,直至各号筛全部筛完为止。注:当筛余试样粒径大于 19.0 mm 时,筛分时允许用手拨动试样颗粒,使其能通过筛孔。

③称出各号筛的筛余量。精确至 1 g。

5.结果计算与评定

①计算各筛的分计筛余百分率:各号筛的筛余量除以试样总质量的百分率,精确至 0.1%。

②计算各筛的累计筛余百分率:该号筛的筛余百分率加上该号筛以上各分计筛余百分率之总和,精确至 0.1%。如每号筛的筛余量与筛底的筛余量之和同原试样之差超过 1% 时,须重新试验。

③根据各号筛的累计筛余百分率,采用修约值比较法评定该试样的颗粒级配。

九、石子含泥量和泥块含量检测

1.石子的含泥量试验

(1)试验目的

通过试验测定石子中的含泥量,评定石子的质量,以配制符合要求的混凝土。

(2)仪器设备

①鼓风烘箱:能使温度控制在(105 ±5)℃。

②天平:称量 10 kg,感量 1 g。

③方孔筛:孔径为 75 μm、1.18 mm 的筛各一只。

④容器:要求淘洗时,保持试样不溅出(深度大于 250 mm)。

⑤搪瓷盘、毛刷等。

(3)试样制备

按规定取样,并将试样缩分至表 3-2-6 规定的数量(注意防止细粉丢失)。放在烘箱中烘干至恒量,待冷却至室温后,分成大致相等的两份备用。

表 3-2-6　含泥量试验所需试样最小质量

石子最大粒径/mm	9.5	16.0	19.0	26.5	31.5	37.5	63.0	75.0
最小试样质量/kg	2.0	2.0	6.0	6.0	10.0	10.0	20.0	20.0

(4)试验步骤

①称取按表 3-2-6 中规定质量的试样一份,精确至 1 g。将试样放入淘洗容器中,并注入

饮用水,使水面高于石子表面约 150 mm,充分拌匀后浸泡 2 h。再用手在水中淘洗试样,使尘屑、淤泥、黏土与石子颗粒分离,并使之溶解于水。把浑水缓缓倒入 1.18 mm 及 75 μm 的套筛上(1.18 mm 筛放在 75 μm 筛上面),滤去小于 75 μm 的颗粒。试验前筛子的两面应先用水润湿,在整个过程中应小心防止大于 75 μm 的颗粒流失。

②再次加水于容器中,重复上述操作,直至容器内的水清澈为止。

③用水冲洗剩余在筛上的细粒,并将 75 μm 筛放在水中(使水面略高出筛内石子颗粒的上表面)来回摇动,以充分洗掉小于 75 μm 的颗粒,然后将两只筛上的筛余颗粒和容器中已经洗净的试样一并倒入搪瓷盘中,放在烘箱中烘干至恒量,待冷却至室温后,称出其质量,精确至 1 g。

(5)结果计算与评定

含泥量按下式计算,精确至 0.1%:

$$Q_a = \frac{G_1 - G_2}{G_1} \times 100\%$$
$$(3\text{-}2\text{-}8)$$

式中　Q_a——石子的含泥量,%;

　　　G_1——试验前烘干试样的质量,g;

　　　G_2——试验后烘干试样的质量,g。

含泥量取两次的试验结果的算术平均值作为测定值,精确至 0.1%。采用修约值比较法进行评定。

2. 泥块含量的测定

(1)试验目的

通过试验测定石子中泥块的含量,评定石子的质量。

(2)仪器设备

①鼓风烘箱:能使温度控制在 (105 ± 5) ℃。

②天平:称量 10 kg,感量 1 g。

③方孔筛:孔径为 2.36 mm、4.75 mm 的筛各一只。

④容器:要求淘洗时,保持试样不溅出。

⑤搪瓷盘、毛刷等。

(3)试样制备

按规定取样,并将试样缩分至略大于表 3-2-6 中规定的 2 倍数量后,置于烘箱内烘干至恒量,待冷却至室温后,筛除小于 4.75 mm 的颗粒,分成大致相等的两份备用。

(4)试验步骤

①称取按表 3-2-6 规定数量的试样一份,精确至 1 g。

②将试样倒入容器中,加入饮用水使水面高出试样上表面,充分搅拌均匀后浸泡 24 h。用手在水中碾碎泥块,然后把试样放在 2.36 mm 筛上用水淘洗,直至容器内的水清澈为止。

③将筛中保留下来的试样小心地从筛中取出,装入搪瓷盘后,放在烘箱中烘干至恒重,待冷却至室温后,称出其质量,精确至 1 g。

(5)结果计算与评定

①石子中泥块的含量按下式计算,精确至 0.1%:

$$Q_b = \frac{G_1 - G_2}{G_1} \times 100\%$$
$$(3\text{-}2\text{-}9)$$

式中 Q_b——泥块含量,%;

G_1——4.75 mm 筛筛余试样的质量,g;

G_2——试验后烘干试样的质量,g。

②取两次试验结果的算术平均值作为测定值,精确至 0.1%。采用修约值比较法进行评定。

十、石子表观密度、堆积密度

1.石子表观密度试验(标准法)

(1)试验目的

测定石子的表观密度,作为评定石子质量和计算石子孔隙率及混凝土配合比设计的依据。

(2)仪器设备

①鼓风烘箱:能使温度控制在(105±5)℃。

②液体天平:称量 5 kg,感量 5 g。

③方孔筛:孔径为 4.75 mm 的筛一只。

④吊篮:直径和高度均为 150 mm,由孔径为 1～2 mm 的筛网或钻有 2～3 mm 孔洞的耐锈蚀金属板制成。

⑤盛水容器:有溢水孔。

⑥温度计:0～100 ℃。

⑦搪瓷盘、毛巾等。

(3)试样备制

按规定取样,风干后再将试样筛除 4.75 mm 以下的颗粒,并缩分至略大于表 3-2-7 所规定的质量,刷洗干净后分成大致相等的两份备用。

表 3-2-7 石子表观密度试验所需试样数量

最大粒径/mm	小于 26.5	31.5	37.5	63.0	75.0
最小试样质量/kg	2.0	3.0	4.0	6.0	6.0

(4)试验步骤

①取试样一份装入吊篮,并浸入盛水的容器中,水面至少高出试样表面 50 mm。浸泡 24 h 后,移放到称量用的盛水容器中,并用上下升降吊篮的方法排出气泡(试样不得露出水面),吊篮每升降一次约为 1 s,升降高度为 30～50 mm。

②测定水温(此时吊篮应全浸在水中),用天平称取吊篮及试样在水中的质量,精确至 5 g,称量时盛水容器中水面的高度由容器的溢流孔控制。

③提起吊篮,将试样倒入搪瓷盘,放在烘箱中烘干至恒量,取出放在带盖的容器中冷却至室温后,称出其质量,精确至 5 g。

④称取吊篮在同样温度的水中的质量,精确至 5 g。称量时盛水容器的水面高度仍由溢流口控制。

注:试验的各项称量可以在 15～25 ℃ 的温度范围内进行,但从试样加水静置的最后 2 h 起直至试验结束,其温度相差不应超过 2 ℃。

（5）结果计算与评定

石子的表观密度按下式计算，精确至 $10 \ kg/m^3$ ：

$$\rho_0 = \left(\frac{G_0}{G_0 + G_2 - G_1} - \alpha_t \right) \times \rho_水 \qquad (3\text{-}2\text{-}10)$$

式中　ρ_0——表观密度，kg/m^3 ；

　　　$\rho_水$——水的密度，$1\ 000 \ kg/m^3$ ；

　　　G_0——烘干后试样的质量，g；

　　　G_1——吊篮及试样在水中的质量，g；

　　　G_2——吊篮在水中的质量，g；

　　　α_t——水温对表观密度影响的修正系数，见表 3-2-4。

取两次试验结果的算术平均值作为测定值。如两次试验的结果之差大于 $20 \ kg/m^3$ ，须重新试验。对颗粒材质不均匀的石子试样，如两次试验结果之差超过 $20 \ kg/m^3$ 时，可取 4 次测定结果的算术平均值作为测定值。

2. 石子的堆积密度

（1）试验目的

通过试验测定石子的堆积密度，作为计算石子空隙率及混凝土配合比设计的依据。

（2）仪器设备

①磅秤：称量 50 kg 或 100 kg，感量 50 g。

②容量筒：容量筒的规格要求见表 3-2-8。

③垫棒：直径 16 mm，长 600 mm 的圆钢。

④平头铁锹、直尺等。

表 3-2-8　容量筒的规格要求

最大粒径/mm	容量筒容积/L	容量筒规格		壁厚/mm
		内径/mm	净高/mm	
9.50, 16.0, 19.0, 26.5	10	208	294	2
31.5, 37.5	20	294	294	3
53.0, 63.0, 75.0	30	360	294	4

（3）试样备制

按规定取样，烘干或风干后，拌匀后将试样分成大致相等的两份备用。

（4）试验步骤

①松散堆积密度：取试样一份，置于平整干净的铁板上，用平头铁锹拌匀，用小铲将试样从容量筒中心上方 50 mm 处徐徐倒入，使试样自由落入容量筒内。当容量筒上部试样呈锥体，且容量筒四周溢满时，即停止加料。除去凸出容量筒口表面的颗粒，并以合适的颗粒填入凹陷处，使凹凸部分体积大致相等（试验过程中应防止触动容量筒）。称出试样和容量筒总质量。

②紧密堆积密度：取试样一份，置于平整干净的铁板上，用平头铁锹拌匀，分三层装入容量筒。装完一层后，在筒底垫放一根垫棒，将筒按住，左右交替颠击地面各 25 次，然后装第

二层。第二层装满后,用同样的方法颠实(但筒底垫放的圆钢方向与上一次垂直),然后再装第三层,如法颠实。当三层试样装填完毕,再加试样直至超出筒口,然后用钢尺沿筒口边缘刮去高出的试样,并用合适的颗粒填平凹陷处,使凹凸部分体积大致相等。称出试样和容量筒总质量,精确至10 g。

(5)结果计算与评定

松散堆积密度或紧密堆积密度按下式计算,精确至10 kg/m³:

$$\rho_0' = \frac{G_1 - G_2}{V_0'} \times 1\ 000 \tag{3-2-11}$$

式中　ρ_0'——松散堆积密度或紧密堆积密度,kg/m³;

　　　G_1——试样和容量筒总质量,kg;

　　　G_2——容量筒总质量,kg;

　　　v_0'——容量筒的容积,L。

松散堆积密度与紧密堆积密度取两次试验结果的算术平均值,精确至10 kg/m³。

十一、石子的含水率试验

1. 试验目的

通过试验测定石子的含水率,计算混凝土的施工配合比,以确保混凝土配合比的准确。

2. 仪器设备

①鼓风烘箱:能使温度控制在(105±5)℃。

②天平:称量10 kg,感量1 g。

③搪瓷盘、小铲、毛巾、刷子等。

3. 试验步骤

①按规定取样,并将试样缩分至约4 kg,拌匀后分为大致相等的两份备用。

②将试样置于干净的容器中,称取试样质量m_1,精确至1 g。并在烘箱中烘干至恒量。

③取出试样,待试样冷却至室温后称取试样质量m_2。

4. 结果计算与评定

碎石或卵石的含水率按下式计算,精确至0.1%:

$$Z = \frac{G_1 - G_2}{G_2} \times 100\% \tag{3-2-12}$$

式中　Z——含水率,%。

　　　G_1——烘干前的试样质量,g;

　　　G_2——烘干后的试样质量,g。

以两次试验结果的算术平均值作为测定值,精确至0.1%。

十二、石子的压碎指标值试验(GB/T 14685—2022)

1. 试验目的

通过测定石子的压碎指标值,评定石子的质量。

2. 仪器设备

①压力试验机:量程300 kN,精度不大于1%。

②压碎指标值测定仪(图3-2-2)。

③天平:量程不小于 5 kg,分度值不大于 5 g;量程不小于 1 kg,分度值不大于 1 g。

④方孔筛:孔径为 2.36 mm、9.50 mm 及 19.0 mm 筛各一只。

⑤垫棒:直径 10 mm,长 500 mm 圆钢。

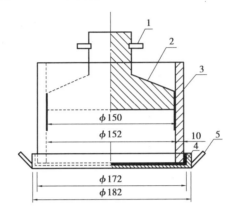

图 3-2-2 压碎指标值测定仪(单位:mm)
1—把手;2—加压头;3—圆模;4—底盘;5—手把

3. 试样备制

①按规定取样,风干后筛除大于 19.0 mm 及小于 9.50 mm 的颗粒,并去除针、片状颗粒,分为大致相等的三份备用。

②当试样中粒径为 9.50 ~ 19.0 mm 的颗粒不足时,允许将粒径大于 19.0 mm 的颗粒破碎成粒径为 9.5 ~ 19.0 mm 的颗粒用作压碎指标值试验。

4. 试验步骤

①将圆模放在底盘上,称取试样 3 000 g(G_1),精确至 1 g,将试样分两层装入圆模内。每装完一层试样后,在底盘下面放置垫棒,将筒按住左右交替颠击地面各 25 次。第二层颠实后,平整模内试样表面,把加压头装好,当圆模装不下 3 000 g 试样时,以装至圆模上口 10 mm 为准。

②把装有试样的圆模放到压力试验机上,开动压力试验机,按 1 kN/s 速度均匀加荷到 200 kN,并稳荷 5 s,然后卸荷。取下加压头,倒出试样,称其质量 G_1,用 2.36 mm 的方孔筛筛除被压碎的颗粒,并称取筛余量 G_2,精确至 1 g。

5. 结果计算与评定

压碎指标值按下式计算,精确至 0.1% :

$$Q_e = \frac{G_1 - G_2}{G_1} \times 100\% \qquad (3\text{-}2\text{-}13)$$

式中　Q_e——压碎指标值,%;

　　　G_1——试样的质量,g;

　　　G_2——试样压碎后的筛余量,g。

取 3 次试验结果的算术平均值作为测定值,精确至 1%。采用修约值比较法进行评定。

十三、石子的针片状颗粒含量试验

1. 试验目的

通过测定石子的针片状颗粒含量,评定石子的质量。

2. 仪器设备

①针状规准仪,如图 3-2-3 所示。

②片状规准仪,如图 3-2-4 所示。

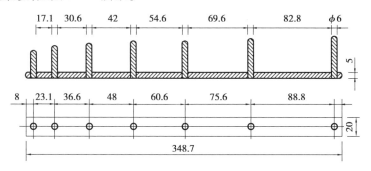

图 3-2-3　针状规准仪(单位:mm)

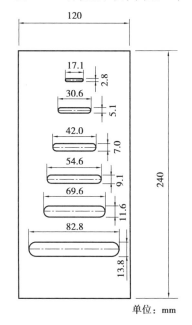

单位:mm

图 3-2-4　片状规准仪(3 mm 钢板做基板)

③方孔筛:孔径为 4.75,9.50,16.0,19.0,26.5,31.5,37.5 mm 的筛各一只,根据需要选用。

④天平:称量 10 kg,感 1 g。

⑤卡尺。

3. 试样制备

按规定的方法取样,将试样缩分至略大于表 3-2-9 规定的数量,烘干或在室内风干至后备用。

表 3-2-9　针片状颗粒含量试验所需试样质量

最大粒径/mm	9.50	16.0	19.0	26.5	31.5	≥37.5
试样最小质量/kg	0.3	1.0	2.0	3.0	5.0	10.0

根据试样的最大粒径,称取按表 3-2-9 规定的数量的试样一份,精确至 1 g。然后按表 3-2-10规定的粒级按粗骨料颗粒级配筛分方法进行筛分。

表 3-2-10　针、片状颗粒含量试验的粒级划分及其相应的规准仪孔宽或间距

石子粒级/mm	4.75~9.50	9.50~16.0	16.0~19.0	19.0~26.5	26.5~31.5	31.5~37.5
片状规准仪相对应孔宽/mm	2.8	5.1	7.0	9.1	11.6	13.8
针状规准仪相对应间距/mm	17.1	30.6	42.0	54.6	69.6	82.8

4. 试验步骤

①按表 3-2-10 中规定的粒级分别用规准仪逐粒对试样进行检验,最大一维尺寸大于针状规准仪上相应间距者,为针状颗粒;最小一维尺寸小于片状规准仪上相应孔宽者,为片状颗粒。

②粒径大于 37.5 mm 的石子可用游标卡尺逐粒检验,卡尺卡口的设定宽度应符合表 3-2-11的规定。最大一维尺寸大于针状卡口相应宽度者,为针状颗粒;最小一维尺寸小于片状卡口相应宽度者,为片状颗粒。

表 3-2-11　大于 37.5 mm 颗粒针、片状颗粒含量的粒级划分及其相应的卡尺卡口的设定宽度

石子粒级/mm	37.5~53.0	53.0~63.0	63.0~75.0	75.0~90.0
检验片状颗粒的卡尺卡口设定宽度/mm	18.1	23.2	27.6	33.0
检验针状颗粒的卡尺卡口设定宽度/mm	108.6	139.2	165.6	198.0

5. 结果计算与评定

针、片状颗粒的含量按下式计算,精确至 1%:

$$Q_c = \frac{G_2}{G_1} \times 100\% \tag{3-2-14}$$

式中　Q_c——针、片状颗粒的总含量,%;

G_1——试样的总质量,g;

G_2——试样中所含针片状颗粒的总质量,g。

采用修约值比较法进行评定。

工作页

一、信息、决策与计划

①目前适用的混凝土骨料的检测标准?

答:_____

②砂子标准筛分曲线图中的 1 区、2 区、3 区说明什么问题? 三个区以外的区域又说明什么? 配制混凝土时,选用哪个区的砂比较好些?

答:_____

二、任务实施

◇某建筑工程水泥混凝土骨料的质量检测

某建筑工程根据设计要求需拌制 C30 的水泥混凝土用于浇筑框架梁,该梁的截面尺寸为 400 mm×300 mm,钢筋净间距为 200 mm。现工地上有砂、石大量,其中,石子的最大粒径为 40 mm,采用 32.5R 普通硅酸盐水泥,饮用水。采用机械搅拌和振捣的方式施工。请根据《普通混凝土用砂、石质量及检验方法标准》(JGJ 52—2006)、《建设用砂》(GB/T 14684—2022)检测水泥混凝土骨料质量。

1.砂的颗粒级配评定

(1)取样

参照《普通混凝土用砂、石质量及检验方法标准》(JGJ 52—2006)或《建设用砂》(GB/T 14684—2022)执行。

(2)检测工具准备

检查检测所需仪器设备是否齐全,见表 3-2-12。

表 3-2-12　砂的筛分析检测所需仪器

序号	设备名称	准备情况	备注
1	鼓风干燥箱:能使温度控制在(105±5)℃	☐	
2	天平:称量 1 000 g,感量 1 g	☐	
3	方孔筛(一套:规格为 150 μm,300 μm,600 μm,1.18 mm,2.36 mm,4.75 mm 及 9.50 mm 的筛各一只,并附有筛底和筛盖)	☐	
4	摇筛机	☐	
5	搪瓷盘,毛刷等	☐	

(3)试件制备

称取经缩分后的样品不少于 1 100 g,分为大致相等的两份,分别装入两个搪瓷盘,在(105±5)℃的温度下烘干至恒质量,冷却至室温后备用。

(4)检测步骤

①称取砂样 500 g,置于按筛孔大小顺序排列的套筛的最上一只筛(即 4.75 mm 筛)上,加盖,将整套筛安装在摇筛机上,摇 10 min。

②取下套筛,按筛孔大小顺序在清洁的搪瓷盘上逐个用手筛,筛至每分钟通过量小于试

验总量的0.1%时为止。通过的颗粒并入下一号筛中,并和下一号筛中的试样一起再进行手筛。按这种顺序依次进行,直至所有的筛子全部筛完为止。

③称出各号筛的筛余量,精确至1 g,填写表3-2-13筛余量。

(5)检测结果计算与评定

①计算各号筛的分计筛余量除以试样总量的百分率,计算精确至0.1%,填写表3-2-13。

②计算累计筛余百分率,精确至0.1%,填写表3-2-13。

③计算砂的细度模数(M_x),精确至0.01。

注意:筛分后,如每号筛的筛余量与筛底的筛余量之和同原试样质量之差超过1%时,需重新试验。

表3-2-13　筛余量

筛孔尺寸/mm	筛余量/g	分计筛余/%	累计筛余/%
4.75			
2.36			
1.18			
0.6			
0.3			
0.15			

④根据各筛的累计筛余百分率,评定颗粒级配。

2. 石子的质量检测

(1)要求

检测前制订检测计划,选择合适的仪器、设备并做好准备,试验方法、步骤按照标准并认真记录,做好个人防护。试验后能进行正确的分析评定。

(2)试验数据记录

将实验数据填入表3-2-14和表3-2-15中。

表 3-2-14 混凝土结构材料(建筑用石)检验检测原始记录(一)

记录编号：

<table>
<tr><td rowspan="3">样品信息</td><td>样品编号</td><td colspan="7"></td></tr>
<tr><td>样品名称</td><td colspan="5">□碎石 □卵石 □破碎卵石 □( )</td><td>公称粒径/mm</td><td></td></tr>
<tr><td>样品说明</td><td colspan="7">无杂物、无污染、符合检测要求</td></tr>
<tr><td rowspan="28">检测信息</td><td>检测日期</td><td colspan="5">____年____月____日—____年____月____日</td><td>检测环境</td><td>符合标准要求</td></tr>
<tr><td>检测依据</td><td colspan="7">□GBT 14685—2011 □JGJ 52—2006 □( )</td></tr>
<tr><td>检测项目</td><td colspan="7" align="center">检测数据</td></tr>
</table>

颗粒级配

试样质量/g	筛孔尺寸/mm	37.5	31.5	26.5	19.0	16.0	9.50	4.75	2.36	筛底
	分计筛余量/g									
	分计筛余/%									
	累计筛余/%									

□含泥量 □泥块含量

序号	试验前烘干试样质量 m_0/g		试验后烘干试样质量 m_1/g		含泥量/%		泥块含量/%	
	含泥量	泥块含量	含泥量	泥块含量	单值	结果	单值	结果
1								
2								

表观密度 □广口瓶法 □液体比重天平法

序号	烘干试样质量 m_0/g	水温 ℃	□试样+水+瓶+玻璃片总质量 m_1/g □吊篮及试样在水中的质量 m_1/g	□水+瓶+玻璃片总质量 m_2/g □吊篮在水中的质量 m_2/g	表观密度/(kg·m⁻³)	
					单值	结果
1						
2						
3						
4						

□堆积密度 □紧密密度

序号	容量筒质量/g	容量筒体积/L	筒+试样的质量 m_2/g		堆积密度/(kg·m⁻³)		紧密密度/(kg·m⁻³)	
			堆积	紧密	单值	均值	单值	均值
1								
2								

空隙率

表观密度/(kg·m⁻³)	堆积密度/(kg·m⁻³)	紧密密度/(kg·m⁻³)	空隙率/%	
			堆积	紧密

针片状颗粒含量

试样质量 m_0/g	针片状颗粒总质量 m_1/g	针片状颗粒含量/%

主要仪器设备名称及编号	□CJC78-1 电热鼓风干燥箱 □CJC8-2 电子台秤-50g □CJC8-3 电子天平30kg-1 g □CJC76 国家新标准方孔砂石筛 □CJC76-2 国家新标准方孔砂石筛 □CJC83 针片状规准仪	仪器设备运行状况	□正常 □检测前(中、后)有故障。故障情况见运行记录,故障设备:_____

备注	本页记录在校核完成时共有_____处修改。

校核： 检测：

表3-2-15 混凝土结构材料(建筑用石)检验检测原始记录(二)

记录编号: 　　　　　　　　　　　　　　　　　　　　　　　　　　　　　　　第 页 共 页

<table>
<tr><td rowspan="3">样品信息</td><td>样品编号</td><td colspan="4"></td><td colspan="2"></td><td></td></tr>
<tr><td>样品名称</td><td colspan="4">□碎石　□卵石　□破碎卵石　□其他</td><td colspan="2">公称粒径/mm</td><td></td></tr>
<tr><td>样品说明</td><td colspan="7">无杂物、无污染、符合检测要求</td></tr>
<tr><td rowspan="30">检测信息</td><td>检测日期</td><td colspan="5">____年____月____日—____年____月____日</td><td>检测环境</td><td colspan="2">符合标准要求</td></tr>
<tr><td>检测依据</td><td colspan="8" rowspan="2">□GBT 14685—2011　□JGJ 52—2006　□(　　　　　)</td></tr>
<tr><td>检测项目</td></tr>
<tr><td rowspan="4">□含水率
□吸水率</td><td colspan="8">检测数据</td></tr>
<tr><td rowspan="2">序号</td><td rowspan="2">容器质量/g</td><td rowspan="2">容器+未烘干样质量/g</td><td rowspan="2">容器+烘干样质量/g</td><td colspan="2">含水率/%</td><td colspan="2">吸水率/%</td></tr>
<tr><td>单值</td><td>结果</td><td>单值</td><td>结果</td></tr>
<tr><td>1</td><td></td><td></td><td></td><td></td><td></td><td></td><td></td></tr>
<tr><td>2</td><td></td><td></td><td></td><td></td><td></td><td></td><td></td></tr>
<tr><td rowspan="5">压碎指标</td><td rowspan="3">序号</td><td rowspan="3">试样质量 m_0/g</td><td colspan="4">压碎试验后筛余的试样质量 m_1/g</td><td colspan="2" rowspan="2">压碎指标/%</td></tr>
<tr><td rowspan="2">碎石标准试样</td><td colspan="2">多种岩石组成的卵石</td></tr>
<tr><td>20 mm下卵石标样</td><td colspan="2">20 mm上碎卵石标样</td><td>单值</td><td>代表值</td></tr>
<tr><td>1</td><td></td><td></td><td></td><td colspan="2"></td><td></td><td></td></tr>
<tr><td>2</td><td></td><td></td><td></td><td colspan="2"></td><td></td><td></td></tr>
<tr><td rowspan="17">岩石抗压强度</td><td colspan="2">试件规格/mm</td><td colspan="6">□50×50×50 的立方体　□φ50×50 圆柱体　□(　　　　　)</td></tr>
<tr><td colspan="2">试件编号</td><td>1</td><td>2</td><td>3</td><td>4</td><td>5</td><td>6</td></tr>
<tr><td rowspan="7">层理说明

□无明显层理
□层理与受力方向平行</td><td rowspan="4">试件尺寸/mm</td><td>顶面</td><td colspan="6"></td></tr>
<tr><td>□边长</td><td colspan="6"></td></tr>
<tr><td>□直径</td><td colspan="6"></td></tr>
<tr><td>底面</td><td colspan="6"></td></tr>
<tr><td>□边长</td><td colspan="6"></td></tr>
<tr><td>□直径</td><td colspan="6"></td></tr>
<tr><td colspan="2">破坏荷载/kN</td><td colspan="6"></td></tr>
<tr><td rowspan="2">抗压强度/MPa</td><td>单值</td><td colspan="6"></td></tr>
<tr><td>代表值</td><td colspan="6"></td></tr>
<tr><td rowspan="7">层理说明

□无明显层理
□层理与受力方向垂直</td><td rowspan="4">试件尺寸/mm</td><td>顶面</td><td colspan="6"></td></tr>
<tr><td>□边长</td><td colspan="6"></td></tr>
<tr><td>□直径</td><td colspan="6"></td></tr>
<tr><td>底面</td><td colspan="6"></td></tr>
<tr><td>□边长</td><td colspan="6"></td></tr>
<tr><td>□直径</td><td colspan="6"></td></tr>
<tr><td colspan="2">破坏荷载/kN</td><td colspan="6"></td></tr>
</table>

检测信息	主要仪器设备名称及编号	□CJC78-1 电热鼓风干燥箱　□CJC76 国家新标准方孔砂石筛　□CJC8-3 电子天平 30 kg-1 g　□CJC84 压碎指标测定仪　□CJC222 自动切石机　□CJC170 万能切割机　□CJC223 自动取芯机　□CJC112 双端面磨石机　□CJC1 压力试验机　□CJC11-5 数显卡尺　□CJC9-6 钢直尺 300 mm	仪器设备运行状况	□正常 □检测前(中、后)有故障。故障情况见运行记录,故障设备:_____
	备注	本页记录在校核完成时共有_____处修改。		

校核:　　　　　　　　　　　　　　　　　　　　　　　　　　　　　　检测:

三、检查与评价

填写任务完成过程评价表(表 3-2-16)。

表 3-2-16　任务完成过程评价表

考核要点	评价关键点	分值/分	组内评价(30%)	小组互评(30%)	教师评价(40%)
检测准备	现场取样	10			
	仪器准备和校准	10			
检测试验	正确的试验步骤	20			
	读数和记录	20			
	个人防护	10			
计算分析	公式正确	20			
	计算分析结果准确	10			
总得分		100			

四、思考与拓展

某建筑工程水泥混凝土集料物理性能检测

某道路施工工程根据设计要求需拌制 C50 的水泥混凝土用于预制梁、支座垫石、梁底预制垫块、垫石、抗震锚栓、预制空心板、封锚端、湿接缝。现工地上有砂、石大量,其中,石子的最大粒径为 40 mm,采用 32.5R 普通硅酸盐水泥,饮用水。采用机械搅拌和振捣的方式施工。请根据标准规范检测原材料和水泥混凝土的质量。

要求:

①检测前制订检测计划。

②选择合适的仪器、设备并做好准备。

③按照《普通混凝土用砂、石质量及检验方法标准》(JGJ 52—2006)、《建设用砂》(GB/T 14684—2022)规定的方法对该道路施工工程用水泥混凝土进行集料物理性能检测,做好个体防护。记录数据,并对数据进行计算、分析。

④试验后能进行正确的分析评定。

任务二　混凝土拌合物性能检测

任务背景

普通混凝土的组成材料有粗细骨料、水泥和水,另外还常加少量的外加剂或掺和料。混凝土中各种组分按适当比例配合,并经搅拌均匀而成的混合物称为混凝土拌合物或新拌混凝土。普通混凝土的主要技术性质包括混凝土拌合物的和易性、硬化后的强度、变形及耐久性。

任务描述

? 某建筑工程用混凝土的性能检测

某建筑工程根据设计要求拌制了 C30 水泥混凝土用于浇筑框架梁,请根据相关标准和规范对该批次混凝土性能进行检测,记录数据并对数据进行分析。

问题:

①拌制混凝土原使用细度模数为 2.5 的砂,后改用细度模数为 2.1 的砂。改砂后原混凝土配方不变,发现混凝土坍落度明显变小。请分析原因。

②影响混凝土强度测试值的因素有哪些?

任务分析

知识与技能要求:

知识点:取样部位、取样步骤、取样量,水泥混凝土拌合物性能检验方法的原理、检测设备。

技能点:按照相关标准和规定进行取样;正确测定水泥混凝土拌合物性能并分析测定结果,整理试验数据及分析评定。

任务知识技能点链接

一、术语

1.混凝土(concrete)

以水泥、骨料和水为主要原材料,根据需要加入矿物掺合料和外加剂等材料,按一定配合比,经拌合、成型、养护等工艺制作的、硬化后具有强度的工程材料。

2.坍落度(slump)

混凝土拌合物在自重作用下坍落的高度。

3.扩展度(slump-flow)

混凝土拌合物坍落后扩展的直径。

4.间隙通过性(passing ability)

混凝土拌合物均匀通过间隙的性能。

5. 自密实混凝土（self-compacting concrete）

具有高流动性、均匀性和稳定性，浇筑时无需外力振捣，能够在自重作用下流动并充满模板空间的混凝土。

6. 扩展时间（slump-flow time）

混凝土拌合物坍落后扩展直径达到 500 mm 所需的时间。

7. 泌水（bleeding）

混凝土拌合物析出水分的现象。

8. 压力泌水（pressure bleeding）

混凝土拌合物在压力作用下的泌水现象。

9. 稠度（consistency）

表征混凝土拌合物流动性的指标，可用坍落度、维勃稠度或扩展度表示。

10. 抗离析性（segregation resistance）

混凝土拌合物中各种组分保持均匀分散的性能。

11. 绝热温升（adiabatic temperature rise）

混凝土在绝热状态下，由胶凝材料水化导致的温度升高。

12. 龄期（age of cone rete）

自加水搅拌开始，混凝土所经历的时间，按天或小时计。

13. 混凝土强度（strength of concrete）

混凝土的力学性能，表征其抵抗外力作用的能力。本标准中的混凝土强度是指混凝土立方体抗压强度。

14. 抗压强度（compressive strength）

立方体试件单位面积上所能承受的最大压力。

15. 轴心抗压强度（axial compressive strength）

棱柱体试件轴向单位面积上所能承受的最大压力。

16. 静力受压弹性模量（elastic modulus under static compressive stress）

棱柱体试件或圆柱体试件轴向承受一定压力时，产生单位变形所需要的应力。

17. 合格性评定（evaluation of conformity）

根据一定规则对混凝土强度合格与否所作的判定。

18. 测区（test area）

检测构件混凝土强度时的一个检测单元。

19. 测点（test point）

测区内的一个回弹检测点。

20. 测区混凝土强度换算值（conversion value of concrete compressive strength of test area）

由测区的平均回弹值和碳化深度值通过测强曲线或测区强度换算表得到的测区现龄期混凝土强度值。

21. 混凝土强度推定值（estimationvalue of strength for concrete）

相当于强度换算值总体分布中保证率不低于 95% 的构件中的混凝土强度值。

二、取样方法

同一组混凝土拌合物应从同一盘混凝土或同一车的混凝土中的 1/4 处、1/2 处和 3/4 处分别取样,并搅拌均匀,从第一次取样到最后一次取样不宜超过 15 min。取样量应多于试验所需量的 1.5 倍,且不宜小于 20 L。从取样完毕到开始做各项性能试验不宜超过 5 min。

三、混凝土拌合物和易性试验

1.试验目的

通过和易性试验,检验所设计的混凝土配合比是否符合施工和易性要求,以作为调整混凝土配合比的依据。

2.坍落度与坍落扩展度法

本方法适用于骨料最大粒径不大于 40 mm、坍落度不小于 10 mm 的混凝土拌合物的和易性测定。

（1）试验原理

通过测定混凝土拌合物在自重作用下自由坍落的程度及外观现象（泌水、离析等）,评定混凝土拌合物的和易性。

（2）仪器设备

①坍落度筒:用（2±3）mm 厚的薄钢板制成。底部内径（200±2）mm,顶部内径（100±2）mm,高度（300±2）mm 的截圆锥形金属筒,内壁必须光滑,如图 3-2-5 所示。

②捣棒:端部应磨圆,直径 16 mm,长度 650 mm 的钢棒,如图 3-2-5 所示。

③钢直尺、小铲、漏斗、抹刀等。

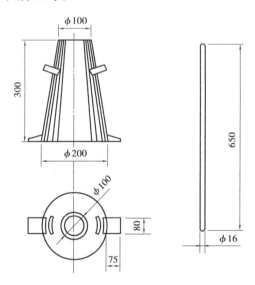

图 3-2-5　坍落度筒及捣棒

（3）试验步骤

①用湿布湿润坍落度筒及其他用具（应无明水）,并把坍落度筒放在钢板上,然后用脚踩紧两边脚踏板,使坍落度筒在装料时保持固定的位置。

②把按要求取得的或制备的混凝土试样用小铲分三层均匀地装入筒内,每层体积大致相等。使捣实后每层高度为筒高的 1/3 左右。每装一层用捣棒沿螺旋方向由外向中心均匀插捣 25 次。插捣筒边混凝土时,捣棒可以稍稍倾斜。插捣底层时,捣棒应贯穿整个深度,插

捣第二层和第三层时,捣棒应插透本层至下一层的表面。顶层装填应灌至高出筒口,插捣过程中,如混凝土沉落到低于筒口的位置,则应随时添加,顶层插捣完后,刮去多余的混凝土,并用抹刀抹平。

③清除筒边底板上的混凝土后,垂直平稳地提起坍落度筒,并应在 5 ~ 10 s 内完成,从开始装料到提起坍落度筒的整个过程应不间断地进行,并应在 150 s 内完成。

④提起坍落度筒后,将筒放在混凝土试体一旁,用钢直尺测量筒高与坍落后混凝土试体最高点之间的高度差,即为该混凝土拌合物的坍落度值,精确至 1 mm。

⑤提离坍落度筒后,如混凝土发生崩坍或一边剪坏现象,则应重新取样另行测定。如第二次试验仍出现上述现象,则表示该混凝土的和易性不好,应记录备查。

⑥当混凝土拌合物的坍落度大于 220 mm 时,用钢尺测量混凝土扩展后最终的最大直径和最小直径,在这两个直径之差小于 50 mm 的条件下,用其算术平均值作为坍落扩展度值,否则,此次试验无效。

(4)试验结果及评定

①坍落度小于等于 220 mm 时,混凝土拌合物和易性的评定:

稠度:以坍落度值表示,测量精确至 1 mm,结果表达修约至 5 mm。

黏聚性:用捣棒在已坍落的混凝土锥体侧面轻轻敲打,此时若锥体逐渐下沉,则表示黏聚性良好;若锥体倒塌、部分崩裂或出现离析现象,则表示黏聚性不好。

保水性:提起坍落度筒后如有较多的稀浆从锥体底部析出,锥体部分的拌合物也会因失浆而骨料外露,则表明此混凝土拌合物保水性不好;如提起坍落度筒后无稀浆或仅有少量稀浆从锥体底部析出,则表明此混凝土拌合物保水性良好。

②坍落度大于 220 mm 时,混凝土拌合物和易性的评定:

稠度:以坍落扩展度值表示,测量精确至 1 mm,结果表达修约至 5 mm。

抗离析性:提起坍落度筒后,如果混凝土拌合物在扩展的过程中,始终保持其均匀性,不论是扩展的中心还是边缘,粗骨料的分布都是均匀的,也无浆体从边缘析出,表明混凝土拌合物抗离析性良好;如果发现粗骨料在中央集堆或边缘有水泥浆析出,则表明混凝土拌合物抗离析性不好。

3. 维勃稠度法

本方法适用于集料最大粒径不大于 40 mm,维勃稠度在 5 ~ 30 s 的混凝土拌合物稠度的测定。

(1)试验原理

通过测定混凝土拌合物在振动作用下浆体布满圆盘所需要的时间,评定干硬性混凝土的流动性。

(2)仪器设备

①维勃稠度仪:振幅频率为(50 ± 3)Hz,装有空容器时台面的振幅为 0.5 ± 0.1,如图 3-2-6所示。

②秒表。

③其他与坍落度法相同。

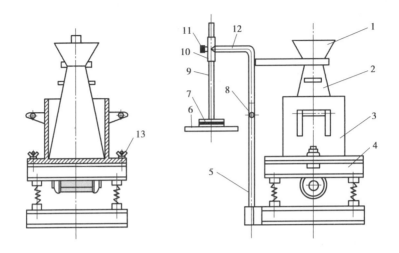

图 3-2-6　维勃稠度仪

1—喂料斗;2—坍落度筒;3—容器;4—振动台;5—支柱;6—透明圆盘;7—荷重块;
8—定位螺丝;9—测杆;10—套管;11—测杆螺丝;12—旋转架;13—固定螺丝

（3）试验步骤

①将维勃稠度仪放置在坚实水平的地面上,用湿布将容器、坍落度筒、喂料斗内壁及其他用具润湿。

②将喂料斗提到坍落度筒上方扣紧,校正容器位置,使其中心与喂料中心重合,然后拧紧固定螺丝。

③把混凝土拌合物试样用小铲分三层经喂料斗均匀地装入筒内,装料及插捣的方法同坍落度与坍落扩展度试验。

④把喂料斗转离坍落度筒,垂直地提起坍落度筒,此时应注意不使混凝土试体产生横向的扭动。

⑤把透明圆盘转到混凝土圆台体顶面,放松测杆螺丝降下圆盘,使其轻轻接触到混凝土顶面。

⑥拧紧定位螺丝,并检查测杆螺丝是否已经完全放松。

⑦开动振动台,同时用秒表计时,当振动到透明圆盘的底面被水泥浆布满时停止计时,并关闭振动台。

（4）试验结果及评定

由秒表读出的时间(s),即为该混凝土拌合物的维勃稠度值,精确至 1 s。如维勃稠度值小于 5 s 或大于 30 s,则此种混凝土所具有的稠度已超出本仪器的适用范围。

四、混凝土拌合物表观密度试验

1.试验目的

通过试验测定混凝土拌合物捣实后的表观密度,作为调整混凝土配合比提供依据。

2.仪器设备

①容量筒:金属制成的圆筒,两旁装有提手。上缘及内壁应光滑平整,顶面与底面应平行并与圆柱体的轴垂直。

对骨料最大粒径不大于 40 mm 的拌合物采用容积为 5 L 的容量筒,其内径与筒高均为

(186 ±2)mm,筒壁厚为 3 mm;骨料最大粒径大于 40 mm 时,容量筒的内径与筒高均应大于骨料最大粒径的 4 倍。

②振动台:频率为(50 ±3)Hz,空载振幅为(0.5 ±0.1)mm。

③台秤:称量 50 kg,感量 50 g。

④捣棒:端部应磨圆,直径 16 mm,长度 650 mm 的钢棒。

3. 试验步骤

①用湿布将容量筒内外擦净,称出容量筒质量 m_1,精确至 50 g。

②混凝土的装料及捣实方法应根据拌合物的稠度而定。当坍落度大于 70 mm 的混凝土,用捣棒捣实为宜;当坍落度不大于 70 mm 的混凝土,用振动台振实为宜。

采用捣棒捣实时,应根据容量筒的大小决定分层与插捣次数:用 5 L 容量筒时,分两层装入,每层插捣 25 次;用大于 5 L 的容量筒时,每层混凝土的高度不应大于 100 mm,每层插捣次数应按每 10 000 mm² 截面不小于 12 次计算。每层插捣应由外向中心均匀插捣,插捣底层时,捣棒应贯穿整个深度,插捣第二层时,捣棒应插透本层至下一层的表面;每一层插捣完后用橡皮锤轻轻沿容器外壁敲打 5 ~ 10 次,进行振实,直到拌合物表面插捣孔消失并不见大气泡为止。

采用振动台振实时,应一次将拌合物灌到高出容量筒口,装料时可用捣棒稍加插捣,振动过程中如混凝土沉落到低于筒口,则应随时添加混凝土,振动直至表面出浆为止。

③用刮刀刮平筒口,表面若有凹陷应填平。将容量筒外壁擦净,称出试样和容量筒总质量 m_2,精确至 50 g。

4. 结果计算与评定

混凝土拌合物的表观密度按下式计算,精确至 10 kg/m³:

$$\rho_h = \frac{m_2 - m_1}{V} \times 1\ 000 \tag{3-2-15}$$

式中　ρ_h——表观密度,kg/m³;

　　　m_1——容量筒的质量,kg;

　　　m_2——容量筒与试样总质量,kg;

　　　V——容量筒的体积,L。

五、普通混凝土立方体抗压强度试验

1. 试验目的

通过试验测定混凝土立方体抗压强度,确定和校核混凝土配合比,确定混凝土强度等级,并作为评定混凝土质量的主要依据。

2. 试验原理

将混凝土制成标准的立方体试件,经 28 d 标准养护后,测定抗压破坏荷载,计算抗压强度。

3. 仪器设备

①压力试验机:测量精度为 ±1%,试验时根据试件最大荷载选择压力机量程。使试件破坏时的荷载位于全量程的 20% ~ 80%。

②试模:由铸铁和钢制成,应具有足够的刚度并便于拆装。

③振动台:频率(50 ±3)Hz,空载时振幅约为 0.5 mm。

④捣棒:直径 16 mm,长度 650 mm,一端为弹头形。

⑤养护室:标准养护室温度应为(20±2)℃,相对湿度在 95% 以上。在没有标准养护室时,试件可在(20±2)℃的静水中养护,但应在报告中注明。

⑥其他:搅拌机、抹刀、抹布等。

4.试件制备

①普通混凝土立方体抗压强度测定,以三个试件为一组,每组试件所用的拌合物应从同一盘混凝土(或同一车混凝土)中取样或在试验室制备。

②混凝土试件的尺寸和形状:试件的尺寸应根据骨料的最大粒径按表 3-2-17 选定。

表 3-2-17　试件尺寸、插捣次数及强度换算系数

试件尺寸/mm	粗骨料最大粒径/mm		每层插捣次数	抗压强度换算系数
	立方体抗压强度试验	劈裂抗拉强度试验		
100 × 100 × 100	31.5	19.0	12	0.95
150 × 150 × 150	37.5	37.5	25	1.0
200 × 200 × 200	63.0	—	50	1.05

检测混凝土抗压强度和劈裂抗拉强度时,边长为 150 mm 的立方体试件是标准试件,边长为 100 mm 和 200 mm 的立方体试件是非标准试件。当施工涉外工程或必须用圆柱体试件来确定混凝土力学性能时,可采用 ϕ150 mm×300 mm 的圆柱体标准试件或 ϕ100 mm×200 mm 和 ϕ200 mm×400 mm 的圆柱体非标准试件。

③取样或试验室拌制的混凝土应在拌制后立即成型,一般不宜超过 15 min。成型前,应将混凝土拌合物用铁锹再来回拌和 3 次。

④制作试件前应检查试模尺寸,拧紧螺栓并清刷干净,在其内壁涂上一薄层脱模剂或矿物油。

⑤试件成型的方法应根据混凝土拌合物的稠度确定。当坍落度小于 70 mm 时,混凝土宜采用振动台振实;当坍落度大于 70 mm 时,混凝土宜用捣棒人工捣实。

a.采用振动台成型时,应将混凝土拌合物一次装入试模,装料时应用抹刀沿试模内壁略加插捣,并使混凝土拌合物高出试模表面,然后将试模移至振动台上,开动振动台振至混凝土拌合物表面出浆为止,振动时应防止试模在振动台上跳动。刮去多余的混凝土,用抹刀抹平。

b.采用人工插捣成型时,混凝土拌合物分两层装入试模,每层装料厚度大致相等,用捣棒按螺旋方向从边缘向中心均匀插捣,插捣底层时,捣棒应达到试模底面,插捣上层时,捣棒应穿入下层深度为 20~30 mm,插捣时捣棒应保持垂直,不得倾斜。每层插捣次数详见表 3-2-17。一般每 10 000 mm² 截面积内应不少于 12 次。用抹刀沿试模内壁插入数次,最后刮去多余的混凝土并抹平。

5.试件养护

①试件成型后应用不透水的薄膜覆盖表面,以防止水分蒸发。

②采用标准养护的试件,应在温度为(20±5)℃的条件下静置 1~2 d,然后编号拆模。拆模后应立即放入温度为(20±2)℃,湿度在 95% 以上的标准养护室进行养护,在标准养护

室内试件应放在支架上,彼此间隔为 10 ～ 20 mm,试件表面应保持潮湿,并避免被水直接冲淋。

③当无标准养护室时,混凝土试件可在温度为(20 ± 2)℃的不流动的 Ca(OH)₂ 饱和溶液中养护。

④标准养护龄期为 28 d(从搅拌加水开始计时),但也可按工程需要养护到所需的龄期。

6. 试验步骤

①试件从养护室取出后应尽快试验,以免试件内部温度和湿度发生变化。

②试验前应将试件表面与上下承压板面擦净,检查外观。测量其尺寸,精确至 1 mm,并计算出试件的受压面积。

③将试件安放在试验机的下承压板正中间,试件的承压面与成型面垂直。开动试验机,当上压板与试件接近时,调整球座,使其接触均匀。

④加荷时应连续而均匀,加荷速度为:

当混凝土强度等级 < C30 时,加荷速度取 0.3 ～ 0.5 MPa/s;

当混凝土强度等级 ≥ C30 且 < C60 时,加荷速度取 0.5 ～ 0.8 MPa/s;

当混凝土强度等级 ≥ C60,加荷速度取 0.8 ～ 1.0 MPa/s。

⑤当试件接近破坏而开始急剧变形时,应停止调整试验机油门,直至破坏,记录破坏荷载。

7. 结果计算与评定

混凝土立方体抗压强度按下式计算,精确至 0.1 MPa:

$$f_{cu} = \frac{P}{A} \qquad (3\text{-}2\text{-}16)$$

式中　P——试件破坏荷载,N;

　　　A——试件受压面积,mm²。

试验结果评定:

①以三个试件测值的算术平均值作为该组试件的抗压强度值。

②三个测值中最大值和最小值中若有一个与中间值的差值超过中间值的 15% 时,则把最大值及最小值一并舍去,取中间值作为该组试件的抗压强度值。

③若最大值和最小值与中间值的差值均超过中间值的 15%,则该组试件的试验结果无效。

若混凝土强度等级小于 C60 时,边长为 150 mm 的立方体试件是标准试件;其他尺寸的试件测定结果均应乘以表 3-2-17 中所规定的换算系数。当混凝土强度等级大于 C60 时,宜采用标准试件,采用非标准试件时,尺寸换算系数应由试验确定。

六、回弹法检测混凝土立方体抗压强度试验

1. 主要检测仪器及技术要求

主要检测仪器:回弹仪。

回弹法检测混凝土强度

技术要求:

①回弹仪可为数字式的,也可为指针直读式的。

②回弹仪除应符合现行国家标准《回弹仪》(GB/T 9138—2015)的规定外,尚应符合下

列规定：

a. 水平弹击时,在弹击锤脱钩瞬间,回弹仪的标称能量应为 2.207 J。

b. 在弹击锤与弹击杆碰撞的瞬间,弹击拉簧应处于自由状态,且弹击锤起跳点应位于指针指示刻度尺上的"0"处。

c. 在洛氏硬度 HRC 为 60 ±2 的钢砧上,回弹仪的率定值应为 80 ±2。

d. 数字式回弹仪应带有指针直读示值系统;数字显示的回弹值与指针直读示值相差不应超过 1。

③回弹仪使用时的环境温度应为 −4 ~ 40 ℃。

2. 检测技术

混凝土强度可按单个构件或按批量进行检测,并应符合下列规定:

(1)单个构件的检测

①对一般构件,测区数不宜少于 10 个。当受检构件数量大于 30 个且不需提供单个构件推定强度或受检构件某一方向尺寸不大于 4.5 m 且另一方向尺寸不大于 0.3 m 时,每个构件的测区数量可适当减少,但不应少于 5 个。

②相邻两测区的间距不应大于 2 m,测区离构件端部或施工缝边缘的距离不宜大于 0.5 m,且不宜小于 0.2 m。

③测区宜选在能使回弹仪处于水平方向的混凝土浇筑侧面。当不能满足这一要求时,也可选在使回弹仪处于非水平方向的混凝土浇筑表面或底面。

④测区宜布置在构件的两个对称的可测面上,当不能布置在对称的可测面上时,也可布置在同一可测面上,且应均匀分布。在构件的重要部位及薄弱部位应布置测区,并应避开预埋件。

⑤测区的面积不宜大于 0.04 m²。

⑥测区表面应为混凝土原浆面,并应清洁、平整,不应有疏松层、浮浆、油垢、涂层以及蜂窝、麻面。

⑦对于弹击时产生颤动的薄壁、小型构件,应进行固定。

(2)批量检测

对于混凝土生产工艺、强度等级相同,原材料、配合比、养护条件基本一致且龄期相近的一批同类构件的检测应采用批量检测。按批量进行检测时,应随机抽取构件,抽检数量不宜少于同批构件总数的 30% 且不宜少于 10 件。当检验批构件数量大于 30 个时,抽样构件数量可适当调整,并不得少于国家现行有关标准规定的最少抽样数量。

3. 回弹值测量

①测量回弹值时,回弹仪的轴线应始终垂直于混凝土检测面,并应缓慢施压、准确读数、快速复位。

②每一测区应读取 16 个回弹值,每一测点的回弹值读数应精确至 1。测点宜在测区范围内均匀分布,相邻两测点的净距离不宜小于 20 mm;测点距外露钢筋、预埋件的距离不宜小于 30 mm;测点不应在气孔或外露石子上,同一测点应只弹击一次。

4. 碳化深度值测量

回弹值测量完毕后,应在有代表性的测区上测量碳化深度值,测点数不应少于构件测区数的 30%,应取其平均值作为该构件每个测区的碳化深度值。当碳化深度值极差大于

2.0 mm时,应在每一测区分别测量碳化深度值。

碳化深度值的测量应符合下列规定:

①可采用工具在测区表面形成直径约 15 mm 的孔洞,其深度应大于混凝土的碳化深度。

②应清除孔洞中的粉末和碎屑,且不得用水擦洗。

③应采用浓度为 1% ~2% 的酚酞酒精溶液滴在孔洞内壁的边缘处,当已碳化与未碳化界线清晰时,应采用碳化深度测量仪测量已碳化与未碳化混凝土交界面到混凝土表面的垂直距离,并应测量 3 次,每次读数应精确至 0.25 mm。

④应取三次测量的平均值作为检测结果,并应精确至 0.5 mm。

5. 混凝土强度的计算

①构件的测区混凝土强度平均值应根据各测区的混凝土强度换算值计算。当测区数为 10 个及以上时,还应计算强度标准差。平均值及标准差应按下列公式计算:

$$m_{f_{cu}}^c = \frac{\sum_{i=1}^{n} f_{cu,i}^c}{n} \tag{3-2-17}$$

$$S_{f_{cu}}^c = \sqrt{\frac{\sum_{i=1}^{n} (f_{cu,i}^c)^2 - n(m_{f_{cu}}^c)^2}{n-1}} \tag{3-2-18}$$

式中　$m_{f_{cu}}^c$——构件测区混凝土强度换算值的平均值,MPa,精确至 0.1 MPa;

$f_{f_{cu,i}}^c$——对应于第 i 个芯样部位或同条件立方体试块测区回弹值和碳化深度值的混凝土强度换算值,MPa,精确至 0.1 MPa;

n——对于单个检测的构件,取该构件的测区数;对批量检测的构件,取所有被抽检构件测区数之和;

$S_{f_{cu}}^c$——结构或构件测区混凝土强度换算值的标准差,MPa,精确至 0.01 MPa。

②构件的现龄期混凝土强度推定值($f_{cu,e}$)应符合下列规定:

a. 当构件测区数少于 10 个时,应按下式计算:

$$f_{cu,e} = f_{cu,\,min}^c \tag{3-2-19}$$

式中　$f_{cu,\,min}^c$——构件中最小的测区混凝土强度换算值。

b. 当构件的测区强度值中出现小于 10.0 MPa 时,应按下式确定:

$$f_{cu,e} < 10.0 \text{ MPa} \tag{3-2-20}$$

c. 当构件测区数不少于 10 个时,应按下式计算:

$$f_{cu,e} = m_{f_{cu}}^c - 1.645 S_{f_{cu}}^c \tag{3-2-21}$$

d. 当批量检测时,应按下式计算:

$$f_{cu,e} = m_{f_{cu}}^c - k S_{f_{cu}}^c \tag{3-2-22}$$

式中　k——推定系数,宜取 1.645。当需要进行推定强度区间时,可按国家现行有关标准的规定取值。

注:构件的混凝土强度推定值是指相应于强度换算值总体分布中保证率不低于 95% 的构件中混凝土抗压强度值。

③对按批量检测的构件,当该批构件混凝土强度标准差出现下列情况之一时,该批构件应全部按单个构件检测:

a. 当该批构件混凝土强度平均值小于 25 MPa、$S_{f_{cu}}^c$ 大于 4.5 MPa 时。

b. 当该批构件混凝土强度平均值不小于 25 MPa 且不大于 60 MPa、$S_{f_{cu}}^c$ 大于 5.5 MPa 时。

工作页

一、信息、决策与计划

①目前适用的混凝土性能的检测标准?

答:_____

②拌制混凝土原使用砂的细度模数为 2.5,后改用细度模数为 2.1 的砂。改砂后原混凝土配方不变,发觉混凝土坍落度明显变小。请分析原因。

答:_____

③影响混凝土强度测试值的因素有哪些?

答:_____

二、任务实施

某建筑工程用混凝土的性能检测

某建筑工程根据设计要求拌制了 C30 水泥混凝土用于浇筑框架梁,请根据相关标准和规范进对该批次混凝土性能进行检测,记录数据并对数据进行分析。

1. 要求

①检测前制订检测计划。

②选择合适的仪器、设备并做好准备。

③试验方法、步骤按照标准并认真记录,做好个人防护。

④试验后能进行正确的分析评定。

2. 试验记录与数据分析(表 3-2-18)

表 3-2-18　水泥混凝土性能试验记录表

试样编号				试样来源			
试样名称				初拟用途			
水泥标号				水灰比			
设计强度				外加剂名称及用量			
仪器设备				养护情况		标养	
试验环境	温度/℃		湿度/%	检测依据			
混凝土拌合物和易性试验	编号	骨料最大粒径/mm	坍落度值	棍度	含砂情况	黏聚性	保水性	结论
	1							
	2							
	3							

续表

	编号	制备日期	试验日期	龄期/d	破坏荷载/kN	试件尺寸/mm	受压面积/m²	抗压强度 f_{cu}/k	换算后的抗压强度 f_{cu}/k	平均值
混凝土抗压强度试验	1									
	2									
	3									
	强度等级									

试验者_____ 计算者_____ 校核者_____ 试验日期_____

三、检查与评价

填写任务完成过程评价表(表 3-2-19)。

表 3-2-19 任务完成过程评价表

考核要点	评价关键点	分值/分	组内评价(30%)	小组互评(30%)	教师评价(40%)
测量前准备	现场调查	10			
	仪器准备和校准	10			
	测点选择准确(看检测计划)	10			
测量	正确测量	20			
	读数和记录	10			
	个人防护	10			
计算分析	公式正确	20			
	计算结果准确	10			
总得分		100			

四、思考与拓展

某建筑工程水泥混凝土力学性能检测

某道路施工工程根据设计要求需拌制 C50 的水泥混凝土用于预制梁、支座垫石、梁底预制垫块、垫石、抗震锚栓、预制空心板、封锚端、湿接缝。采用机械搅拌和振捣的方式施工。请根据标准规范检测混凝土力学性能。原材料如下:

①水泥:52.5R 普通硅酸盐水泥。

②细集料:河砂,细度模数:2.82。

③粗集料:9.5～19 mm 碎石占 55%,4.75～9.5 mm 碎石占 45%,组成 4.75～19 mm 连续级配碎石。

④水:当地饮用水。

⑤减水剂:WDN-7 减水剂。

要求:

①检测前制订检测计划。

②选择合适的仪器、设备并做好准备。

③按照《普通混凝土拌合物性能试验方法标准》(GB/T 50080—2016)、《混凝土物理力学性能试验方法标准》(GB/T 50081—2019)、《混凝土强度检验评定标准》(GB/T 50107—2010)规定的方法对该道路施工工程用水泥混凝土进行力学性能检测,做好个体防护。记录数据,并对数据进行计算、分析。

④进行混凝土力学性能的分析评定。

项目三　建筑钢材性能检测

🔍 学习目标

知识目标：
1. 了解钢材的力学性能、工艺性能以及钢材的化学成分对钢材性能的影响。
2. 掌握钢筋力学性能试验方法。

技能目标：
1. 能按照试验规程，正确使用试验仪器、设备，独立完成钢筋力学性能指标的检测。
2. 能根据试验检测数据，对比相关标准，判断钢筋的技术等级。

素养目标：
1. 精益求精，注重细节，严格按照检测标准完成检测工作。
2. 耐心，专注，坚持。

任　务　钢筋力学性能检测

■ 任务背景

近年来，城市基础设施建设投资快速增长，同时也出现了许多建筑工程质量安全问题，建筑工程质量会影响社会稳定和人民生命健康，钢筋作为建筑工程施工中最为核心的材料之一，如何保障其质量合格，是必须解决的问题。

根据《金属材料拉伸试验　第1部分：室温试验方法》（GB/T 228.1—2021）、《金属材料弯曲试验方法》（GB/T 232—2010）、《钢筋混凝土用钢　第1部分：热轧光圆钢筋》（GB 1499.1—2017）、《钢筋混凝土用钢　第2部分：热轧带肋钢筋》（GB/T 1499.2—2018）、《混凝土结构工程施工质量验收规范》（GB 50204—2015）等标准规定，对建筑钢材进行检测及评定。

■ 任务描述

❓ 某建筑工地钢筋的检测

某建筑工地根据施工需要采购了一批建筑钢材用于结构工程中，请根据相关标准和规范进行验收和检测。

问题：
①如何对钢材进行取样？
②如何对钢材进行拉伸性能的检测？
③如何对钢材进行冷弯性能的检测？

任务分析

知识与技能要求:

知识点:取样部位、取样步骤、取样量,钢材力学性能检验方法的原理。

技能点:按照相关标准和规定进行取样;正确测定钢材性能并分析测定结果,整理试验数据及分析评定。

任务知识技能点链接

一、术语

1. **标距**(gauge length)

测量伸长用的试样圆柱或棱柱部分的长度 L。

2. **原始标距**(original gauge length)

室温下施力前的试样标距 L_0。

3. **断后标距**(final gauge length after fracture)

在室温下将断后的两部分试样紧密地对接在一起,保证两部分的轴线位于同一条直线上,测量试样断裂后的标距 L_u。

4. **伸长**(elongation)

试验期间任一时刻原始标距的增量。

5. **伸长率**(percentage elongation)

原始标距的伸长与原始标距 L_0 之比的百分率。

6. **断后伸长率**(percentage elongation after fracture)

断后标距的残余伸长($L_u - L_0$)与原始标距(L_0)之比的百分率 A。

7. **抗拉强度**(tensile strength)

相应最大力 F_m 对应的应力 R_m。

8. **屈服强度**(yield strength)

当金属材料呈现屈服现象时,在试验期间达到塑性变形发生而力不增加的应力点。应区分上屈服强度和下屈服强度。

9. **热轧光圆钢筋**(hot rolled plain bars)

经热轧成型,横截面通常为圆形,表面光滑的成品钢筋。

10. **特征值**(characteristic value)

在无限多次的检验中,与某一规定概率所对应的分位值。

11. **普通热轧钢筋**(hot rolled bars)

按热轧状态交货的钢筋。

12. **带肋钢筋**(ribbed bars)

横截面通常为圆形,且表面带肋的混凝土结构用钢材。

13. **月牙肋钢筋**(crescent ribbed bars)

横肋的纵截面呈月牙形,且与纵肋不相交的钢筋。

14. **公称直径**(nominal diameter)

与钢筋的公称横截面积相等的圆的直径。

二、一般规定

1. 主控项目

钢材的技术指标检测,应根据《混凝土结构工程施工质量验收规范》(GB 50204—2015)规定,再根据相关规程标准进行试验。

(1)钢筋进场检测

钢筋进场时,应按国家现行相关标准的规定抽取试件作屈服强度、抗拉强度、伸长率、弯曲性能和质量偏差检验,检验结果应符合相应标准的规定。

检查数量:按进场批次和产品的抽样检验方案确定。

检验方法:检查质量证明文件和抽样检验报告。

(2)成型钢筋进场检测

成型钢筋进场时,应抽取试件作屈服强度、抗拉强度、伸长率和质量偏差检验,检验结果应符合国家现行有关标准的规定。

对由热轧钢筋制成的成型钢筋,当有施工单位或监理单位的代表驻厂监督生产过程,并提供原材钢筋力学性能第三方检验报告时,可仅进行质量偏差检验。

检查数量:同一厂家、同一类型、同一钢筋来源的成型钢筋,不超过 30 t 为一批,每批中每种钢筋牌号、规格均应至少抽取 1 个钢筋试件,总数不应少于 3 个。

检验方法:检查质量证明文件和抽样检验报告。

(3)普通钢筋检测

对按一、二、三级抗震等级设计的框架和斜撑构件(含梯段)中的纵向受力普通钢筋应采用 HRB335E、HRB400E、HRB500E、HRBF335E、HRBF400E 或 HRBF500E 钢筋,其强度和最大力下总伸长率的实测值应符合下列规定:

①抗拉强度实测值与屈服强度实测值的比值不应小于 1.25。

②屈服强度实测值与屈服强度标准值的比值不应大于 1.30。

③最大力下总伸长率不应小于 9%。

检查数量:按进场的批次和产品的抽样检验方案确定。

检验方法:检查抽样检验报告。

2. 检验批的确定

(1)热轧光圆钢筋、余热处理钢筋

热轧光圆钢筋、余热处理钢筋每批由质量不大于 60 t 的同一牌号、同一炉罐号、同一规格、同一交货状态的钢筋组成。

(2)热轧带肋钢筋、低碳钢热轧圆盘条

热轧带肋钢筋、低碳钢热轧圆盘条每批由质量不大于 60 t 的同一级别、同一炉罐号、同一规格的钢筋组成。

(3)碳素结构钢

碳素结构钢每批由质量不大于 60 t 的同一级别、同一炉罐号、同一品种、同一尺寸、同一交货状态的钢筋组成。

(4)冷轧带肋钢筋

冷轧带肋钢筋每批由质量不大于 60 t 的同一级别、同一外形、同一规格、同一生产工艺、同一交货状态的钢筋组成。

3. 取样方法

在切取试样时,应将钢筋端头的500 mm截去后再取样,圆盘条钢筋应在同盘两端截去,然后截取约200 mm + 5 d 和200 mm + 10 d 长的钢筋各1根(d 为钢筋直径)。重复同样的方法在另一根钢筋截取相同的数量,组成一组试件。其中,两根长的做拉伸试验,两根短的做冷弯检测。

每批钢筋的检验项目、取样方法和取样数量见表3-3-1。

表 3-3-1　钢筋的检验项目、取样方法和取样数量

序号	钢筋种类	取样方法	检验项目和取样数量	试验方法
1	直条钢筋	任选两根钢筋截取	2 根拉伸 2 根弯曲	GB/T 228—2010 GB/T 232—2010
2	盘条钢筋	同盘两端截取	1 根拉伸 2 根弯曲	
3	冷轧带肋钢筋 CRB550	逐盘或逐捆两端截取	1 根拉伸 2 根弯曲	
	冷轧带肋钢筋 CRB650 及以上	逐盘或逐捆两端截取	1 根拉伸 2 根反复弯曲	

4. 试验环境

试验应在10~35 ℃室温下进行。对温度要求严格的试验,试验温度在(23 ±5)℃进行。

三、试验原理

1. 钢筋拉伸试验

试验系用拉力拉伸试样,一般拉至断裂,测定钢筋的一项或几项力学性能。除非另有规定,试验应在10~35 ℃的室温进行。对于室温不满足要求的实验室,应评估此类环境条件下运行的试验机对试验结果和/或校准数据的影响。当试验和校准活动超过10~35 ℃的要求时,应记录和报告温度。如果在试验和/或校准过程中存在较大温度梯度,测量不确定度可能上升以及可能出现超差情况。对温度要求严格的试验,试验温度应为23 ±5 ℃。

2. 钢筋的冷弯试验

弯曲试验是试样在弯曲装置上经受弯曲塑性变形,不改变加力方向,直到达到规定的弯曲角度。

弯曲试验时,试样两臂的轴线保持在垂直于弯曲轴的平面内。如为弯曲180°角的弯曲试验,按照相关产品标准的要求,可以将试样弯曲至两臂直接接触或两臂相互平行且相距规定距离。

四、钢筋拉伸试验(GB/T 228.1—2021)

1. 试验目的

通过拉伸试验,测定钢筋的屈服强度、抗拉强度、伸长率,注意观察拉力与变形之间的关系。为评定钢筋的质量和确定钢筋的强度等级提供依据。

2. 仪器设备

①试验机:实验机的测力系统应满足《金属材料 静力单轴试验机的检验与校准 第 1 部分:拉力和(或)压力试验机 测力系统的检验与校准》(GB/T 16825.1—2022)的要求,并按照《拉力、压力和万能试验机检定规程》(JJG 139—2014)、《电子式万能试验机检定规程》(JJG 475—2008)或《电液伺服万能试验机》(JJG 1063—2010)进行校准,并且其准确度应为

1级或优于1级。

②引伸计:引伸计的准确度级别应符合《金属材料 单轴试验用引伸计系统的标定》(GB/T 12160—2019)的要求并按照《引伸计检定规程》(JJG 762—2007)进行校准。

③游标卡尺:精确度为0.1 mm。

④钢直尺。

3.试验前的准备

(1)核实试样

确认试样的外观质量、规格、品种、数量和检验项目。

(2)试样制备

对试样进行机加工。试样平行长度和夹持头部之间应以过渡弧连接,过渡弧半径应不小于0.75 d。平行长度 L_c 的直径 d 一般不应小于3 mm。平行长度应不小于($L_0 + d/2$)。机加工试样形状和尺寸(图3-3-1)。

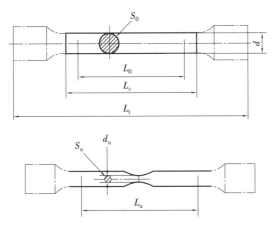

图3-3-1　机加工比例试样

直径 $d \geqslant 4mm$ 的钢筋试样可不进行机加工,根据钢筋直径 d 确定试样的原始标距 L_0,一般取 $L_0 = 5d$ 或 $L_0 = 10d$。试样原始标距 L_0 的标记与最接近夹头间的距离不小于1.5 d。可在平行长度方向标记一系列套叠的原始标距,不经机加工试样形状与尺寸(图3-3-2)。

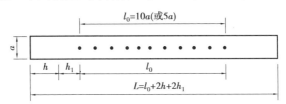

图3-3-2　不经机加工试样

(3)测量原始标距长度 L_0

测量原始标距长度 L_0,精确至 ±0.5%。

试样原始标距应用小标记、细墨线标记,但不得用引起过早断裂的缺口作标记。

(4)原始横截面积(S_0)的测定

应根据测量的原始试样尺寸计算原始横截面积,测量每个尺寸应精确至 ±0.5%。

①对于圆形横截面试样,应在标距的两端及中间三处两个相互垂直的方向测量直径 d,

取其算术平均值,取用三处测得的最小横截面积,按下式计算:

$$S_0 = \frac{1}{4}\pi d^2 \tag{3-3-1}$$

式中　S_0——原始横截面积,mm^2;

　　　π——圆周率,为 3.14;

　　　d——试样的直径,mm。

②对于矩形横截面试样,应在标距的两端及中间 3 处测量宽度和厚度,取用 3 处测得的最小横截面积,按下式计算:

$$S_0 = a \times b \tag{3-3-2}$$

式中　S_0——原始横截面积,mm^2;

　　　a——试样厚度,mm;

　　　b——试样宽度,mm。

③对于恒定横截面试样,可根据测量的试样长度、试样质量和材料密度确定其原始横截面积。试样长度的测量应准确至 ±0.5%,试样质量的测定应准确到 ±0.5%,宽度应至少取 3 位有效数字。原始横截面积按下式计算:

$$S_0 = \frac{m}{\rho L_t} \times 1\,000 \tag{3-3-3}$$

式中　S_0——原始横截面积,mm^2;

　　　m——试样质量,g;

　　　ρ——钢筋的密度,g/cm^3;

　　　L_t——试样总长度,mm。

计算结果至少保留四位有效数字,所需位数以后的数字按"四舍六入五单双法"处理。

注意:四舍六入五单双法:四舍六入五考虑,五后非零应进一,五后皆零视奇偶,五前为偶应舍去,五前为奇则进一。

4. 试验步骤

①检查调整好试验设备,使试验机处于启动工作状态。

②将试样固定在试验机夹头内,确保试样受拉时对中。

③启动试验机,按应变速率不应超过 0.008/s 的加荷速度进行加荷。

④在加荷拉伸过程中,当试样发生屈服,首次下降前的最大力值就是上屈服荷载,当试验机测力盘指针停止转动时的恒定荷载即为屈服荷载,并记录屈服荷载。

⑤试样继续加荷直至拉断,记录最大荷载。

⑥将拉断的试件在断裂处对齐,并保持在同一轴线上,用游标卡尺测量试件断后标距,精确至 ±0.25%。

5. 试验结果计算

(1)钢筋上屈服强度 R_{eH}、下屈服强度 R_{eL} 与抗拉强度 R_m

①直接读数方法:

使用自动装置测定钢筋上屈服强度 R_{eH}、下屈服强度 R_{eL} 与抗拉强度 R_m,单位为 MPa。

②指针方法:

试验时,读取测力盘指针首次回转前指示的最大力和不计初始瞬时效应时屈服阶段中指示的最小力或首次停止转动指示的恒定力。同时读取测力盘上的最大力。将其分别除以试样的原始横截面面积 S_0 得到上屈服强度 R_{eH}、下屈服强度 R_{eL}、抗拉强度 R_m。

试件的上屈服强度按下式计算：

$$R_{eH} = \frac{F_{eH}}{S_0} \qquad\qquad (3\text{-}3\text{-}4)$$

式中　R_{eH}——上屈服强度，MPa；

$\quad\quad\ F_{eH}$——上屈服荷载，N；

$\quad\quad\ S_0$——原始横截面积，mm^2。

计算结果至少保留四位有效数字，所需位数以后的数字按"四舍六入五单双法"处理。

试件的下屈服强度按下式计算：

$$R_{eL} = \frac{F_{eL}}{S_0} \qquad\qquad (3\text{-}3\text{-}5)$$

式中　R_{eL}——下屈服强度，MPa；

$\quad\quad\ F_{eL}$——下屈服荷载，N；

$\quad\quad\ S_0$——原始横截面积，mm^2。

计算结果至少保留四位有效数字，所需位数以后的数字按"四舍六入五单双法"处理。

试件的抗拉强度按下式计算：

$$R_m = \frac{F_m}{S_0} \qquad\qquad (3\text{-}3\text{-}6)$$

式中　R_m——抗拉强度，MPa；

$\quad\quad\ F_m$——最大荷载，N；

$\quad\quad\ S_0$——原始横截面积，mm^2。

计算结果至少保留四位有效数字，所需位数以后的数字按"四舍六入五单双法"处理。

（2）计算断后伸长率

①若试样断裂处与最接近的标距标记的距离不小于 $L_0/3$ 时，或断后测得的伸长率大于或等于规定值时，按下式计算：

$$A = \frac{L_u - L_0}{L_0} \times 100\% \qquad\qquad (3\text{-}3\text{-}7)$$

式中　A——断后伸长率，%；

$\quad\quad\ L_u$——试样断后标距，mm；

$\quad\quad\ L_0$——试样原始标距，mm。

②若试样断裂处与最接近的标距标记的距离小于 $L_0/3$ 时，可用移位法测定断后伸长率，方法如下：

试验前，将原始标距 L_0 细分为 N 等分。

试验后，以符号 X 表示断裂后试样短段的标距标记，以符号 Y 表示断裂试样长段的等分标记，此标记与断裂处的距离最接近于断裂处至标距标记 X 的距离。

如 X 与 Y 之间的分格数为 n，则断后伸长率计算如下：

当 $N - n$ 为偶数，如图 3-3-3（a）所示，测量 X 与 Y 之间的距离和测量从 Y 至距离为 $(N - n)/2$ 个分格的 Z 标记之间的距离。按下式计算断后伸长率：

$$A = \frac{XY + 2YZ - L_0}{L_0} \times 100\%$$ 　　(3-3-8)

当 $N - n$ 为奇数,如图 3-3-3(b)所示,测量 X 与 Y 之间的距离和测量从 Y 至距离分别为 $(N-n-1)/2$ 和 $(N-n+1)/2$ 个分格的 Z' 和 Z'' 标记之间的距离。按下式计算断后伸长率:

$$A = \frac{XY + YZ' + YZ'' - L_0}{L_0} \times 100\%$$ 　　(3-3-9)

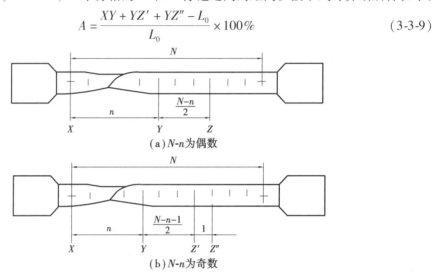

(a) $N-n$ 为偶数

(b) $N-n$ 为奇数

图 3-3-3　位移法的图示说明

(试样头部形状仅为示意性)

6. 试验结果评定

①试验出现下列情况之一其试验结果无效,应重做同样数量试样的试验:试样断在标距外或断在机械刻画的标距标记上,而且断后伸长率小于规定最小值;试验期间设备发生故障,影响了试验结果。

②试样出现缺陷的情况:试验后试样出现两个或两个以上的缩颈以及显示出肉眼可见的冶金缺陷(如分层、气泡、夹渣、缩孔等),应在试验记录和报告中注明。

五、钢筋的冷弯试验(GB/T 232—2010)

1. 试验目的

检验钢筋承受规定弯曲程度的弯曲塑性变形能力,从而评定钢筋的工艺性能。

2. 仪器设备

①万能材料试验机。

②弯曲装置:

试验时任选一种弯曲装置完成试验,其中有:

a. 支辊式弯曲装置(图 3-3-4)。这里以支辊式弯曲装置为例介绍弯曲试验的有关规定:支辊长度和弯曲压头的宽度应大于试样宽度或直径。弯曲压头的直径由产品标准规定。支辊和弯曲压头应有具足够的硬度。支辊间距离应能调节并在试验过程中保持不变。

除非另有规定,支辊间距离应按下式确定:

$$L = (D + 3a) \pm 0.5a$$ 　　(3-3-10)

b. V 形模具式弯曲装置。

c. 虎钳式弯曲装置。

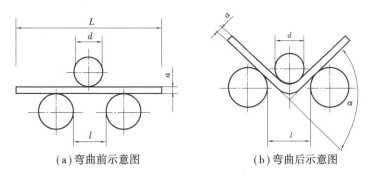

（a）弯曲前示意图　　　　（b）弯曲后示意图

图 3-3-4　支辊式弯曲装置

3.试样制备

（1）试样表面

试样表面不得有划痕和损伤。试样应尽可能是平直的,必要时应对试样进行矫直。

（2）试样机加工

试样应通过机加工去除剪切或火焰切割等形成的影响材料性能的区域。

（3）试样的直径

试样直径应按照相关产品标准的要求,如未具体规定,应按以下要求:

①若钢筋直径小于 30 mm 时,无须加工,直接进行试验。

②若钢筋直径大于 30 mm 但不大于 50 mm 时,可以将其机加工成直径不小于 25 mm 的试件。

③若钢筋直径大于 50 mm 时,应机加工成直径不小于 25 mm 的试件。

④加工时应保留一侧原表面,弯曲时,原表面应位于弯曲的外侧。

（4）试样长度

应根据试样直径和所使用的试验设备确定。采用支辊式弯曲装置时,可按照下式确定:

$$L = 0.5\pi(d + a) + 140 \tag{3-3-11}$$

式中　π——圆周率,其值取 3.1;

$\quad\quad d$——弯心直径,mm;

$\quad\quad a$——试样直径,mm。

4.试验步骤

（1）选择弯心直径或弯曲角度

根据钢材等级选择弯心直径 d 或弯曲角度 α。

（2）试样弯曲至规定弯曲角度的试验

①根据试样直径选择压头和调整支辊间距,将试样放于两支辊上,试样轴线应与弯曲压头轴线垂直,如图 3-3-4（a）所示。

②启动试验机加荷,弯曲压头在两支座之间的中点处对试样连续施加力使其弯曲,直至达到规定的弯曲角度,如图 3-3-4（b）所示。

（3）试样弯曲至 180°角两臂相距规定距离且相互平行的试验

①首先对试样进行初步弯曲（弯曲角度应尽可能大）,如图 3-3-5 所示。

②然后将试样置于两平行压板之间,如图 3-3-6（a）所示。启动试验机加荷,连续施加力压其两端使其进一步弯曲,直至两臂平行,如图 3-3-6（b）、图 3-3-6（c）所示。试验时可以加

或不加垫块,除非产品标准另有规定,垫块厚度等于规定的弯曲压头直径。

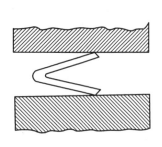

图 3-3-5　试样置于两平行压板之间

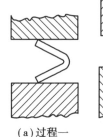 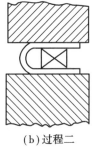 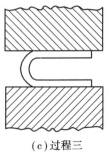

（a）过程一　　　　（b）过程二　　　　（c）过程三

图 3-3-6　试样弯曲至两臂平行

（4）试样弯曲至两臂直接接触的试验

①首先将试样进行初步弯曲（弯曲角度应尽可能大），如图 3-3-7 所示。

②然后将其置于两平行压板之间,启动试验机加荷,连续施加力压其两端使其进一步弯曲,直至两臂直接接触,如图 3-3-6 所示。

5. 结果评定

应按照相关产品标准评定弯曲试验结果。如未规定具体要求,弯曲试验后试样弯曲外表面无肉眼可见裂纹,即评定冷弯检测合格,否则为不合格。

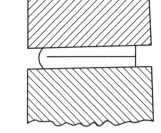

图 3-3-7　试样弯曲至两臂直接接触

以相关产品标准规定的弯曲角度认作最小值,若规定弯曲压头直径,以规定的弯曲直径认作最大值。

工作页

钢筋试验虚拟仿真

一、信息、决策与计划

①目前适用的钢筋的检测标准?

答:_____

②如何对钢材进行取样?

答:_____

③如何计算钢筋的屈服强度?

答:_____

④如何计算钢筋的抗拉强度?

答:_____

⑤如何计算钢筋的伸长率?

答:_____

⑥如何判断钢筋的屈强比是否合理?

答:_____

⑦如何对钢材进行冷弯性能的检测?

答:_____

二、任务实施

某建筑工地钢筋的检测

某建筑工地根据施工需要采购了一批建筑钢材用于结构工程中,请根据相关标准和规范进行验收和检测。

①检测前制订检测计划。

②选择合适的仪器、设备并做好准备,做好个人防护。

③进行钢筋拉伸试验,试验方法、步骤按照标准并认真记录,填写表3-3-2。

④进行钢筋冷弯试验,试验方法、步骤按照标准并认真记录,填写表3-3-2。

⑤进行钢筋检测结果评定,填写表3-3-2。

表 3-3-2　钢筋拉伸、弯曲试验记录表

承包单位：　　　　　　　　　　　　　　　　　　合同号：
监理单位：　　　　　　　　　　　　　　　　　　编　　号：

委托单位名称			试验单位			
委托单编号			试验规程			
试验完成日期			试验人签字			
主管签字			复核人签字			
试样名称						
试样编号						
试样尺寸	直径/mm					
	长度/mm					
	质量/g					
	截面积/mm²					
	标距/mm					
拉伸荷载/kN	屈服					
	极限					
强度/MPa	屈服点					
	拉伸强度					
伸长率	断后标距					
	伸长率/%					
冷弯	弯心直径					
	弯曲角度					
	结果					
反复冷弯	弯曲半径/mm					
	弯曲次数					
断口形式						
结论：						

技术负责人：　　　　　　　　　　　　　　试验监理工程师：

三、检查与评价

填写任务完成过程评价表(表3-3-3)。

表3-3-3　任务完成过程评价表

考核要点	评价关键点	分值/分	组内评价(30%)	小组互评(30%)	教师评价(40%)
测量前准备	现场调查	10			
	仪器准备和校准	10			
	试样选择准确(看检测计划)	10			
测量	正确测量	20			
	读数和记录	10			
	个人防护	10			
计算分析	公式正确	20			
	计算结果准确	10			
总得分		100			

四、思考与拓展

某道路施工工程钢筋性能检测

某道路施工工程根据施工需要采购了一批钢筋用于结构工程中,请根据相关标准和规范进行验收和检测。

要求:

①检测前制订检测计划。

②选择合适的仪器、设备并做好准备。

③按照《金属材料拉伸试验方法》(GB/T 228.1—2021)、《金属弯曲试验方法》(GB/T 232—2010)、《钢筋混凝土用钢 第1部分:热轧光圆钢筋》(GB/T 1499.1—2017)、《钢筋混凝土用钢 第2部分:热轧带肋钢筋》(GB/T 1499.2—2018)、《混凝土结构工程施工质量验收规范》(GB 50204—2015)等标准规定的方法对该道路施工工程用钢筋进行力学性能检测,做好个体防护。记录数据,并对数据进行计算、分析。

④试验后能进行正确的分析评定。

模块四　化工安全检测监控

上到载人航天,下到百姓生活,从国防到民生,从潜海、航空到衣食住行,化学工业与经济社会发展及人类生产生活息息相关,化工行业已成为拉动经济增长的中坚力量。人们在享受化工行业发展带来的便利的同时,却也不得不面对化工事故带来的伤害。只有掌握了化工行业的安全检测监控技术,才能对化工作业环境中的危险因素及时察觉,有效地预防安全事故的发生。

"模块四　化工安全检测监控"主要对接化工企业生产安全管理人员的工作岗位要求和"注册安全工程师考试大纲"中危险化学品安全技术要求。"项目一　气体检测与监控系统设置"对接"职业院校职业卫生检测与个人防护技能竞赛"中密闭空间气体检测要求。

化工安全检测监控技术——

危险监测,防患未然

模块框图:

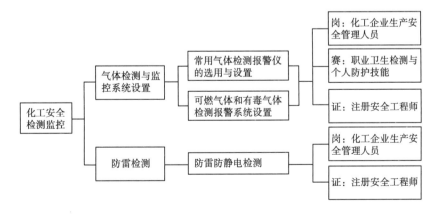

项目一 气体检测与监控系统设置

学习目标

知识目标：

1. 了解气体检测报警仪的用途。

2. 熟悉气体检测报警仪的分类。

3. 掌握气体检测报警仪选用原则。

4. 了解可燃气体和有毒气体检测报警系统的各组成部分和功能。

5. 熟悉生产设施、储运设施和其他有可燃气体、有毒气体的扩散与积聚场所检测点的布置要求。

6. 掌握可燃气体和有毒气体检测报警系统安装要求。

技能目标：

1. 具备根据现场实际情况合理选择气体检测报警仪的能力。

2. 会正确设定气体检测报警仪的报警值。

3. 具备根据现场实际情况确定检测点的能力。

4. 会根据现场实际情况正确进行可燃气体和有毒气体检测报警系统安装设计。

素养目标：

1. 具备良好的资料收集和文献检索的能力。

2. 具备良好的协调与沟通能力。

3. 具备良好的结果计算和分析能力。

4. 养成积极主动参与工作，能吃苦耐劳，崇尚劳动光荣的精神。

5. 具备精准施测、居安思危，助力实现智慧企业、本质安全的责任和担当。

任务一　常用气体检测报警仪的选用与设置

任务背景

由于化工企业的原料、辅助材料、中间产品、产品、副产品及废弃物很多具有易燃、易爆、有毒的性质；化工生产、储存和输送等工艺过程，许多都是处于加温（或低温）、加压（或负压）、催化、化学反应等危险状态条件下，容易挥发出易燃、易爆、有毒的气体。火灾、爆炸和中毒窒息事故是化工行业中最普遍和危害后果最严重的事故类型，因此对化工厂生产过程中易燃、易爆、有毒气体的安全检测与监控具有非同寻常的意义，会正确合理选用气体检测报警仪是检测人员一项基础且重要的技能。

任务描述

❓ 进入受限空间气体检测报警仪的选择

某化工厂发生较大中毒事故,造成4人死亡。

事故经过简述:某月某日,王某发现泵操作井中管道堵塞,便安排李某去异丙醇输送泵泵池(长约5 m,宽约1.5 m,深约2.6 m)查看,李某下操作井后中毒晕倒,随后现场另3名工人在未检测有害气体浓度,未佩戴个体防护用品的情况下进行施救,也倒在泵池内。此时王某赶到现场,阻止其他人继续下去救援,在对泵池通风后救出4人,送往医院抢救无效,4人死亡。

直接原因:异丙醇溶剂泄漏到泵池内,其中溶解副产物硫化氢、氰化氢气体逸出,聚集在泵池内,技术人员李某未经过进入受限空间审批、未做任何气体检测进入池内造成中毒,其余3人未佩戴防护用品盲目施救,造成伤亡扩大。

问题:

①进入泵池,请问应选用哪种气体检测报警仪?

②该如何设定气体检测报警仪的报警值?

任务分析

知识与技能要求:

知识点:气体检测报警仪的用途、分类和选用原则。

技能点:具备根据现场实际情况合理选择气体检测报警仪的能力,会正确设定气体检测报警仪的报警值。

任务知识技能点链接

一、气体检测报警仪的用途

气体检测报警仪在化工行业主要是用来检测化学品作业场所或设备内部空气中氧气浓度、可燃或有毒气体和蒸气含量并实现超限报警的仪器设备。

气体检测报警仪及用途

危险化学品场所有害气体检测,主要有以下几种情况:

①泄漏检测。设备管道有害气体或液体(蒸气)场所泄漏检测报警,设备管道运行检漏。

②检修检测。设备检修置换后检测残留有害气体或液体(蒸气),特别是动火作业前检测尤为重要。

③应急检测。生产现场出现异常情况或者处理事故时。

④进入检测。工作人员进入有害物质隔离操作间,进入危险场所的下水沟、电缆沟或设备内操作时。

⑤巡回检测。在进行安全卫生检查时,要检测有害气体或蒸汽浓度。

二、气体检测报警仪的分类

1. 按使用方法分类

（1）便携式气体检测报警仪

仪器将传感器、测量电路、显示器、报警器、充电电池、抽气泵等组装在一个壳体内，成为一体式仪器，小巧轻便，便于携带，可随时随地进行检测。如图4-1-1（a）所示是一款手提式复合气体分析仪，可同时实现最多18种气体同时检测；如图4-1-1（b）所示是一款更为小巧轻便的便携式硫化氢检测仪。

（a）手提式复合气体分析仪　　（b）便携式硫化氢检测仪

图4-1-1　便携式气体检测报警仪

（2）固定式气体检测报警仪

这类仪器固定在现场，连续自动检测相应有害气体（蒸气），实现有害气体超限自动报警，有的还可自动控制排风机等。固定式气体检测报警仪分为一体式和分体式两种，如图4-1-2所示。一体式的固定式气体检测报警仪与便携式仪器功能一样，区别是安装在现场，220 V交流供电，多为扩散式采样。分体式的固定式气体检测报警仪的传感器和信号变送装置组装在一个防爆壳体内，俗称探头，安装在现场（危险场所）；数据处理、二次显示、报警控制和电源，组装成控制器，俗称二次仪表，安装在控制室（安全场所）。探头主要是扩散式采样检测，二次仪表主要实现显示报警功能。

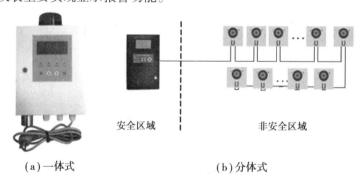

安全区域　　　　　　　　非安全区域

（a）一体式　　　　　　　　（b）分体式

图4-1-2　固定式气体检测报警仪

2. 按被探测对象分类

（1）可燃气体检测报警仪

可燃气体检测报警仪是对单一或多种可燃气体浓度响应的探测器，经常用在化工厂、石油炼厂、燃气站、钢铁厂等气体泄漏危险性较高的地方。在生产或使用可燃气体的生产设施及储运设施的区域内，泄漏气体中可燃气体浓度可能达到报警设定值时，应设置可燃气体探测器。

（2）有毒气体检测报警仪

化工企业生产过程中急性中毒事故时有发生，许多作业场所有毒气体浓度大大超过国家规定标准，严重威胁作业人员的生命安全和身体健康。有毒气体检测报警仪用于检测、分析作业场所空气中有毒有害气体的组分及浓度。

（3）氧气检测报警仪

在化工行业中，氧气的检测是很有必要的，正常环境中的氧气浓度是 20.9% VOL（体积分数），氧气过高或过低对人体都是有害的。当氧气浓度过高时，不仅会影响人的安全，发生燃烧或者爆炸的风险也会增加，不同氧气浓度对人身体的影响见表 4-1-1。在生产过程中可能导致环境氧气浓度变化，出现欠氧、过氧的有人员进入活动的场所，应设置氧气探测器。

表 4-1-1　不同氧气浓度对人身体的影响

氧气浓度（% VOL）	征兆（大气压力下）
100%	6 min 可致命（绝对密闭环境，如高压氧舱或深水）
50%	6 min 可致命，4～5 min 经治疗可恢复（绝对密闭环境，如高压氧舱）
>23.5%	富氧
20.9%	氧气浓度正常
19.5%	氧气最小允许浓度
15%～19%	降低工作效率，并可导致头部、肺部和循环系统问题
10%～12%	呼吸急促，判断力丧失，嘴唇发紫
8%～10%	智力丧失，昏厥，无意识，脸色苍白，嘴唇发紫，恶心呕吐
6%～8%	4～5 min 经治疗可恢复，6 min 后 50% 致命，8 min 后 100% 致命
4%～6%	40 s 内抽搐，呼吸停止，死亡

3. 传感器原理分类

气体检测仪的关键部件是气体传感器。气体传感器从原理上可以分为三大类：

①利用物理化学性质的气体传感器：如半导体型、催化燃烧型、固体热导型等。

②利用物理性质的气体传感器：如热传导型、光干涉型、红外吸收型等。

③利用电化学性质的气体传感器：如定电位电解型、迦伐尼电池型、隔膜离子电极型、固定电解质型等。

仪器的检测原理要适应检测对象和检测环境的要求，常用气体检（探）测器的技术性能表见表 4-1-2。轻质烃类可燃气体宜选用催化燃烧型或红外气体探测器；当使用场所的空气中含有能使催化燃烧型检测元件中毒的硫、磷、硅、铅、卤素化合物等介质时，应选用抗毒性催化燃烧型探测器、红外气体探测器或激光气体探测器；在缺氧或高腐蚀性等场所，宜选用红外气体探测器或激光气体探测器；重质烃类蒸气可选用光致电离型探测器。氢气检测宜选用催化燃烧型、电化学型、热传导型探测器。有机有毒气体宜选用半导体型、光致电离型探测器，无机有毒气体检测宜选用电化学式探测器。氧气宜选用电化学式探测器。

表 4-1-2　常用气体检(探)测器的技术性能表

检测原理	催化燃烧型检(探)测器	热传导型检(探)测器	红外气体检(探)测器	半导体型检(探)测器	电化学型检(探)测器	光致电离型检(探)测器
被测气体的含氧要求	需要 $O_2 > 10\%$	无	无	无	无	无
可燃气测量范围	≤LEL	LEL~100%	0~100%	≤LEL	≤LEL	<LEL
不适用的被测气体	大分子有机物	—	H_2	—	烷烃	H_2,CO,CH_4 ①
相对响应时间	与被测介质有关	中等	较短	与被测介质有关	中等	较短
检测干扰气体	无	CO_2,氟里昂	有	SO_2,NO_x,HO_2	SO_2,NO_x	②
使检测元件中毒的介质	Si,Pb 卤素 H_2S	无	无	Si,SO_2 卤素	CO_2	无
辅助气体要求	无	无	无	无	无	无

注:①为离子化能级高于所用紫外灯的能级的被测物;
　　②为离子化能级低于所用紫外灯的能级的被测物。

4.按使用场所分类

按使用场所将气体检测报警仪分为防爆型和非防爆型。

防爆电气设备主要指在危险场所,易燃易爆场所使用的电气设备。爆炸性气体环境内设置的防爆电气设备,必须是符合现行国家标准的产品。不宜采用携带式电气设备。

(1)防爆型电气设备类型

防爆型电气设备有隔爆型(标志 d)、增安型(标志 e)、充油型(标志 o)、充砂型(标志 q)、本质安全型(标志 i)、正压型(标志 p)、无火花型(标志 n)和特殊型(标志 s)设备。

(2)电气设备防爆型式选型

爆炸性气体环境电气设备的选择应根据爆炸危险区域的分区、电气设备的种类和防爆结构的要求,应选择相应的电气设备。选用的防爆电气设备的级别和组别,不应低于该爆炸性气体环境内爆炸性气体混合物的级别和组别。当存在两种以上易燃性物质形成的爆炸性气体混合物时,应按危险程度较高的级别和组别选用防爆电气设备。爆炸危险区域内的电气设备,应符合周围环境内化学的、机械的、热的、霉菌以及风沙等不同环境条件对电气设备的要求。电气设备结构应满足电气设备在规定的运行条件下不降低防爆性能的要求。根据区域分类对电气设备防爆型式进行选型见表 4-1-3。

表 4-1-3　气体爆炸危险场所用电气设备防爆选型

爆炸危险区域	电气设备类型	防爆标志
0 区	本质安全型(ia 级)	Exia
	特别为 0 区设计的电气设备(特殊型)	Exs
1 区	适用于 0 区的防护类型	—
	本质安全型 i	Exib
	隔爆型 d	Exd
	增安型 e	Exe
	充油型 o	Exo
	正压型 p	Expx、Expy
	充砂型 q	Exq
	浇封型 m	Exm
	特别为 1 区设计的电气设备(特殊型)	Exs
2 区	适用于 0 区或 1 区的防护类型	—
	无火花型(n 型)	Exn(A、C、R、L、Z)
	正压型 p	Expz
	特别为 2 区设计的电气设备(特殊型)	Exs

5. 按采样方式分类

按采样方式将气体检测报警仪分为泵吸式和扩散式。

①泵吸式气体检测仪是使用一个小型气体采样泵在电源的带动下将待测区域内的气体进行抽取采样,然后把得到的气体送入气体检测仪内部进行检测。一般适用于一些人不宜进去、不易进去的地方,或在作业人员进入之前,就必须进行检测的地方,如坑道、管道、下水道、农业密闭粮仓、铁路罐车、罐体等,泵吸式检测仪就可以在气泵上装置通气长管,远距离进行吸气采样。当探测器配备采样系统时,采样系统的滞后时间不宜大于 30 s。

②扩散式气体检测仪是通过自然的空气流动,部分空气会流入气体检测仪内部,气体检测仪对流入气体进行检测。扩散式气体检测仪能够实时、准确地检测空气有毒有害物质的浓度,一般扩散式气体检测仪适用于开放场合,如敞开的作业车间。这种方法受检测环境的影响,如环境温度、风速等。

三、气体检测报警仪的选用原则

可燃气体及有毒气体探测器的选用,应根据探测器的技术性能、被测气体的理化性质、被测介质的组分种类和检测精度要求、探测器材质与现场环境的相容性、生产环境特点等确定。

气体检测报警
仪选用原则

1. 明确检测目的,选择仪器类别

根据被探测对象的不同,检测目的可以分为检测可燃气体浓度、有毒气体浓度和氧气浓度。当被探测对象既可燃又有毒时,应按下列规定设置可燃气体检(探)测

器和有毒气体检(探)测器。

①可燃气体与有毒气体同时存在的场所,可燃气体浓度可能达到25%爆炸下限,但有毒气体不能达到最高容许浓度时,应设置可燃气体检(探)测器。

②可燃气体与有毒气体同时存在的场所,有毒气体可能达到最高容许浓度,但可燃气体不能达到25%爆炸下限时,应设置有毒气体检(探)测器。

③可燃气体与有毒气体同时存在的场所,可燃气体浓度可能达到25%爆炸下限,有毒气体也可能达到最高容许浓度时,应分别设置可燃气体和有毒气体检(探)测器。

④场所中的有害气体既属可燃气体又属有毒气体,只设有毒气体检(探)测器。

2. 明确检测用途,选择仪器种类

生产或贮存岗位长期运行的泄漏检测选用固定式检测报警仪;其他如检修检测、应急检测、进入检测和巡回检测等选用便携式检测仪器。可燃气体和有毒气体的检测宜采用扩散式探测器,受安装条件和介质扩散特性的限制,不便使用扩散式探测器的场所,可采用泵吸式探测器。

3. 明确检测对象,选择合格仪器

可燃气体探测器必须取得国家指定机构或其授权检验单位的计量器具型式批准证书(图4-1-3)、防爆合格证(图4-1-4)和消防产品型式检验报告;参与消防联动的报警控制单元应采用按专用可燃气体报警控制器产品标准制造并取得检测报告的专用可燃气体报警控制器;国家法规有要求的有毒气体探测器必须取得国家指定机构或其授权检验单位的计量器具型式批准证书。安装在爆炸危险场所的有毒气体探测器还应取得国家指定机构或其授权检验单位的防爆合格证。

图 4-1-3 计量器具型式批准证书

图 4-1-4 防爆合格证

四、气体检测报警仪的报警值设定

1.可燃气体检测报警仪的报警值设定

可燃气体的测量范围应为 0～100% LEL(爆炸下限,% VOL),检测报警应采用两级报警,一级报警设定值应小于或等于 25% LEL,二级报警设定值应小于或等于 50% LEL。一旦工作环境中可燃气体发生泄漏,可燃气体报警器检测到气体浓度达到设置的报警点时,报警器就会发出报警信号,以提醒工作人员采取安全措施,防止发生火灾、爆炸事故,从而保障安全生产。

气体检测报警仪的报警值设置

检测报警应采用两级报警,一级报警设定值应小于或等于 25% LEL,二级报警设定值应小于或等于 50% LEL。把这个"4%"体积比,一百等分,让"4%"体积比对应"100% LEL",也就是说,当检测仪数值到达"100% LEL"报警点时,相当于此时氢气的含量为"4%"体积比。一级报警设定值应设定为小于或等于 1%,二级报警设定值应小于或等于 2%。

可燃气体检测仪报警后,环境中可燃气体浓度离达到爆炸下限还有一定的距离。马上采取相应的措施,比如开启排气扇或是切断一些阀门或者开启喷淋系统等,都可以有效预防爆炸事故的发生。

2.有毒气体检测报警仪的报警值设定

(1)有毒气体检测报警仪的报警值设定

有毒气体的测量范围应为 0～300% OEL(职业接触限值,确定有毒气体的职业接触限值时,应按最高容许浓度、时间加权平均容许浓度、短时间接触容许浓度的优先次序选用);当现有探测器的测量范围不能满足上述要求时,有毒气体的测量范围可为 0～30% IDLH(直接致害浓度)。有毒气体的检测报警应采用两级报警,有毒气体的一级报警设定值应小于或等于 100% OEL,有毒气体的二级报警设定值应小于或等于 200% OEL;当现有探测器的测量范围不能满足测量要求时,有毒气体的一级报警设定值不得超过 5% IDLH,有毒气体的二级报警设定值不得超过 10% IDLH。当工业环境中有毒气体泄漏时,有毒气体报警器检测到气体浓度达到报警器设置的报警点时,有毒气体报警器就会发出报警信号,以提醒作业人员采取安全措施,防止中毒事故发生,从而保障作业人员生命安全。

(2)体积浓度与质量浓度的换算

体积浓度是单位体积的大气中含有有毒物质的体积数,质量浓度是单位体积大气中含有有毒物质的质量。大部分气体检测仪器测得的气体浓度都是体积浓度(如:ppm,1 ppm = 1×10^{-6}),而中国的标准规范职业接触限值采用质量浓度单位(如 mg/m³)表示。体积浓度单位 ppm 与质量浓度单位 mg/m³ 的换算关系为

$$C_{ppm} = \frac{22.4}{M_w} \cdot \frac{T}{273} \cdot \frac{1}{P} \cdot C_{mg/m^3} \tag{4-1-1}$$

式中　C_{ppm}——体积浓度,1×10^{-6};

　　　C_{mg/m^3}——质量浓度,mg/m³;

　　　M_w——气体的分子量;

　　　T——环境温度,K;

　　　P——环境大气压力,atm。

一氧化碳的职业接触限值取为时间加权平均容许浓度 20 mg/m³,分子量为 28,取常温

常压,即环境温度为 20 ℃(换算为 293 K),环境大气压力为 1 个标准大气压(1 atm),代入式 4-1-1 计算得到体积浓度为 17. 17 ppm。一级报警设定值应小于或等于 20 mg/m³ (17.17 ppm),二级报警设定值应小于或等于 40 mg/m³(34.34 ppm)。

0 ~ 300% OEL(职业接触限值)的测量范围换算成体积浓度即为 0 ~ 51.51 ppm,仪器检测误差为 ±3%×1 000 ppm,即 ±30 ppm。51.51 ppm 远小于 1 000 ppm,虽然仪器满足测量范围要求,但检测误差过大,不能满足精确的两级报警要求。因此选用这款一氧化碳仪器不合适。

工作页

一、信息、决策与计划

①按采样方式将气体检测报警仪分为扩散式和泵吸式,请简要回答它们的区别和适用场合?

答:_____

②可燃气体与有毒气体同时存在的场所,可燃气体浓度可能达到25%爆炸下限,但有毒气体不能达到最高容许浓度时,应设置哪种气体检(探)测器?

答:_____

③可燃气体与有毒气体同时存在的场所,有毒气体可能达到最高容许浓度,但可燃气体不能达到25%爆炸下限时,应设置哪种气体检(探)测器?

答:_____

④可燃气体与有毒气体同时存在的场所,可燃气体浓度可能达到25%爆炸下限,有毒气体也可能达到最高容许浓度时,应设置哪种气体检(探)测器?

答:_____

⑤场所中的有害气体既属可燃气体又属有毒气体,应设置哪种气体检(探)测器?

答:_____

⑥可燃气体检测报警仪和有毒气体检测报警仪的两级报警该如何设置报警值?

答:_____

二、任务实施

◇进入受限空间气体检测仪选择

某化工厂发生较大中毒事故,造成 4 人死亡。

事故经过简述:某月某日,王某发现泵操作井中管道堵塞,安排李某去异丙醇输送泵泵池(长约 5 m,宽约 1.5 m,深约 2.6 m)查看,李某下操作井后中毒晕倒,随后现场另 3 名工人在未检测有害气体浓度、未佩戴个体防护用品的情况下下井去施救,也倒在池内。此时王某赶到现场,阻止其他人继续下去救援,对泵池通风后救出 4 人,送往医院抢救无效,4 人死亡。

直接原因:异丙醇溶剂泄漏到泵池内,其中溶解副产物硫化氢、氰化氢气体逸出,聚集在泵池内,技术人员李某未经过进入受限空间审批、未做任何气体检测进入池内造成中毒,其余 3 人未佩戴防护用品盲目施救,造成伤亡扩大。

请分析进入泵池,请问应选用哪种气体检测报警仪? 该如何设定气体检测报警仪的报警值?

1.明确检测目的,选择仪器类别

(1)查询标准资料

《石油化工可燃人体和有毒气体检测报警设计标准》(GB/T 50493—2019)、《工作场所有害因素职业接触限值 第1部分:化学有害因素》(GBZ 2.1—2019)和《作业场所环境气体检测报警仪 通用技术要求》(GB 12358—2006)等标准资料。确定可能泄漏的有害物质及其物理化学性质。由案例可知,可能泄漏的有害物质为异丙醇溶剂、硫化氢和氰化氢三种气体。请将异丙醇溶剂、硫化氢和氰化氢三种气体的理化特性填写至表4-1-4和表4-1-5中。

表 4-1-4 可燃气体、蒸汽特性表

序号	物质名称	引燃温度/℃	沸点/℃	闪点/℃	爆炸浓度/% VOL		火灾危险性分类	蒸气密度/(kg·m⁻³)	备注
					下限	上限			
1	异丙醇								
2	硫化氢								
3	氰化氢								

表 4-1-5 有毒气体、蒸汽特性

序号	物质名称	蒸气密度	熔点/℃	沸点/℃	PC-TWA/(mg·m⁻³)	PC-STEL/(mg·m⁻³)	MAC/(mg·m⁻³)	IDLH/(mg·m⁻³)
1	异丙醇							
2	硫化氢							
3	氰化氢							

异丙醇溶剂、硫化氢和氰化氢三种气体既属于可燃气体又属于有毒气体,应设置 ＿＿＿＿＿＿＿＿＿＿＿＿气体检(探)测器。

(2)明确检测用途,选择仪器种类

答:＿＿＿＿＿＿＿＿＿＿＿＿＿＿＿＿＿＿＿＿＿＿＿＿＿＿＿＿＿＿＿＿＿＿

(3)明确检测对象,选择合格仪器

由于异丙醇溶剂、硫化氢和氰化氢三种气体既属于可燃气体又属于有毒气体,选择有毒气体探测器必须取得＿＿＿＿＿＿＿＿＿＿＿＿＿＿＿＿＿＿＿＿＿＿＿＿＿＿＿＿＿,同时还应取得国家指定机构或其授权检验单位的＿＿＿＿＿＿＿＿＿＿＿＿＿＿＿＿＿＿＿＿。

2.正确设定气体检测报警仪的报警值

①有毒气体的测量范围应为0~300% OEL,确定有毒气体的职业接触限值时,应按最高容许浓度、时间加权平均容许浓度、短时间接触容许浓度的优先次序选用。异丙醇的职业接触限值取时间加权平均容许浓度＿＿＿＿＿＿＿＿,仪器的测量范围应不小于＿＿＿＿＿＿＿＿;硫化氢的职业接触限值取最高容许浓度＿＿＿＿＿＿＿＿,仪器的测量范围应不小于＿＿＿＿＿＿＿＿;氰化氢的职业接触限值取最高容许浓度＿＿＿＿＿＿＿＿,仪器的测量范围应不小于＿＿＿＿＿＿＿＿。

②有毒气体的检测报警应采用两级报警,有毒气体的一级报警设定值应小于或等于100% OEL,有毒气体的二级报警设定值应小于或等于200% OEL。因此,异丙醇的一级报警

设定值应小于或等于_____,二级报警设定值应小于或等于_____;硫化氢的一级报警设定值应小于或等于_____,二级报警设定值应小于或等于_____;氰化氢的一级报警设定值应小于或等于_____,二级报警设定值应小于或等于_____。

三、检查与评价

填写任务完成过程评价表(表4-1-6)。

表4-1-6　任务完成过程评价表

考核要点	评价关键点	分值/分	组内评价(30%)	小组互评(30%)	教师评价(40%)
气体检测报警仪的用途	熟悉气体检测报警仪的用途	10			
气体检测报警仪的分类	知道按使用方法如何分类,各种类气体检测报警仪的适用	5			
	知道按被探测对象如何分类,各种类气体检测报警仪的适用	5			
	知道按传感器原理分类如何分类,各种类气体检测报警仪的适用	10			
	知道按使用场所如何分类,各种类气体检测报警仪的适用	10			
	知道按采样方式如何分类,各种类气体检测报警仪的适用	10			
气体检测报警仪的选用	会判断合格产品	10			
	会根据应用场所实际情况,恰当选择仪器类别、检测对象和采样方式	20			
气体检测报警两级报警值设置	会正确设置可燃气体检测报警仪报警值	10			
	会正确设置有毒气体检测报警仪报警值	10			
总得分		100			

四、思考与拓展

进入存有氢气的原料釜中从事检修作业气体检测报警仪选用

进入爆炸性气体环境或有毒气体环境的工作人员,应配备便携式可燃气体和(或)有毒气体探测器。工人需要进入存有氢气的原料釜中从事检修作业,进入作业前需要检测原料釜中氢气浓度。

要求：

①搜集《石油化工可燃气体和有毒气体检测报警设计标准》（GB/T 50493—2019）、《工作场所有害因素职业接触限值 第 1 部分：化学有害因素》（GBZ 2.1—2019）和《作业场所环境气体检测报警仪通用技术要求》（GB 12358—2006）等标准资料。

②明确检测目的、检测用途和检测对象来正确选用可燃气体检测报警仪。

③设置两级报警值。

任务二　可燃气体和有毒气体检测报警系统设置

任务背景

可燃气体和有毒气体检测报警系统广泛应用于石油化工场所，可实现对环境中的气体浓度实时采集，当被保护环境中监控装置参数超过报警设定值时，实现报警，提醒企业治理隐患，达到消除潜在的危险，实现"防患未然"的目的。该系统能有效排查漏气、跑气等安全隐患，是引导企业牢固树立安全意识、全面落实安全生产经营企业主体责任，强化企业安全生产硬件基础，建立健全企业隐患排查治理机制和提升企业本质安全水平的有力抓手。会正确进行可燃气体和有毒气体检测报警系统设置，是检测人员一项基础且重要的技能。

任务描述

⑦ 某化工公司氯乙烯车间氯乙烯探测器设置

某化工有限公司氯乙烯泄漏扩散至厂外区域，遇火源发生爆燃，造成 24 人死亡、21 人受伤，直接经济损失超 4 000 万元。

事故经过简述：某日 00：36：53，某化工公司聚氯乙烯车间氯乙烯工段压缩机入口压力降低异常，袁某将回流阀开度在约 3 min 时间内由 30% 调整至 80%。00：39：19 时，1#氯乙烯气柜发生大量泄漏，后遇火源发生爆燃。

直接原因：聚氯乙烯车间的 1#氯乙烯气柜长期未按规定检修，事发前氯乙烯气柜卡顿、倾斜，开始泄漏，压缩机入口压力降低，操作人员没有及时发现气柜卡顿，仍然按照常规操作方式调大压缩机回流，进入气柜的气量加大，加之调大过快，氯乙烯冲破环形水封泄漏，向厂区外扩散，遇火源发生爆燃。

问题：

①聚氯乙烯车间氯乙烯探测器该如何布置？

②氯乙烯探测器安装位置有什么要求？

任务分析

知识与技能要求：

知识点：GDS 系统结构及功能、系统检测点的布置要求、GDS 系统安装要求。

技能点：具备根据现场实际情况合理布置系统检测点，会正确安装气体检测报警仪。

任务知识技能点链接

一、可燃气体和有毒气体检测报警系统

可燃气体和有毒气体检测报警系统可以实现集实时监测、预警处理、远程控制、设备管理于一体，能够实现对厂区内危险气体泄漏实时监测并智能判断报警，支持声光报警、视频联动报警等多种报警效果。可有效预防企业安全事故的发生，实现生产过程气体泄漏与管理，保障企业安全生产。

可燃气体和有毒气体
检测报警系统（GDS）

1.可燃气体和有毒气体检测报警系统结构

可燃气体和有毒气体检测报警系统（Gas Detection System，GDS）是根据《石油化工可燃气体和有毒气体检测报警设计标准》（GB/T 50493—2019）要求研发的一套检测报警系统，系统由安装在现场的可燃/有毒气体探测器和安装在控制室内的控制单元、数据采集模块、工作站等组成，系统框架结构如图4-1-5所示。

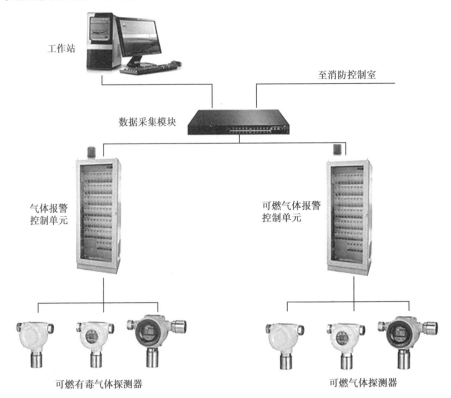

图4-1-5　可燃气体和有毒气体检测报警系统结构示意图

2.可燃气体和有毒气体检测报警系统各组成部分功能

可燃/有毒气体探测器负责对生产现场的各种气体的检测，并将采集的气体浓度转换成模拟信号。数据采集模块将采集到的信号，以串行通信的方式传送至GDS控制单元上，GDS控制单元根据检测值分别与各自的报警上/下限进行比较，当某个探测器检测到的浓度超过上限或低于下限时，GDS控制单元通过DO模块输出报警信号，开启声光报警器并开启或关闭相关设备。操作人员可以通过工控机的触摸屏、操作员站和工程师站等人机交互界面，实

时监视厂区内所有检测点的情况,主要有气体浓度值,报警上限,实时曲线和历史数据等。当发生报警时也可以通过工控机进行消音和报警响应。

二、系统检测点的布置要求

1. 系统检测点布置的一般规定

可燃气体和有毒气体探测器的检测点,应根据气体的理化性质、释放源的特性、生产场地布置、地理条件、环境气候、探测器的特点、检测报警可靠性要求、操作巡检路线等因素进行综合分析,选择可燃气体及

可燃气体和有毒气体
检测报警系统布置

有毒气体容易积聚、便于采样检测和仪表维护之处布置。下列可燃气体和(或)有毒气体释放源周围应布置检测点:

①气体压缩机和液体泵的动密封。

②液体采样口和气体采样口。

③液体(气体)排液(水)口和放空口。

④经常拆卸的法兰和经常操作的阀门组。

检测可燃气体和有毒气体时,探测器探头应靠近释放源,且在气体、蒸汽易于聚集的地点。判别泄漏气体介质是否比空气重,应以泄漏气体介质的分子量与环境空气的分子量的比值为基准,并应按下列原则判别:

①当比值大于或等于 1.2 时,则泄漏的气体重于空气。

②当比值大于或等于 1.0、小于 1.2 时,则泄漏的气体为略重于空气。

③当比值为 0.8~1.0 时,则泄漏的气体为略轻于空气。

④当比值小于或等于 0.8 时,则泄漏的气体为轻于空气。

思考:请判断甲烷、乙烷、丙烷、丁烷、戊烷这些气体介质是否比空气重?

提示:在标准条件下,空气密度约为 1.29 kg/m³,分子量为 29。甲烷蒸气密度为 0.77 kg/m³,分子量为 16;乙烷蒸气密度为 1.34 kg/m³,分子量为 30;丙烷蒸气密度为 2.07 kg/m³,分子量为 44;丁烷蒸气密度为 2.59 kg/m³,分子量为 58;戊烷蒸气密度为 3.22 kg/m³,分子量为 72。因此甲烷轻于空气,乙烷略重于空气,丙烷、丁烷、戊烷重于空气。

当生产设施及储运设施区域内泄漏的可燃气体和有毒气体可能对周边环境安全有影响需要监测时,应沿生产设施及储运设施区域周边按适宜的间隔布置可燃气体探测器或有毒气体探测器,或沿生产设施及储运设施区域周边设置线型气体探测器。在生产过程中可能导致环境氧气浓度变化,出现欠氧、过氧的有人员进入活动的场所,应设置氧气探测器。当相关气体释放源为可燃气体或有毒气体释放源时,氧气探测器可与相关的可燃气体探测器、有毒气体探测器布置在一起。

2. 生产设施系统检测点布置要求

生产设施系统检测点布置按照释放源所处的厂房类型和气体介质区分为以下 3 种情况:

①释放源处于露天或敞开式厂房布置的设备区域内,可燃气体探测器距其所覆盖范围内的任一释放源的水平距离不宜大于 10 m,有毒气体探测器距其所覆盖范围内的任一释放源的水平距离不宜大于 4 m。

②释放源处于封闭式厂房或局部通风不良的半敞开厂房内,可燃气体探测器距其所覆

盖范围内的任一释放源的水平距离不宜大于 5 m;有毒气体探测器距其所覆盖范围内的任一释放源的水平距离不宜大于 2 m。

③比空气轻的可燃气体或有毒气体释放源处于封闭或局部通风不良的半敞开厂房内,除应在释放源上方设置探测器外,还应在厂房内最高点气体易于积聚处设置可燃气体或有毒气体探测器。

3. 储运设施检测点布置要求

储运设施检测点布置主要有以下要求:

①液化烃、甲_B、乙_A类液体等产生可燃气体的液体储罐的防火堤内,应设探测器。可燃气体探测器距其所覆盖范围内的任一释放源的水平距离不宜大于 10 m,有毒气体探测器距其所覆盖范围内的任一释放源的水平距离不宜大于 4 m。

②液化烃、甲_B、乙_A类液体的装卸设施,探测器的设置应符合下列规定:

a. 铁路装卸站台,在地面上每一个车位宜设一台探测器,且探测器与装卸车口的水平距离不应大于 10 m。

b. 汽车装卸站的装卸车鹤位与探测器的水平距离不应大于 10 m。

③装卸设施的泵或压缩机区的探测器设置,应符合生产设施系统检测点布置的相关规定。

④液化烃灌装站的探测器设置,应符合下列规定:

a. 封闭或半敞开的灌瓶间,灌装口与探测器的水平距离宜为 5 ~ 7.5 m。

b. 封闭或半敞开式储瓶库,可燃气体探测器距其所覆盖范围内的任一释放源的水平距离不宜大于 5 m,有毒气体探测器距其所覆盖范围内的任一释放源的水平距离不宜大于 2 m;敞开式储瓶库房沿四周每隔 15 ~ 20 m 应设一台探测器,当四周边长总和小于 15 m 时,应设一台探测器。

c. 缓冲罐排水口或阀组与探测器的水平距离宜为 5 ~ 7.5 m。

⑤封闭或半敞开氢气灌瓶间,应在灌装口上方的室内最高点易于滞留气体处设探测器。

⑥可能散发可燃气体的装卸码头,距输油臂水平平面 10 m 范围内,应设一台探测器。

⑦其他储存、运输可燃气体和有毒气体的储运设施,可燃气体探测器和(或)有毒气体探测器应按生产设施系统的规定设置。

4. 其他有可燃气体、有毒气体的扩散与积聚场所检测点布置要求

其他有可燃气体、有毒气体的扩散与积聚场所检测点布置主要有以下要求:

①明火加热炉与可燃气体释放源之间应设可燃气体探测器,探测器距加热炉炉边的水平距离宜为 5 ~ 10 m。当明火加热炉与可燃气体释放源之间设有不燃烧材料实体墙时,实体墙靠近释放源的一侧应设探测器。

②设在爆炸危险区域 2 区范围内的在线分析仪表间,应设可燃气体和(或)有毒气体探测器,并同时设置氧气探测器。

③控制室、机柜间的空调新风引风口等可燃气体和有毒气体有可能进入建筑物的地方,应设置可燃气体和(或)有毒气体探测器。

④有人进入巡检操作且可能积聚比空气重的可燃气体或有毒气体的工艺阀井、管沟等场所,应设置可燃气体和(或)有毒气体探测器。

三、可燃气体和有毒气体检测报警系统安装要求

1. 探测器安装

如图 4-1-6 所示,探测器应安装在无冲击、无振动、无强电磁场干扰、易于检修的场所,探测器安装地点与周边工艺管道或设备之间的净空不应小于 0.5 m。不同类型的探测器按照要求具体如下:

①检测比空气重的可燃气体或有毒气体时,探测器的安装高度宜距地坪(或楼地板)0.3~0.6 m;检测比空气轻的可燃气体或有毒气体时,探测器的安装高度宜在释放源上方2.0 m内。检测比空气略重的可燃气体或有毒气体时,探测器的安装高度宜在释放源下方0.5~1.0 m;检测比空气略轻的可燃气体或有毒气体时,探测器的安装高度宜高出释放源0.5~1.0 m。

②环境氧气探测器的安装高度宜距地坪或楼地板 1.5~2.0 m。

③线型可燃气体探测器宜安装于大空间开放环境,其检测区域长度不宜大于 100 m。

图 4-1-6 探测器现场安装

2. 报警控制单元及现场区域警报器安装

可燃气体和有毒气体检测报警系统人机界面应安装在操作人员常驻的控制室等建筑物内。

现场区域警报器应就近安装在探测器所在的报警区域,无振动、无强电磁场干扰、易于检修的场所。现场区域警报器的安装高度应高于现场区域地面或楼地板2.2 m,且位于工作人员易察觉的地点。

工作页

一、信息、决策与计划

①可燃气体和有毒气体检测报警系统(GDS 系统)由哪些部分组成?

答:_____

②生产设施系统甲烷检测点布置要求?

答:_____

可燃气体和有毒
气体检测报警系
统虚拟仿真

二、任务实施

◇ 某化工公司氯乙烯车间氯乙烯探测器设置

某化工有限公司氯乙烯泄漏扩散至厂外区域,遇火源发生爆燃,造成24人死亡、21人受伤,直接经济损失超4 000万元。

事故经过简述:某日00:36:53,某化工公司聚氯乙烯车间氯乙烯工段压缩机入口压力降低异常,袁某将回流阀开度在约3 min时间内由30%调整至80%。00:39:19时,1#氯乙烯气柜发生大量泄漏,后遇火源发生爆燃。

直接原因:聚氯乙烯车间的1#氯乙烯气柜长期未按规定检修,事发前氯乙烯气柜卡顿、倾斜,开始泄漏,压缩机入口压力降低,操作人员没有及时发现气柜卡顿,仍然按照常规操作方式调大压缩机回流,进入气柜的气量加大,加之调大过快,氯乙烯冲破环形水封泄漏,向厂区外扩散,遇火源发生爆燃。

请分析聚氯乙烯车间氯乙烯探测器该如何布置?氯乙烯探测器安装位置有什么要求?

1. 根据现场实际情况合理布置系统检测点

(1)氯乙烯探测器类别确定

氯乙烯是国家列入《危险化学品目录》的一种易燃易爆、有毒有害危险化学品。查阅《石油化工可燃气体和有毒气体检测报警设计标准》(GB/T 50493—2019)和《工作场所有害因素职业接触限值 第1部分:化学因素》(GBZ 2.1—2019),填写氯乙烯的理化特性表4-1-7和表4-1-8。氯乙烯探测器类别应为_____。

表4-1-7 可燃气体、蒸气特性表

序号	物质名称	引燃温度/℃,组别	沸点/℃	闪点/℃	爆炸浓度/% VOL		火灾危险性分类	蒸气密度/(kg·m⁻³)	备注
					下限	上限			
1									

表4-1-8 常用有毒气体、蒸汽特性

序号	物质名称	蒸气密度	熔点/℃	沸点/℃	PC-TWA/(mg·m⁻³)	PC-STEL/(mg·m⁻³)	MAC/(mg·m⁻³)	IDLH/(mg·m⁻³)
1								

(2)氯乙烯检测点布置

①判断氯乙烯是否比空气重。氯乙烯的分子量为_____,与环境空气的分子量29的比值约为_____,氯乙烯_____(是/否)比空气重,容易在释放源_____聚集。

②氯乙烯检测点。氯乙烯探测器探头应靠近释放源,且在气体、蒸气易于聚集的地点。下列位置应布置氯乙烯检测点:

a. _____;

b. _____;

c. _____;

d. _____;

e. _____ ;

f. _____ 。

2.氯乙烯探测器安装位置安装要求

氯乙烯探测器应安装在_____的场所,探测器安装地点与周边工艺管道或设备之间的净空不应小于_____。检测比空气重的可燃气体或有毒气体时,探测器的安装高度宜距地坪(或楼地板)_____。

三、检查与评价

填写任务完成过程评价表(表4-1-9)。

表4-1-9　任务完成过程评价表

考核要点	评价关键点	分值/分	组内评价(30%)	小组互评(30%)	教师评价(40%)
可燃气体和有毒气体检测报警系统(GDS系统)	熟悉GDS系统的组成部分及功能	20			
系统检测点的布置要求	能根据化工企业现场情况合理进行生产设施检测点布置	20			
	能根据化工企业现场情况合理进行储运设施检测点布置	20			
可燃气体和有毒气体检测报警系统安装要求	能根据化工企业现场情况合理选择探测器安装位置	20			
	能根据化工企业现场情况合理选择报警控制单元及现场区域警报器安装位置	20			
总得分		100			

四、思考与拓展

某化工公司丁二烯探测器设置

GDS系统(气体检测报警系统)能够实现对石油化工厂区内危险气体泄漏实时监测并智能判断报警,可有效预防企业安全事故的发生,实现生产过程气体泄漏与管理,保障企业安全生产。某化工公司发生爆炸事故,企业工作人员通过中控室监控发现异常,及时组织人员进行撤离。初步判断,事故原因系阀门故障,导致丁二烯泄漏,引发爆燃。

要求:

①搜集《石油化工可燃气体和有毒气体检测报警设计标准》(GB/T 50493—2019)、《工作场所有害因素职业接触限值 第1部分:化学因素》(GBZ 2.1—2019)等标准资料。

②根据丁二烯理化特性确定探测器类别。

③判断丁二烯是否比空气重,合理设置检测点位置,明确安装要求。

项目二　防雷检测

学习目标

知识目标：

1. 了解接闪器、接闪器、引下线、接地装置、电涌保护器的定义。
2. 熟悉检测内容及技术要求。
3. 掌握建(构)筑物防雷分类方法。

技能目标：

1. 会计算防雷装置的保护范围。
2. 会根据现场实际情况选择恰当的防雷检测设备进行防雷检测。

素养目标：

1. 具备良好的资料收集和文献检索的能力。
2. 具备良好的结果计算能力和分析能力。
3. 养成积极主动参与工作,能吃苦耐劳,崇尚劳动光荣的精神。

任　务　防雷防静电检测

任务背景

雷电灾害破坏力大,危害程度高,损失严重,是"联合国国际减灾十年"公布的最严重的十种自然灾害之一。雷害中破坏作用最严重的是雷电流引发的火灾,危化企业中的建筑物、设备、容器、构筑物大多为易燃易爆场所,周期性地进行防雷防静电安全检测非常重要且必要。掌握防雷防静电设施的检测技术和分析方法,是重要的安全检测技能之一。

任务描述

? 某化工厂压缩机厂房防雷装置检测

某年某月某日9时,正值雷雨天气,某化工厂设备运行正常。忽然一声雷鸣过后,厂内巡视检查工人发现厂区内8号氮氢气压缩机放空管着火。所幸发现及时,火被扑灭,没有造成人员伤亡。后经调查发现,氮氢气压缩机各级放空用截止阀在长期的使用过程中磨损严重,造成个别放空截止阀内漏,氮氢气通过放空管进入大气遭遇雷击发生着火事故。放空管没有单独的避雷设施而遭受雷击是此次着火事故的重要原因。该厂采取的避雷措施是在压缩机厂房上安装避雷带,而放空管的高度超过了避雷带,其他的避雷针不能覆盖放空管,引发了此次着火事故。

问题：

①氮氢气压缩机放空管属于哪一类防雷建筑？

②化工厂需要进行哪些方面的防雷检测？

任务分析

知识与技能要求：

知识点：了解接闪器、接闪器、引下线、接地装置、电涌保护器的定义、检测内容及技术要求，会进行建（构）筑物防雷分类。

技能点：会计算防雷装置的保护范围、会划分雷电保护区、会选择恰当的防雷检测设备进行防雷检测。

任务知识技能点链接

一、术语

1. 防雷装置（Lightning Protection System，LPS）

防雷装置用于减少闪击击于建（构）筑物附近造成的物质性损害和人身伤亡，是接闪器、引下线、接地装置、电涌保护器及其他连接导体的总称。

防雷系统检测
虚拟仿真

2. 接闪器（air-termination system）

直接接受雷击的避雷针、避雷带（线）、避雷网，以及用作接闪的金属屋面和金属构件等。

3. 引下线（down-conductor system）

连接接闪器和接地装置的金属导体。

4. 接地装置（earth-termination system）

接地体和接地线的总称。接地体是埋入土壤中或混凝土基础中作散流用的导体，接地线是从引下线断接卡或换线处至接地体的连接导体；或从接地端子、等电位连接带至接地装置的连接导体。

5. 电涌保护器（Surge Protective Device，SPD）

电涌保护器也称浪涌保护器，目的在于限制瞬态过电压和分走电涌电流的器件。它至少含有一个非线性元件。

6. 防雷装置检测（lightning protection system check and measure）

按照建筑物防雷装置的设计标准确定防雷装置满足标准要求而进行的检查、测量及信息综合分析处理的全过程。

7. 静电接地系统（electrostatic earthing system）

带电体上的电荷向大地泄漏、消散的外界导出通道。

8. 直接静电接地（direct static earthing）

通过金属导体使物体接地的一种方式。

9. 间接静电接地（indirect static earthing）

通过非金属导体或防静电材料以及防静电制品使物体接地的一种接地方式。

10. 静电接地电阻（earthing resistance of static electricity）

静电接地系统的对地电阻。

11.防静电接地装置检测(static-electricity protecting grounding system check and measure)
对易燃易爆场所的防静电接地装置进行检查、测量和信息综合处理的全过程。

二、防雷防静电装置的检测要求和方法

1.建(构)筑物的防雷分类

根据建(构)筑物重要性、使用性质、发生雷电事故的可能性和后果,按防雷要求分为三类。

(1)第一类防雷建筑物

①凡制造、使用或贮存炸药、火药、起爆药、火工品等大量爆炸物质的建筑物,因电火花而引起爆炸,会造成巨大破坏和人身伤亡者。

②具有 0 区或 20 区爆炸危险场所的建筑物。

③具有 1 区或 21 区爆炸危险场所的建筑物,因电火花而引起爆炸,会造成巨大破坏和人身伤亡者。

(2)第二类防雷建筑物

①国家级重点文物保护的建筑物。

②国家级的会堂、办公建筑物、大型展览和博览建筑物、大型火车站和飞机场、国宾馆,国家级档案馆、大型城市的重要给水泵房等特别重要的建筑物。

注:飞机场不含停放飞机的露天场所和跑道。

③国家级计算中心、国际通信枢纽等对国民经济有重要意义的建筑物。

④国家特级和甲级大型体育馆。

⑤制造、使用或贮存火炸药及其制品的危险建筑物,且电火花不易引起爆炸或不致造成巨大破坏和人身伤亡者。

⑥具有 1 区或 21 区爆炸危险场所的建筑物,且电火花不易引起爆炸或不致造成巨大破坏和人身伤亡者。

⑦具有 2 区或 22 区爆炸危险场所的建筑物。

⑧有爆炸危险的露天钢质封闭气罐。

⑨预计雷击次数大于 0.05 次/年的部、省级办公建筑物和其他重要或人员密集的公共建筑物以及火灾危险场所。

⑩预计雷击次数大于 0.25 次/年的住宅、办公楼等一般性民用建筑物或一般性工业建筑物。

(3)第三类防雷建筑物

①省级重点文物保护的建筑物及省级档案馆。

②预计雷击次数大于或等于 0.01 次/年,且小于或等于 0.05 次/年的部、省级办公建筑物和其他重要或人员密集的公共建筑物,以及火灾危险场所。

③预计雷击次数大于或等于 0.05 次/年,且小于或等于 0.25 次/年的住宅、办公楼等一般性民用建筑物或一般性工业建筑物。

④在平均雷暴日大于 15 d/年的地区,高度在 15 m 及以上的烟囱、水塔等孤立的高耸建筑物;在平均雷暴日小于或等于 15 d/年的地区,高度在 20 m 及以上的烟囱、水塔等孤立的高耸建筑物。

2. 防雷装置和防静电接地装置检测程序

防雷装置和防静电接地装置检测程序,宜按图 4-2-1 所示的程序进行。对易燃易爆场所防雷装置实施检测的单位应具有国家规定的相应检测资质。防雷检测人员应具有防雷检测资格证。

现场检测人员不应少于 3 人。检测人员在进行检测工作时,应执行易燃易爆场所作业的有关规定。检测前检查所使用的仪器仪表和测量工具应符合易燃易爆场所的使用规定,保证其在计量合格证有效期内,并处于正常状态。仪器仪表和测量工具的精度应满足检测项目的要求。防雷装置及防静电接地装置接地电阻的测试,应在无降雨、无积水和非冻土条件下进行接地电阻的测试。

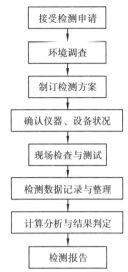

图 4-2-1　防雷装置和防静电接地装置检测工作程序框图

3. 检测分类及项目

(1)检测分类

检测分为首次检测、定期检测和不定期检测。首次检测分为新建、改建、扩建建筑物防雷装置及防静电接地装置施工过程中的检测和投入使用后建筑物防雷装置及防静电接地装置的第一次检测。定期检测是按规定周期进行的检测,具有爆炸和火灾危险环境的防雷装置及防静电接地装置检测间隔时间为 6 个月,其他类型建筑物检测间隔时间为 12 个月。根据建设项目防雷工程施工进度或对存在防雷安全隐患的场所,应实行不定期检测。

(2)检测项目

检测项目包括接闪器、引下线、接地装置、防雷区的划分、雷击电磁脉冲屏蔽、等电位连接、防静电接地状况和电涌保护器(SPD)。

4. 检测方法

(1)目测

查看易燃易爆场所防雷装置及防静电接地装置的安装工艺、焊接状况、防腐措施、线缆敷设情况等项目,记录在现场调查表及原始记录表中。

(2)器测

①土壤电阻率的测量。使用多功能地阻测试仪或综合测试仪,测量土壤电阻率,用于工频接地电阻与冲击接地电阻的换算。

②接闪器高度的测量。使用光学经纬仪或激光测距仪,测量接闪器高度,用于计算接闪器的保护范围。

③材料规格的测量。使用游标卡尺和测厚仪,测量防雷装置和防静电接地装置的直径、长宽、厚度等,用于装置所选材料规格的判定。

④连接状况的测量。使用等电位连接电阻测试仪或微欧计,测量接闪器与引下线的电气连接、等电位连接带与接地干线的电气连接及法兰跨接的过渡电阻,用于电气连接、等电位连接和跨接连接的电气连接质量判定。

⑤接地电阻的测量。使用接地电阻测试仪,测量防雷接地装置的接地电阻,用于接地装置接地电阻值的判定。

⑥辅助项目的测量。使用卷尺、直尺、温/湿度表、万用表等辅助测量工具,用于测量场所环境条件的辅助测试。

5. 易燃易爆场所防雷装置检测内容及技术要求

（1）接闪器

①检查接闪器的材质、规格（包括直径、截面积、厚度）、与引下线的焊接工艺、防腐措施、保护范围及其与保护物之间的安全距离应符合表4-2-1的要求。

表4-2-1　接闪器材料规格、安装工艺的技术要求

装置名称		标准要求
接闪器材料规格、安装工艺的技术要求	避雷针	针长1 m内：圆钢$\phi \geq 12$ mm；钢管$\phi \geq 20$ mm，厚度≥ 2.5 mm；铜材有效截面≥ 50 mm^2
		针长1～2 m：圆钢$\phi \geq 16$ mm；钢管$\phi \geq 25$ mm，厚度≥ 2.5 mm；铜材有效截面≥ 50 mm^2
		烟囱、水塔顶端针：圆钢$\phi \geq 20$ mm；钢管$\phi \geq 40$ mm，厚度≥ 2.5 mm；铜材有效截面> 50 mm^2
	避雷带	圆钢$\phi \geq 8$ mm；钢管$\phi \geq 20$ mm，厚度≥ 2.5 mm；扁钢截面≥ 48 mm^2，厚度≥ 4 mm；铜材截面≥ 50 mm^2
		烟囱（水塔）顶部避雷环（带）：圆钢$\phi \geq 12$ mm；扁钢截面≥ 100 mm^2，厚度≥ 4 mm
	避雷网	圆钢$\phi \geq 8$ mm；扁钢截面≥ 48 mm^2，厚度≥ 4 mm
		网格尺寸：一类≤ 5 m×5 m或6 m×4 m；
		二类≤ 10 m×10 m或12 m×8 m；
		三类≤ 20 m×20 m或24 m×16 m。
	避雷线	镀锌钢绞线截面≥ 35 mm^2
	金属板屋面	第一类防雷建筑物金属屋面不宜作接闪器；金属板下面无易燃物品时：厚度≥ 0.5 mm；金属板下面有易燃物品时：铁板厚度≥ 4 mm；铜板厚度≥ 5 mm；铝板厚度≥ 7 mm
	钢管、钢罐	壁厚≥ 2.5 mm；一旦遭雷击穿，其介质对周围环境造成危险时，其壁厚≥ 4 mm
	防腐措施	热镀锌、涂漆、暗敷、不锈钢材质等
	搭接形式与长度	扁钢与扁钢搭接：长度为扁钢宽度的2倍，不少于三面施焊；圆钢与圆钢搭接：双面施焊时长度≥ 6倍直径，单面施焊时长度≥ 12倍直径；圆钢与扁钢搭接：搭接长度为双面施焊≥ 6倍圆钢直径；金属板采用搭接时，连接长度≥ 100 mm。
	保护范围	按《建筑物防雷设计规范》（GB 50057—2010）规范滚球法计算，一类滚球半径30 m，二类滚球半径45 m，三类滚球半径60 m
	安全距离	独立避雷针和架空避雷线（网）的支柱及接地装置与被保护建筑物及与其相联系的管道、电缆等金属物之间的距离按《建筑物防雷设计规范》（GB 50057—2010）计算，≥ 3 m；避雷线与突出屋面物体间的距离按《建筑物防雷设计规范》（GB 50057—2010）计算，≥ 3 m

②首次检测时,应查看隐蔽工程记录。检查屋面设施应处于直击雷保护范围之内。检查接闪器与建筑物顶部外露的其他金属物的电气连接、与引下线的电气连接,屋面设施的等电位连接。

③检查接闪器的位置是否正确,焊接固定的焊缝是否饱满无遗漏,螺栓固定的应备帽等防松零件是否齐全,焊接部分补刷的防腐油漆是否完整,接闪器截面是否锈蚀 1/3 以上。接闪带是否平正顺直,固定支架间距是否均匀,固定可靠,接闪器固定支架间距和高度是否符合《建筑物防雷设计规范》(GB 50057—2010)的规定,每个支持件能否承受 49 N 的垂直拉力。

④首次检测时,应检查避雷网的网格尺寸是否符合表 4-2-1 的规定。

⑤首次检测时,应用经纬仪或测高仪和卷尺测量接闪器的高度、长度,建筑物的长、宽、高,并根据建筑物防雷类别用滚球法计算其保护范围。

⑥检查接闪器上有无附着的其他电气线路。

⑦首次检测时,应检查建筑物的防侧击雷装置是否符合《建筑物防雷设计规范》(GB 50057—2010)的规定。

⑧避雷带(网)在转角处应按建筑造型弯曲,其夹角应大于 90°,弯曲半径不宜小于圆钢直径 10 倍、扁钢宽度的 6 倍,避雷带通过建筑物伸缩沉降缝处,应将接闪带向侧面弯成半径为 100 mm 弧形。

⑨当树木在第一类防雷建筑物接闪器保护范围外时,检查第一类防雷建筑物与树木之间的净距,其净距应大于 5 m。

⑩烟囱的接闪器应符合《建筑物防雷设计规范》(GB 50057—2010)的规定。

思考:某化工厂氢气站制氢间的防雷保护高度为 5.0 m,避雷针高度为 25.2 m,请利用滚雷法确定避雷针在 5.0 m 高度和地面的保护范围分别是多少。

提示:"滚球法"是国际电工委员会(IEC)推荐的接闪器保护范围计算方法之一。该法是以 h_r 为半径的一个球体沿需要防直击雷的部位滚动,当球体只触及接闪器(包括被用作接闪器的金属物)或只触及接闪器和地面(包括与大地接触并能承受雷击的金属物),而不触及需要保护的部位时,则该部分就得到接闪器的保护。

a.滚球半径 h_x 的确定:

单支接闪杆的保护范围如图 4-2-2 所示,按《建筑物防雷设计规范》(GB 50057—2010)

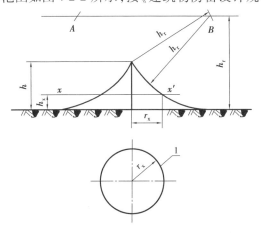

图 4-2-2　单支接闪杆的保护范围
1—xx'平面上保护范围的截面

要求,不同类别的防雷建筑物的滚球半径,见表4-2-2。

表4-2-2 不同类别的防雷建筑物的滚球半径

建筑物防雷类别	滚球半径 h_r/m
第一类防雷建筑物	30
第二类防雷建筑物	45
第三类防雷建筑物	60

氢气站制氢间为爆炸危险环境1区,属于第一类防雷建筑物,滚球半径 h_r 为30 m。

b. 避雷针在 h_x 高度的 xx' 平面上的保护半径 r_x 的确定:

按《建筑物防雷设计规范》(GB 50057—2010)要求,避雷针在 h_x 高度的 xx' 平面上的保护半径 r_x 值为

$$r_x = \sqrt{h(2h_r - h)} - \sqrt{h_x(2h_r - h_x)} \tag{4-2-1}$$

式中 r_x——避雷针在 h_x 高度的 xx' 平面上的保护半径,m;

h_r——滚球半径,m;

h_x——被保护物的高度,m;

h——避雷针的高度,m。

当 $h_x = 0$ 时,由式(4-2-1)可以得到避雷针在地面上的保护半径 r_0 值为

$$r_0 = \sqrt{h(2h_r - h)} \tag{4-2-2}$$

式中 r_0——避雷针在地面上的保护半径,m。

利用式(4-2-1)可以求得避雷针在5.0 m高度的保护半径 r_x 值为

$$r_x = \sqrt{h(2h_r - h)} - \sqrt{h_x(2h_r - h_x)} = \sqrt{25.2(2 \times 30 - 25.2)} - \sqrt{5(2 \times 30 - 5)} = 13.03(m)$$

利用式(4-2-2)可以求得地面保护半径 r_0 的值为

$$r_0 = \sqrt{h(2h_r - h)} = \sqrt{25.2(2 \times 30 - 25.2)} = 29.61(m)$$

(2)引下线

①检查引下线的设置、材质、规格(包括直径、截面积、厚度)、焊接工艺、防腐措施应符合表4-2-3的要求。

②首次检测时,应检查引下线隐蔽工程记录。

③检查专设引下线位置是否准确,焊接固定的焊缝是否饱满无遗漏,焊接部分补刷的防锈漆是否完整,专设引下线截面是否腐蚀1/3以上。检查明敷引下线是否平正顺直,无急弯,卡钉是否分段固定,引下线固定支架间距均匀,是否符合水平或垂直直线部分0.5~1.0 m,弯曲部分0.3~0.5 m的要求,每个固定支架应承受49 N的垂直拉力。检查专设引下线、接闪器和接地装置的焊接处是否锈蚀,油漆是否有遗漏。

④首次检测时,应用卷尺测量每相邻两根专设引下线之间的距离,记录专设引下线布置的总根数,每根专设引下线为一个检测点,按顺序编号检测。

⑤首次检测时,应用游标卡尺测量每根专设引下线的规格尺寸。

⑥检测每根引下线与接闪器的电气连接性能,其过渡电阻不应大于0.2 Ω。

⑦检查专设引下线有无附着的电气和电子线路。测量专设引下线与附近电气和电子线路的距离是否符合《建筑物防雷设计规范》(GB 50057—2010)的规定。

表 4-2-3　引下线及接地装置材料规格、安装工艺的技术要求

装置名称		标准要求
引下线的材料规格、安装工艺的技术要求	根数	独立避雷针、架空避雷线的端部和架空避雷网的各支柱处:≥1 根 周长 <25 m,高度 <40 m 的三类建筑物:≥1 根 其他情况:≥2 根
	平均间距	一类≤12 m,金属屋面或钢筋混凝土屋面的钢筋 18~24 m 二类≤18 m 三类≤25 m
	材料规格	明敷:圆钢ϕ≥8 mm;扁钢截面≥48 mm^2,厚度≥4 mm;铜材截面≥50 mm^2 暗敷:圆钢ϕ≥10 mm;扁钢截面≥80 mm^2,厚度≥4 mm 烟囱(水塔):圆钢ϕ≥12 mm;扁钢截面≥100 mm^2,厚度≥4 mm
	防腐状况	热镀锌、涂漆、暗敷、不锈钢材质等
	安全距离	独立防雷装置的引下线与被保护物之间的安全距离按《建筑物防雷设计规范》(GB 50057—2010)计算,≥3 m
	搭接形式与长度	扁钢与扁钢搭接为扁钢宽度的 2 倍,不少于三面施焊 圆钢与圆钢搭接:双面施焊时长度≥6 倍直径,单面施焊时长度≥12 倍直径 圆钢与圆钢搭接:搭接长度为双面施焊≥6 倍圆钢直径 柱筋内熔焊、紧固件紧固按相关技术要求执行

⑧检查专设引下线的断接卡的设置是否符合《建筑物防雷设计规范》(GB 50057—2010)的规定。测量接地电阻时,每年至少应断开断接卡一次。专设引下线与环形接地体相连,测量接地电阻时,可不断开断接卡。

⑨检查专设引下线近地面处易受机械损伤处的保护是否符合《建筑物防雷设计规范》(GB 50057—2010)的规定。

⑩采用仪器测量专设引下线接地端与接地体的电气连接性能,其过渡电阻不应大于 0.2 Ω。

⑪检查防接触电压措施是否符合《建筑物防雷设计规范》(GB 50057—2010)的规定。

(3)接地装置

①首次检测时,应查看隐蔽工程记录;检查接地装置的结构型式和安装位置应符合表4-2-4的要求;校核每根专设引下线接地体的接地有效面积,接地体的埋设间距、深度、安装方法,接地装置的材质,连接方法、防腐处理应符合《建筑物防雷设计规范》(GB 50057—2010)的规定。

②检查接地装置的填土有无沉陷情况。

③检查有无因挖土方、敷设管线或种植树木而挖断接地装置。

④首次检测时,应检查相邻接地体在未进行等电位连接时的地中距离。

⑤检查独立接闪杆的杆塔、架空接闪线(网)的支柱及其接地装置与被保护建筑物及其有联系的管道、电缆等金属物之间的间隔距离是否符合《建筑物防雷设计规范》(GB 50057—2010)的规定。

⑥检查跨步电压措施是否符合《建筑物防雷设计规范》(GB 50057—2010)的规定。

⑦用毫欧表检测两相邻接地装置的电气贯通情况。检测时应使用最小电流为 0.2 A 的毫欧表对两相邻接地装置进行测量,如测得阻值不大于 1 Ω,判定为电气导通,如测得阻值大于 1 Ω,判定为各自独立接地。

表 4-2-4　接地装置材料规格、安装工艺的技术要求

装置名称		标准要求
接地装置的材料规格、安装工艺的技术要求	人工接地体	水平接地极:扁钢截面≥100 mm²,厚度≥4 mm;圆钢 φ≥10 mm;角钢截面≥100 mm²,厚度≥4 mm
		垂直接地极:角钢截面≥100 mm²,厚度≥4 mm,长度≥2.5 m;钢管管壁厚度≥3.5 mm
		埋设深度:≥0.5 m
		距建筑物的出入口或人行道≥3 m。
		第一类防雷建筑物的接闪器直接装在建筑物上,应敷设环形接地体
	自然接地体	圆钢:≥2×φ16 mm; 　　　≥4×φ10 mm
	安全距离	独立装置的接地装置与被保护物的安全距离按《建筑物防雷设计规范》(GB 50057—2010)计算,≥3 m
	搭接形式与长度	扁钢与扁钢搭接为扁钢宽度的2倍,不少于三面施焊 圆钢与圆钢搭接:双面施焊时长度≥6倍直径,单面施焊时长度≥12倍直径 圆钢与扁钢搭接:搭接长度为双面施焊≥6倍圆钢直径 自然接地体内熔焊、紧固件紧固按相关技术要求执行

⑧每次接地电阻测量宜固定在同一位置,采用同一型号仪器,采用同一种方法测量。测量大型接地地网时,应选用大电流接地电阻测试仪。接地装置的电阻(或冲击接地电阻)值应符合表 4-2-5 接地电阻(或冲击接地电阻)允许值的要求。

表 4-2-5　接地电阻(或冲击接地电阻)允许值

接地装置的主体	允许值/Ω	接地装置的主体	允许值/Ω
第一类防雷建筑物防雷装置	≤10[a]	天气雷达站共用接地	≤4
第二类防雷建筑物防雷装置	≤10[a]	配电电气装置总接地装置(A类)	≤10
第三类防雷建筑物防雷装置	≤30[a]	配电变压器(B类)	≤4
汽车加油、加气站防雷装置	≤10	有线电视接收天线杆	≤4
电子计算机机房防雷装置	≤10[a]	卫星地球站	≤5

注:1. 第一类防雷建筑物防雷电波侵入时,距建筑物100 m内的管道,每隔25 m接地一次,冲击接地电阻值不应大于20 Ω。

2. 第二类防雷建筑物防雷电波侵入时,架空电源线入户前两基电杆的绝缘子铁脚接地冲击电阻值不应大于30 Ω。

3. 第三类防雷建筑物中属于《建筑物防雷装置检测技术规范》(GB/T 21431—2015)附录 A 中 A.1.3.2 建筑物接地电阻不应大于10 Ω。

4. 加油加气站防雷接地、防静电接地、电气设备的工作接地、保护接地及信息系统的接地等,宜共用接地装置,其接地电阻不应大于4 Ω。

5. 电子计算机机房宜将交流工作接地(要求≤4 Ω)、交流保护接(要求≤4 Ω)、直流工作接地(按计算机系统具体要求确定接地电阻值)、防雷接地共用一组接地装置,其接地电阻按其最小值确定。

6. 雷达站共用接地装置在土壤电阻率小于100 Ω·m时,宜≤1Ω;土壤电阻率为100~300 Ω·m时,宜≤2Ω;土壤电阻率为300~1 000 Ω·m时,宜≤4Ω;当土壤电阻率为1 000 Ω·m时,可适当放宽要求。

7. 按《建筑物防雷设计规范》(GB 50057—2010)规定,第一、二、三类防雷建筑物的接地装置在一定的土壤电阻率条件下,其地网等效半径大于规定值时,可不增设人工接地体,此时可不计冲击接地电阻值。

a:凡加脚注 a 者为冲击接地电阻值。

思考:接地电阻如何测量?

提示:

图 4-2-3 中三个接线端子 E、S、H 分别接到接地体、电流探针和电位探针。其中,E 端子连接待测接地极,S 端子连接电位极,H 端子连接电流极。测量时,在 H 端子产生一个恒定电流 I,该电流经电流极—大地—接地极—E,形成电流回路。只要 x 和 d 足够长,且具有合适的比例关系,通过测量 E、S 之间的电压 U,其电压 U 和电流 I 的比值就是接地电阻 R,即

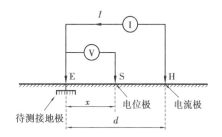

图 4-2-3 接地电阻测试原理图

$$R = \frac{U}{I} \tag{4-2-3}$$

思考:在进行建筑物防雷装置接地电阻检测时需要判断冲击接地电阻,使用接地电阻测试仪所测得的数据为工频接地电阻,接地装置冲击接地电阻与工频接地电阻如何换算?

提示:接地装置冲击接地电阻与工频接地电阻的换算应按下式确定:

$$R_\sim = AR_i \tag{4-2-4}$$

式中 $R_\sim$ —— 接地装置各支线的长度取值小于或等于接地体的有效长度 l_e 或者有支线大于 l_e 而取其等于 l_e 时的工频接地电阻,Ω;

A —— 换算系数,其数值宜按图 4-2-4 确定;

R_i —— 所要求的接地装置冲击接地电阻,Ω。

注:l 为接地体最长支线的实际长度,其计量与 l_e 类同。当它大于 l_e 时,取其等于 l_e。

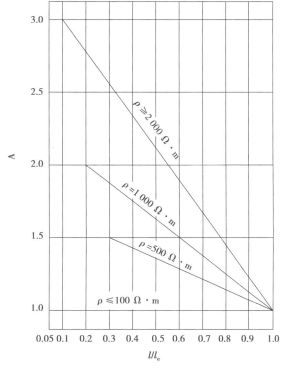

图 4-2-4 换算系数 A

接地体的有效长度应按下式确定：

$$l_e = 2\sqrt{\rho} \qquad (4\text{-}2\text{-}5)$$

式中 l_e——接地体的有效长度,应按图 4-2-5 计量,m;

ρ——敷设接地体处的土壤电阻率,$\Omega \cdot m$。

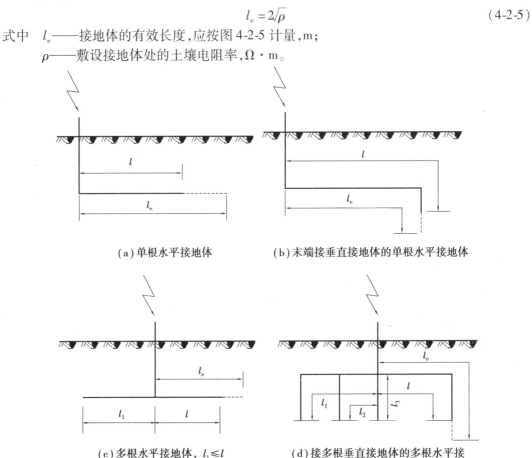

图 4-2-5 接地体的有效长度

（4）等电位连接

①检查穿过各雷电防护区交界的金属部件,以及建筑物内的设备、金属管道、电缆桥架、电缆金属外皮、金属构架、钢屋架、金属门窗等较大金属物,应就近与接地装置或等电位连接板（带）作等电位连接,测试其电气连接。

②检查等电位连接线的材质、规格、连接方式及工艺应符合表 4-2-6 的要求。

表 4-2-6 防侧击雷及雷击电磁脉冲防护装置的材料规格、安装工艺的技术要求

装置名称		标准要求
防侧击雷装置	首道均压环高度	一类≤30 m
		二类≤45 m
		三类≤60 m
	均压环环间距离	建筑物高度 30 m 以下环间垂直距离≤12 m
		建筑物高度 30 m 以上环间垂直距离≤6 m

装置名称		标准要求
防侧击雷装置	材料规格	扁钢≥100 mm²,厚度≥4 mm 圈梁外筋:圆钢φ≥12 mm
	连接状况	建筑物天面和外墙的高大金属物构件须与防雷接地进行可靠连接
	搭接形式与长度	扁钢与扁钢搭接为扁钢宽度的2倍,不少于三面施焊 圆钢与圆钢搭接:双面施焊时长度≥6倍直径,单面施焊时长度≥12倍直径 圆钢与扁钢搭接:搭接长度为双面施焊≥6倍圆钢直径
雷击电磁脉冲防护装置	等电位连接与材料规格	机房内安装的等电位连接带:铜或镀锌钢,截面积≥50 mm² 连接带与总等电位连接带连接线:绝缘铜芯导线,截面积≥35 mm²
		LPZ0与LPZ1交界处等电位连接材料规格:铜线≥16 mm²;铝线:≥25 mm²;钢材:≥50 mm²
		LPZ1与LPZ2交界处局部等电位连接材料规格:铜线截面积≥6 mm²;铝线截面积≥10 mm²;钢材截面积≥16 mm²
	屏蔽及埋地	第一、第二类防雷建筑物入户低压线路埋地引入长度应按《建筑物防雷设计规范》(GB 50057—2010)式3.2.3计算,≥15m
		入户端电缆的金属外皮、钢管应与接地装置相连
	设备、设施金属管道接地状况	进出建筑物界面的各类金属管线与接地装置连接
		建筑物内设备管道、构架、金属线槽与接地装置连接
		竖直敷设的金属管道及金属物顶端和底端与接地装置连接
		建筑物内设备管道、构架、金属线槽连接处作跨接处理
		架空金属管道、电缆桥架每隔25 m接地一次
	屋内接地干线材料、规格	≥2处
		截面≥16 mm²
雷击电磁脉冲防护装置	电涌保护器SPD	配电线路、信号线路上安装电涌保护器SPD
		第一级:SPD连接相线铜导线≥16 mm²;SPD接地连接铜导线≥25 mm² 第二级:SPD连接相线铜导线≥10 mm²;SPD接地连接铜导线≥16 mm² 第三级:SPD连接相线铜导线≥6 mm²;SPD接地连接铜导线≥10 mm² 第四级:SPD连接相线铜导线≥4 mm²;SPD接地连接铜导线≥6 mm²
		两端连接线长度宜≤0.5 m

③检查平行敷设的管道、构架和电缆金属外皮等长金属物,其净距小于100 mm时应采用金属线跨接,跨接点的间距不应大于30 m;交叉净距小于100 mm时,其交叉处也应跨接。当长金属物的弯头、阀门、法兰盘等连接处的过渡电阻大于0.03 Ω时,连接处应用金属线跨接。

思考:雷电防护区是如何划分的?

提示:雷电防护区的划分是将需要保护和控制雷击电磁脉冲环境的建筑物,从外部到内部划分为:直击雷非防护区(LPZ0A)、直击雷防护区(LPZ0B)、第一防护区(LPZ1)、第二防护区(LPZ2)和后续防护区(LPZn)等不同的雷电防护区(LPZ),如图4-2-6所示。直击雷非防护区(LPZ0A)电磁场没有衰减,各类物体都可能遭到直接雷击,属完全暴露的不设防区。直击雷防护区(LPZ0B)电磁场没有衰减,各类物体很少遭受直接雷击,属充分暴露的直击雷防护区。第一防护区(LPZ1)内由于建筑物的屏蔽措施,流经各类导体的雷电流比直击雷防护区(LPZ0B)减小,电磁场得到了初步的衰减,各类物体不可能遭受直接雷击。第二防护区(LPZ2)是进一步减小所导引的雷电流或电磁场而引入的后续防护区。后续防护区(LPZn)是需要进一步减小雷电电磁脉冲,以保护敏感度水平高的设备的后续防护区。

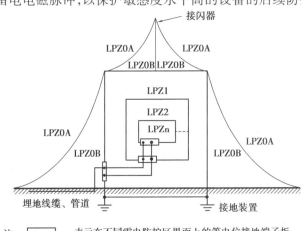

图4-2-6　建筑物雷电防护区(LPZ)划分

(5)电磁屏蔽

①检查屏蔽层应保持电气连通,金属线槽宜采取全封闭,两端应接地,测试其电气连接。

②检查建筑物之间敷设的电缆,其屏蔽层两端应与各自建筑物的等电位连接带连接,测试其电气连接。

③检查屏蔽电缆的金属屏蔽层至少应在两端且宜在防雷交界处做等电位连接,当系统要求只在一端做等电位连接时,应采用两层屏蔽,外层屏蔽应至少在两端做等电位连接,测试其电气连接。

④检查易燃易爆场所使用的低压电气设备其金属外壳应接地,连接电气设备的电源线路、信号线路屏蔽外层与其金属外壳做等电位连接,测试其接地电阻和电气连接。

(6)电涌保护器(SPD)

①检查电涌保护器(SPD)的安装场所应与使用环境要求相适应。

②检查多级电涌保护器(SPD)之间的间距。在电源或信号线路上安装多级电涌保护器(SPD)时,电涌保护器(SPD)之间的线路长度应按生产厂提供的试验数据确定。如无试验数据时,电压开关型SPD与限压型SPD之间的线路长度不宜小于10 m,限压型电涌保护器(SPD)之间的线路长度不宜小于5 m,长度达不到要求应加装退耦元件。

③检查电涌保护器(SPD)的工作状态。电涌保护器(SPD)的状态指示器应与生产厂说

明相一致,处于正常工作状态。

④检查电涌保护器(SPD)连接线的安装工艺。SPD 两端的连接线应平直,其长度不宜超过 0.5 m,连接线的截面积应符合表 4-2-6 的要求。

⑤测试电涌保护器(SPD)接地线的接地电阻。

6. 易燃易爆场所防静电装置检测内容及技术要求

易燃易爆场所的防静电接地装置检测根据检测内容分为生产场所和储运场所两类。

(1)生产场所

①检查生产场所的工艺装置(操作台、传送带、塔、容器、换热器、过滤器、盛装溶剂或粉料的容器等)、设备等金属外壳的静电接地状况,测试其与接地装置的电气连接。静电接地连接线应采取螺栓连接,静电接地线的材质、规格宜符合表 4-2-7 的要求。

表 4-2-7　静电接地支线、连接线的最小规格

名称	接地支线	连接线
工艺装置设备	16 mm² 多股铜芯线 ϕ8 mm 镀锌圆钢 12 ×4(mm) 镀锌扁钢	6 mm² 铜芯软绞线或软铜编织线
大型移动设备	16 mm² 铜芯软绞线	—
一般移动设备	10 mm² 铜芯软绞线	—
振动和频繁移动的器件	6 mm² 铜芯软绞线	—

②检查直径大于或等于 2.5 m 及容积大于或等于 50 m³ 的装置静电接地点的间距。间距应不大于 30 m,且不少于两处,测试其与接地装置的电气连接。

③检查有振动性的工艺装置或设备的振动部件静电接地状况,测试其与接地装置的电气连接。静电接地线的材质、规格宜符合表 4-2-7 的要求。

④检查皮带传动的机组及其皮带的防静电接地刷、防护罩的静电接地状况,测试其与接地装置的电气连接。静电接地线的材质、规格宜符合表 4-2-7 的要求。

⑤检查可燃粉尘的袋式集尘设备中织入袋体的金属丝的接地端子的静电接地状况,测试其与接地装置的电气连接。静电接地线的材质、规格宜符合表 4-2-7 的要求。

⑥检查与地绝缘的金属部件(如法兰、胶管接头、喷嘴等)的静电接地状况,要求采用铜芯软绞线跨接引出接地,静电接地线的材质、规格宜符合表 4-2-7 的要求。

⑦检查在粉体筛分、研磨、混合等其他生产场所金属导体部件的等电位连接和静电接地状况,测试其电气连接和静电接地电阻。导体部件与连接线应采取螺栓连接,静电接地线的材质、规格宜符合表 4-2-7 的要求。

⑧检查生产场所的静电接地干线和接地体用钢材的材质、规格宜符合表 4-2-8 的要求,测试其静电接地电阻。

表 4-2-8　静电接地干线和接地体用钢材的最小规格

名称	单位	规格	
		地上	地下
扁钢	截面积/mm²	100	160
	厚度/mm	4(5)	4(5)

续表

名称	单位	规格	
		地上	地下
圆钢	直径/mm	12(14)	14
角钢	规格/mm	—	50×5
钢管	直径/mm	—	50

注:括号内数字为 2 类腐蚀环境中用钢材的推荐规格。

⑨检查在生产场所进口处,应设置人体导静电接地装置,测试其接地电阻。

(2)储运场所

1)油气罐区

①检查储罐应利用防雷接地装置兼作防静电接地装置。

②检查使用前储罐内各金属构件(搅拌器、升降器、仪表管道、金属浮体等)与罐体的电气连接状况,测试其电气连接。连接线的材质、规格宜符合表 4-2-7 的要求。

③检查浮顶罐的浮船、罐壁、活动走梯等活动的金属构件与罐壁之间的电气连接状况,测试其电气连接。连接线应取截面不小于 25 mm² 铜芯软绞线进行连接,连接点应不少于两处。

④检查油(气)罐及罐室的金属构件以及呼吸阀、量油孔、放空管及安全阀等金属附件的电气连接及接地状况,测试其电气连接。

⑤检查在扶梯进口处,应设置人体导静电接地装置,测试其接地电阻。

2)油气管道系统

①检查长距离无分支管道及管道在进出工艺装置区(含生产车间厂房、储罐等)处、分岔处应按要求设置接地,测试其接地电阻。

②检查距离建筑物 100 m 内的管道,应每隔 25 m 接地一次,测试其接地电阻。

③检查平行管道净距小于 100 mm 时,每隔 20～30 m 作电气连接,当管道交叉且净距小于 100 mm 时,应作电气连接,测试其电气连接。

④检查管道的法兰应作跨接连接,在非腐蚀环境下不少于 5 根螺栓可不跨接,测试法兰跨接的过渡电阻。静电连接线的材质、规格宜符合表 4-2-7 的要求。

⑤检查工艺管道的加热伴管,应在伴管进气口、回水口处与工艺管道作电气连接,测试其电气连接。静电连接线的材质、规格宜符合表 4-2-7 的要求。

⑥检查储罐的风管及外保温层的金属板保护罩,其连接处应咬口并利用机械固定的螺栓与罐体作电气连接并接地,测试其与接地装置的电气连接。

⑦检查金属配管中间的非导体管两端金属管应分别与接地干线相连,或采用截面不小于 6 mm² 的铜芯软绞线跨接后接地,测试跨接线两端的过渡电阻。

⑧检查非导体管段上的所有金属件应接地,测试其与接地装置的电气连接。

3)油气运输铁路与汽车装卸区

①检查油气装卸区域内的金属管道、设备、路灯、线路屏蔽管、构筑物等应按要求作电气连接并接地,测试其与接地装置的电气连接。接地线的材质、规格宜符合表 4-2-7 的要求。

②检查油气装卸区域内铁路钢轨的两端应接地,区域内与区域外钢轨间的电气通路应采取绝缘隔离措施,平行钢轨之间应在每个鹤位处进行一次跨接,测试其与接地装置的电气连接。接地线的材质、规格宜符合表 4-2-7 的要求。

③检查每个鹤位平台或站台处与接地干线直接相连的接地端子(夹),应与鹤管端口保持电气连接,测试其与接地装置的电气连接。

④检查罐车、槽罐车及储罐等装卸场地宜设置能检测接地状况的静电接地仪器,测试其静电接地电阻。

⑤检查操作平台梯子入口处,应设置人体导静电接地装置,测试其接地电阻。

4)油气运输码头

①检查码头趸船应按要求在陆地上设置不少于一处的静电接地装置,接地线的材质、规格宜符合表4-2-8的要求,测试其静电接地电阻。

②检查码头的金属管道、设备、构架(包括码头引桥,栈桥的金属构件,基础钢筋等)应按要求作电气连接并与静电接地装置相连,测试其电气连接和静电接地电阻。接地线的材质、规格宜符合表4-2-7的要求。

③检查装卸栈台或趸船应设置与储运船舶跨接的导静电接地装置,接地线的材质、规格宜符合表4-2-7的要求,测试其电气连接。

5)气液充装站

①检查气液充装管道与充装设备电缆金属外皮(或电缆金属保护管)应按要求共用接地,测试其静电接地电阻。

②检查气液充装软管(胶管)两端连接处应采用金属软铜线跨接,测试其电气连接。

③气液充装站的储罐设施的检测宜按油气罐区防静电接地装置检测规定进行;水上充装站宜按油气运输码头防静电接地装置检测有关规定进行。

6)油气泵房(棚)

①检查进入泵房(棚)的金属管道应在泵房(棚)外侧设置接地装置,测试接地电阻。

②检查泵房(棚)内设备(电机、烃泵等)应作静电接地,接地线材质、规格宜符合表4-2-7和表4-2-8的要求,测试其静电接地电阻。

③检查泵房(棚)入口处,应设置人体导静电接地装置,测试其静电接地电阻。

7)仓储库房及其他储运场所

①检查易燃易爆仓储库房及其他储运场所的金属门窗、进入库房的金属管道、室内的金属货架及其他金属装置应采取防静电接地措施,接地线材质、规格宜符合表4-2-7和表4-2-8的要求,测试其静电接地电阻。

②检查易燃易爆仓储库房入口处,应设置人体导静电接地装置,测试其静电接地电阻。

③其他储运场所的防静电接地装置检测应按照储运场所防静电接地装置检测和相关技术标准进行。

工作页

一、信息、决策与计划

①目前适用的防雷、防静电装置的检测标准是什么?

答:_____

②防雷装置和防静电接地装置检测程序有哪些?

答:_____

③防雷、防静电检测方法有哪些,分别有什么用途?

答:_____

④如何进行建筑物的防雷分类?

答:_____

⑤易燃易爆场所的防雷、防静电检测内容?

答:_____

二、任务实施

某化工厂压缩机厂房防雷装置检测

某年某月某日9时,正值雷雨天气,某化工厂设备运行正常。忽然一声雷鸣过后,厂内巡视检查工人发现厂区内8号氮氢气压缩机放空管着火。所幸发现及时,火被扑灭,没有造成人员伤亡。后经调查发现,氮氢气压缩机各级放空用截止阀在长期的使用过程中磨损严重,造成个别放空截止阀内漏,氮氢气通过放空管进入大气遭遇雷击发生着火事故。放空管没有单独的避雷设施而遭受雷击是此次着火事故的重要原因。该厂采取的避雷措施是在压缩机厂房上安装避雷带,而放空管的高度超过了避雷带,其他的避雷针不能覆盖放空管,引发了此次着火事故。

对该化工厂进行防雷装置检测。

1. 环境调查

进行防雷检测现场环境调查,填写表4-2-9。

表4-2-9 易燃易爆场所防雷检测现场调查表

编号:

受检单位名称				
受检单位地址				
联系电话		联系人		
危险源(物品)		场所划分	□生产	□储运
建(构)筑物高度	m/层	防雷等级	□一类 □二类 □三类	
被检测装置处于	□LPZOA 区 □LPZOB 区 □LPZ1 区 □LPZ2 区			
防直击雷措施	□有 □无 □其他	接闪器类型	□针 □带 □线 □网 □其他	
防侧击雷措施	□有 □无 □其他	类型	□均压环 □等电位联结 □其他	
接闪器安装方式	□明设 □暗敷 □其他	接闪器高度	m	
被保护物高度	m	需要保护的最大半径	m	
接地引下线	根	锈蚀程度	□未锈蚀 □锈蚀 □严重 □其他	
接地形式	□共用 □联合 □独立 □其他			
防雷电感应措施	□有 □无 □其他	类型	□接地 □等电位连接 □其他	
防雷电波侵入措施	□有 □无 □其他	类型	□管线埋地 □电涌保护 □其他	
等电位连接	□有 □无 □其他	类型	□星型 □网型 □混合型 □其他	
电涌保护器(SPD)	□有 □无 □其他	类型	□电源 SPD □信号 SPD □其他	
屏蔽及隔离措施	□有 □无 □其他	类型	□空间屏蔽 □管线屏蔽 □其他	

续表

调查 情况 说明				
调查时间			调查人	

2. 制订检测方案

现场检测前,应制订检测方案,检测方案宜包含时间安排、人员及分工、仪器设备准备、防雷装置变化情况、确定现场检测范围及内容、检测记录及报告等。

3. 确认仪器设备状况

检测前检查所使用的仪器仪表和测量工具应符合易燃易爆场所的使用规定,保证其在计量合格证有效期内,并处于正常状态。仪器仪表和测量工具的精度应满足检测项目的要求。

4. 现场检查与测试

防雷装置及防静电接地装置接地电阻的测试,应在无降雨、无积水和非冻土条件下进行接地电阻的测试。

5. 检测数据记录与整理

在现场将各项检测结果如实记入原始记录表,检测记录应用钢笔或签字笔填写,字迹工整、清楚,严禁涂改。改错宜画一条斜线在原有数据上,并在其右上方填写正确数据。原始记录应有检测人员和复核人员签字。原始记录表应作为用户档案保存两年。首次检测时,应绘制建筑物防雷装置平面示意图,后续检测时应进行补充或修改。请将现场检测数据记录在表4-2-10中。

表4-2-10 易燃易爆场所防雷防静电检测原始记录表

记录编号:　　　　　　　　报告编号:　　　　　　　共 页 第 页

受检单位名称			
受检单位地址			
受检场所名称		联系人	
受检场所名称		联系电话	
委托单位地址			
主要检测设备及编号			
检测依据			
天气情况		检测日期	

续表

综合评定	
检测人	
复核人	

测点平面示意简图	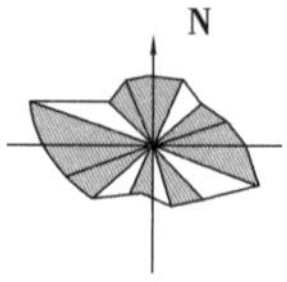 说明： 简图中标有"●"符号的为各检测点标志。
备注	

序号	检测项目		标准要求	实测结果	评定
1	接闪器	保护范围			
		材料规格			
		搭接形式与长度			
		防腐状况			
2	引下线	材料规格			
		根数			
		平均间距			
		搭接形式与长度			
		防腐状况			
3	侧击雷防护	首道均压环高度			
		环间距离			
		连接状况			
		搭接形式与长度			

续表

序号	检测项目		标准要求	实测结果	评定
4	接地装置	人工接地体规格			
		自然接地体			
		搭接形式与长度			
		防腐状况			
5	SPD	安装位置与环境要求			
		SPD 级间间距			
		运行状态			
		引线长度			
		引线线径			
6	等电位连接	等电位接地端子板材料、规格			
		防雷区交界的金属部件连接状况			
		接地干线与接地装置的连接状况			
		长距离架空管道、桥架的接地状况			
7	卸液台、充装台、加油机、管道、法兰盘	卸液头跨接状况			
		烃(油)泵			
		压缩机			
		冲装(抽残)枪			
		衡器			
		导静电接地桩			
		加油(机)枪			
		鹤管			
		法兰跨接状况			
		跨接点间距			

续表

序号	检测项目		标准要求	实测结果	评定
8	油(气)罐	阻火器			
		呼吸阀			
		量油孔			
		罐壁(顶板)厚度			
		接地点数			
		接地点周长距离			
		接地线规格			
		通气管规格			
		通气管高度			
		放散管规格			
		放散管高度			

记录编号:

注:根据检测场所一处一表。

6. 计算分析与结果判定

用数值修约比较法将经计算或整理的各项检测结果与相应的技术要求进行比较,判定各检测项目是否合格。

三、检查与评价

填写任务完成过程评价表(表4-2-11)。

表4-2-11 任务完成过程评价表

考核要点	评价关键点	分值/分	组内评价(30%)	小组互评(30%)	教师评价(40%)
检测前准备	现场调查	10			
	仪器准备和校准	10			
	防雷区的划分合理	10			
	测点选择准确(看检测计划)	10			
检测	正确测量	20			
	读数和记录	10			
	个人防护	10			
计算分析	公式正确	10			
	计算结果准确	10			
总得分		100			

四、思考与拓展

某氢氧站防雷检测

对某氢氧站进行防雷检测,并对检测结果进行分析。

要求:

①测量前进行现场调查,制订检测计划。

②选择合适的测量仪器并做好准备。

③按照《建筑物防雷设计规范》(GB 50057—2010)、《爆炸和火灾危险场所防雷装置检测技术规范》(GB/T 32937—2016)规定要求进行防雷装置检测并记录,做好个人防护。

④进行结果分析与判断。

模块五 矿山安全监控

随着科技的进步,经济社会的发展,矿山在生产机械化、自动化、信息化、标准化这"四化"理念引导下,逐步实现了智慧化建设。智慧矿山是实现国家能源资源安全战略的有力保障,是确保煤炭工业安全、高效、经济、绿色发展的必然选择,而这其中发挥超前预防,风险预控作用的正是我们即将要学习的煤矿安全监控系统。学习了煤矿安全监控系统,才能真正助力智慧矿山建设,使其达到本质安全。

"模块五 矿山安全监控"主要对接矿山监测工的工作岗位要求。"项目一 煤矿安全监控系统布置"对接"全国职业院校技能大赛数字化矿山监测技术赛项规程"中采掘工作面瓦斯传感器的设置要求;"项目二 煤矿安全监控系统使用与维护"对接"矿山应急救援职业技能等级证书认证大纲"和"全国职业院校技能大赛矿井灾害应急救援技术赛项规程"中对于急救现场隐患排查、火灾事故和瓦斯事故应急处理的环境参数检测与监测技能要求,"全国职业院校技能大赛数字化矿山监测技术赛项规程"中分站和传感器的故障处理要求。

煤矿安全监控系统——
智慧矿山,本质安全

模块框图:

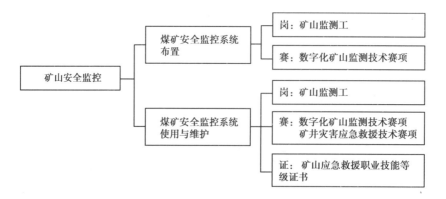

项目一 煤矿安全监控系统布置

🔍 学习目标

知识目标：

1. 了解煤矿安全监控系统作用及其组成部分。
2. 掌握煤矿安全监控系统的布置要求。

技能目标：

具备根据现场实际情况按照标准要求进行煤矿安全监控系统布置的能力。

素养目标：

1. 具备良好的资料收集和文献检索的能力。
2. 具备良好的协调与沟通能力。
3. 养成积极主动参与工作，能吃苦耐劳，崇尚劳动光荣的精神。
4. 培养严谨细致的工作作风和敏锐的安全意识。
5. 具备精准施测、居安思危，助力实现智慧企业、本质安全的责任和担当。

任 务 煤矿安全监控系统布置

▌任务背景

我国煤炭资源丰富，但开采条件复杂，自然灾害严重，为保障煤矿的安全生产，《煤矿安全规程》规定所有矿井必须装备安全监控系统，形成煤矿井上、井下可靠的安全预警机制和管理决策信息通道。正确进行煤矿安全监控系统布置是使其"耳聪目明"，有效防范矿山事故的基础。

▌任务描述

❓低瓦斯矿井传感器布置

某矿井为低瓦斯矿井，煤层具有自燃倾向性，请正确布置采煤工作面传感器。

问题：

①如何绘制采煤工作面传感器布置图？

②如何正确设置瓦斯传感器的报警值、断电值和复电值？

任务分析

知识与技能要求：

知识点：煤矿安全监控系统组成、煤矿安全监控系统布置规范。

技能点：具备根据现场实际情况合理布置煤矿安全监控系统，会绘制安全监控系统布置图。

任务知识技能点链接

一、术语

1. **煤矿安全监控系统**（coal mine safety monitoring system）

相关术语

具有模拟量、开关量、累计量采集、传输、存储、处理、显示、打印、声光报警、控制等功能，用于监测甲烷浓度、一氧化碳浓度、风速、风压、温度、烟雾、馈电状态、风门状态、风筒状态、局部通风机开停、主要通风机开停等，并实现甲烷超限声光报警、断电和甲烷风电闭锁控制等，由主机、传输接口、分站、传感器、断电控制器、声光报警器、电源箱、避雷器等设备组成的系统。

2. **传感器**（transducer）

将被测物理量转换为电信号输出的装置。

3. **甲烷传感器**（methane transducer）

连续监测矿井环境气体中及抽放管道内甲烷浓度的装置，一般具有显示及声光报警功能。

4. **风速传感器**（air velocity transducer）

连续监测矿井通风巷道中风速大小的装置。

5. **风压传感器**（wind pressure transducer）

连续监测矿井通风机、风门、密闭巷道、通风巷道等地点通风压力的装置。

6. **一氧化碳传感器**（carbon monoxide transducer）

连续监测矿井中煤层自然发火及胶带输送机胶带等着火时产生的一氧化碳浓度的装置。

7. **温度传感器**（temperature transducer）

连续监测矿井环境温度高低的装置。

8. **烟雾传感器**（smoke transducer）

连续监测矿井中带式输送机输送带等着火时产生的烟雾浓度的装置。

9. **设备开停传感器**（on off Status Sensor for electromechanical equipment）

连续监测矿井中机电设备"开"或"停"工作状态的装置。

10. **风筒传感器**（air pipe transducer）

连续监测局部通风机风筒"有风"或"无风"状态的装置。

11. **风门开关传感器**（open/close sensor for air door）

连续监测矿井中风门"开"或"关"状态的装置。

12. **馈电传感器**（feed transducer）

连续监测矿井中馈电开关或电磁启动器负荷侧有无电压的装置。

13. 执行器(含声光报警器及断电控制器)(actuator)

将控制信号转换为被控物理量的装置。

14. 声光报警器(acousto optic alarm)

能发出声光报警的装置。

15. 断电控制器(switching off controller)

控制馈电开关或电磁启动器等的装置。

16. 分站(substation)

煤矿安全监控系统中用于接收来自传感器的信号,并按预先约定的复用方式远距离传送给传输接口,同时,接收来自传输接口多路复用信号的装置。分站还具有线性校正、超限判别、逻辑运算等简单的数据处理、对传感器输入的信号和传输接口传输来的信号进行处理的能力,控制执行器工作。

17. 主机(host)

一般选用工控微型计算机或普通微型计算机、双机或多机备份。主机主要用来接收监测信号、校正、报警判别、数据统计、磁盘存储、显示、声光报警、人机对话、输出控制、控制打印输出、与管理网络连接等。

18. 馈电异常(abnormal feed)

被控设备的馈电状态与系统发出的断电命令或复电命令不一致。

19. 甲烷检测报警矿灯(digital methane detect and alarm head lamp)

具有甲烷浓度数字显示、超限报警功能的携带式照明灯具,包括具有无线传输功能的携带式照明灯具。

20. 光学甲烷检测仪(optical methane detector)

采用光学原理检测甲烷浓度的便携式仪器。

煤矿安全监控系统
组成及布置规范

二、煤矿安全监控系统组成

目前,成熟的安全监控系统主要分为三层结构,即中心站处理层、数据传输层及传感控制层。

传感控制层主要有传感器和执行器,其中,传感器包括检测甲烷浓度、一氧化碳浓度、二氧化碳浓度、氧气浓度、风速、负压、温度、烟雾、馈电状态、风门状态、风窗状态、风筒状态、局部通风机开停、主通风机开停等各种模拟、开关量传感器,执行器包括声光报警器、断电器等。数据传输层包括两级通信网络,其中一级通信(分站与地面)主要采用时分制、主从方式通信,实现方式有现场总线、以太网(电、光缆)、采用冗余结构的以太环网(光缆);二级通信(传感器与分站)有数字制式和模拟制式两种,对数字化的系统,分站与传感器的数据交换与主机与分站相同,只是分站为主,传感器为从,同一条电缆上的传感器必须有一个编号(名字);对于非数字化系统,传感器输出的信号是模拟的,如频率(200 ~ 1 000 Hz)、电流(4 ~ 20 mA、1 ~ 5 mA)等。地面中心站处理层由主机(含显示器)、系统软件、服务器、打印机、大屏幕、UPS 电源、远程终端、网络接口、电缆和接线盒等组成,系统结构如图 5-1-1 所示。

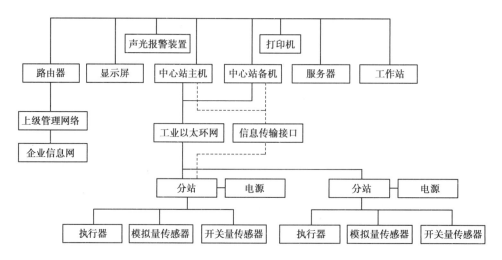

图 5-1-1　安全监控系统结构

三、煤矿安全监控系统布置规范

安全监控系统设备布置应遵循《煤矿安全监控系统及检测仪器使用管理规范》(AQ 1029—2019),该规范规定了煤矿安全监控系统及检测仪器的装备、设计和安装、传感器设置、使用与维护、系统及联网信息处理、管理制度与技术资料等要求。

瓦斯矿井必须装备煤矿安全监控系统。煤矿安全监控系统必须 24 h 连续运行。接入煤矿安全监控系统的各类传感器应符合 AQ 6201—2019 的规定,催化原理的稳定性不小于 15 d,其他按照产品说明书执行。煤矿安全监控系统传感器的数据或状态应传输到地面主机。煤矿必须按矿用产品安全标志证书规定的型号选择监控系统的传感器、断电控制器等关联设备,严禁对不同系统间的设备进行置换。

原国有重点煤矿必须实现矿务局(公司)所属高瓦斯和煤与瓦斯突出矿井的安全监控系统联网;国有地方和乡镇煤矿必须实现县(市)范围内高瓦斯和煤与瓦斯突出矿井安全监控系统联网。

1. 甲烷传感器的设置

甲烷传感器应垂直悬挂,距顶板(顶梁、屋顶)不得大于 300 mm,距巷道侧壁(墙壁)不得小于 200 mm,并应安装维护方便,不影响行人和行车。

甲烷传感器的报警浓度、断电浓度、复电浓度和断电范围及便携式甲烷检测报警仪的报警浓度必须符合表 5-1-1 的规定。

表 5-1-1　甲烷传感器的报警浓度、断电浓度、复电浓度和断电范围

甲烷传感器设置地点	甲烷传感器编号	报警浓度/% CH$_4$	断电浓度/% CH$_4$	复电浓度/% CH$_4$	断电范围
采煤工作面回风隅角	T$_0$	≥1.0	≥1.5	<1.0	工作面及其回风巷内全部非本质安全型电气设备
低瓦斯和高瓦斯矿井的采煤工作面	T$_1$	≥1.0	≥1.5	<1.0	工作面及其回风巷内全部非本质安全型电气设备

甲烷传感器设置地点	甲烷传感器编号	报警浓度/% CH$_4$	断电浓度/% CH$_4$	复电浓度/% CH$_4$	断电范围
煤与瓦斯突出矿井的采煤工作面	T$_1$	≥1.0	≥1.5	<1.0	工作面及其进、回风巷内全部非本质安全型电气设备
采煤工作面回风巷	T$_2$	≥1.0	≥1.0	<1.0	工作面及其回风巷内全部非本质安全型电气设备
煤与瓦斯突出矿井采煤工作面进风巷	T$_3$、T$_4$	≥0.5	≥0.5	<0.5	工作面及其进、回风巷内全部非本质安全型电气设备
采用串联通风的被串采煤工作面进风巷	T$_4$	≥0.5	≥0.5	<0.5	被串采煤工作面及其进、回风巷内全部非本质安全型电气设备
采用两条以上巷道回风的采煤工作面第二条、第三条回风巷	T$_5$	≥1.0	≥1.0	<1.0	工作面及其回风巷内全部非本质安全型电气设备
	T$_6$	≥1.0	≥1.0	<1.0	
高瓦斯、煤与瓦斯突出矿井采煤工作面回风巷中部		≥1.0	≥1.0	<1.0	工作面及其回风巷内全部非本质安全型电气设备
采煤机		≥1.0	≥1.5	<1.0	采煤机电源
煤巷、半煤岩巷和有瓦斯涌出岩巷的掘进工作面	T$_1$	≥1.0	≥1.5	<1.0	掘进巷道内全部非本质安全型电气设备
煤巷、半煤岩巷和有瓦斯涌出岩巷的掘进工作面回风流中	T$_2$	≥1.0	≥1.0	<1.0	掘进巷道内全部非本质安全型电气设备
煤与瓦斯突出矿井的煤巷、半煤岩巷和有瓦斯涌出岩巷的掘进工作面的进风分风口处	T$_4$	≥0.5	≥0.5	<0.5	掘进巷道内全部非本质安全型电气设备
采用串联通风的被串掘进工作面局部通风机前	T$_3$	≥0.5	≥0.5	<0.5	被串掘进巷道内全部非本质安全型电气设备
		≥0.5	≥1.5	<0.5	包括局部通风机在内的被串掘进巷道内全部非本质安全型电气设备

续表

甲烷传感器设置地点	甲烷传感器编号	报警浓度/% CH₄	断电浓度/% CH₄	复电浓度/% CH₄	断电范围
高瓦斯矿井双巷掘进工作面混合回风流处	T_3	≥1.0	≥1.0	<1.0	除全风压供风的进风巷外，双掘进巷道内全部非本质安全型电气设备
高瓦斯和煤与瓦斯突出矿井掘进巷道中部		≥1.0	≥1.0	<1.0	掘进巷道内全部非本质安全型电气设备
掘进机、连续采煤机、锚杆钻车、梭车		≥1.0	≥1.5	<1.0	掘进机、连续采煤机、锚杆钻车、梭车电源
采区回风巷		≥1.0	≥1.0	<1.0	采区回风巷内全部非本质安全型电气设备
一翼回风巷及总回风巷		≥0.75			
使用架线电机车的主要运输巷道内装煤点处		≥0.5	≥0.5	<0.5	装煤点处上风流100 m内及其下风流的架空线电源和全部非本质安全型电气设备
高瓦斯矿井进风的主要运输巷道内使用架线电机车时，瓦斯涌出巷道的下风流处		≥0.5	≥0.5	<0.5	瓦斯涌出巷道上风流100 m内及其下风流的架空线电源和全部非本质安全型电气设备
矿用防爆型蓄电池电机车内		≥0.5	≥0.5	<0.5	机车电源
矿用防爆型柴油机车、无轨胶轮车		≥0.5	≥0.5	<0.5	车辆动力
兼作回风井的装有带式输送机的井筒		≥0.5	≥0.7	<0.7	井筒内全部非本质安全型电气设备
采区回风巷内临时施工的电气设备上风侧		≥1.0	≥1.0	<1.0	采区回风巷内全部非本质安全型电气设备
一翼回风巷及总回风巷道内临时施工的电气设备上风侧		≥0.75	≥1.0	<1.0	一翼回风巷及总回风巷道内全部非本质安全型电气设备
井下煤仓上方、地面选煤厂煤仓上方		≥1.5	≥1.5	<1.5	煤仓附近的各类运输设备及其他非本质安全型电气设备

续表

甲烷传感器设置地点	甲烷传感器编号	报警浓度/% CH4	断电浓度/% CH4	复电浓度/% CH4	断电范围
封闭的地面选煤厂车间内		≥1.5	≥1.5	<1.5	带式输送机地面走廊内全部非本质安全型电气设备
地面瓦斯抽采泵房内		≥0.5			
井下临时瓦斯抽采泵站下风侧栅栏外		≥0.5	≥1.0	<0.5	瓦斯抽采泵站电源

（1）长壁采煤工作面甲烷传感器设置

①以 U 形通风方式为例,在回风隅角设置甲烷传感器 T_0（距切顶线≤1 m）,工作面设置甲烷传感器 T_1,工作面回风巷设置甲烷传感器 T_2;煤与瓦斯突出矿井在进风巷设置甲烷传感器 T_3 和 T_4;采用串联通风时,被串工作面的进风巷设置甲烷传感器 T_4,如图 5-1-2 所示。

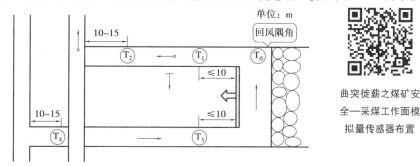

曲突徙薪之煤矿安全一采煤工作面模拟量传感器布置

图 5-1-2　U 形通风方式采煤工作面甲烷传感器的设置

②采用两条巷道回风的采煤工作面甲烷传感器应按图 5-1-3 设置。甲烷传感器 T_0、T_1 和 T_2 的设置同图 5-1-2;在第二条回风巷设置甲烷传感器 T_5、T_6。采用三条巷道回风的采煤工作面,第三条回风巷甲烷传感器的设置与第二条回风巷甲烷传感器 T_5、T_6 的设置相同。

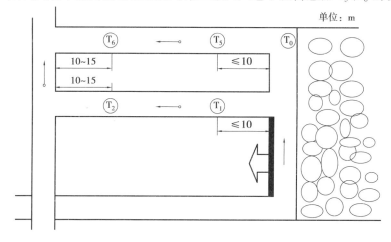

图 5-1-3　采用两条巷道回风的采煤工作面甲烷传感器的设置

③高瓦斯和煤与瓦斯突出矿井采煤工作面的回风巷长度大于1 000 m时,应在回风巷中部增设甲烷传感器。

④采煤机应设置机载式甲烷断电仪或便携式甲烷检测报警仪。

⑤非长壁式采煤工作面甲烷传感器的设置参照上述规定执行,即在回风隅角设置甲烷传感器 T_0,在工作面及其回风巷各设置1个甲烷传感器。

（2）掘进工作面甲烷传感器的设置

①煤巷、半煤岩巷和有瓦斯涌出岩巷的掘进工作面甲烷传感器应按图5-1-4设置,并实现甲烷风电闭锁。在工作面混合风流处设置甲烷传感器 T_1,在工作面回风流中设置甲烷传感器 T_2;采用串联通风的掘进工作面,应在被串工作面局部通风机前设置掘进工作面进风流甲烷传感器 T_3;煤与瓦斯突出矿井掘进工作面的进风分风口处设置甲烷传感器 T_4。

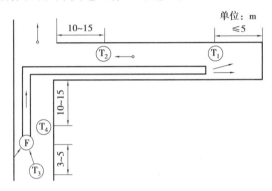

图 5-1-4　掘进工作面甲烷传感器的设置

②高瓦斯和煤与瓦斯突出矿井双巷掘进工作面甲烷传感器应按图5-1-5设置。甲烷传感器 T_1 和 T_2 的设置同图5-1-4;在工作面混合回风流处设置甲烷传感器 T_3。

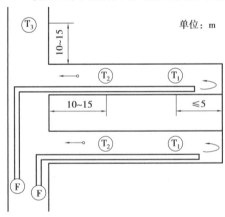

图 5-1-5　双巷掘进工作面甲烷传感器的设置

③高瓦斯和煤与瓦斯突出矿井的掘进工作面长度大于1 000 m时,应在掘进巷道中部增设甲烷传感器。

④掘进机、掘锚一体机、连续采煤机、梭车、锚杆钻车、钻机应设置机载式甲烷断电仪或便携式甲烷检测报警仪。

（3）其他地点甲烷传感器的设置

①采区回风巷、一翼回风巷、总回风巷测风站应设置甲烷传感器。

②使用架线电机车的主要运输巷道内,装煤点处应设置甲烷传感器,如图5-1-6所示。

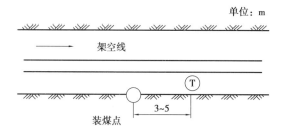

图5-1-6 装煤点甲烷传感器的设置

③高瓦斯矿井进风的主要运输巷道使用架线电机车时,在瓦斯涌出巷道的下风流中必须设置甲烷传感器,如图5-1-7所示。

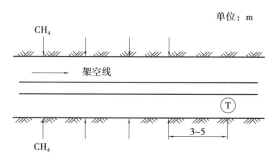

图5-1-7 瓦斯涌出巷道的下风流中甲烷传感器的设置

④矿用防爆型蓄电池电机车应设置车载式甲烷断电仪或便携式甲烷检测报警仪;矿用防爆型柴油机车和胶轮车应设置便携式甲烷检测报警仪。

⑤兼做回风井的装有带式输送机的井筒内必须设置甲烷传感器。

⑥采区回风巷、一翼回风巷及总回风巷道内临时施工的电气设备上风侧10～15 m处应设置甲烷传感器。

⑦井下煤仓、地面选煤厂煤仓上方应设置甲烷传感器。

⑧封闭的地面选煤厂车间内上方应设置甲烷传感器。

⑨封闭的带式输送机地面走廊上方应设置甲烷传感器。

⑩瓦斯抽采泵站应设置甲烷传感器:

a. 地面瓦斯抽采泵房内应设置甲烷传感器。

b. 井下临时瓦斯抽放泵站下风侧栅栏外应设置甲烷传感器。

c. 抽放泵输入管路中应设置甲烷传感器;利用瓦斯时,应在输出管路中设置甲烷传感器;不利用瓦斯、采用干式抽采瓦斯设备时,输出管路中也应设置甲烷传感器。

2. 其他传感器的设置

(1)一氧化碳传感器的设置

①一氧化碳传感器应垂直悬挂,距顶板(顶梁)不得大于300 mm,距巷壁不得小于200 mm,并应安装维护方便,不影响行人和行车。

②开采容易自燃、自燃煤层的采煤工作面应至少设置一个一氧化碳传感器,地点可设置在回风隅角(距切顶线0～1 m)、工作面或工作面回风巷,报警浓度为≥0.002 4% CO,如图5-1-8所示。

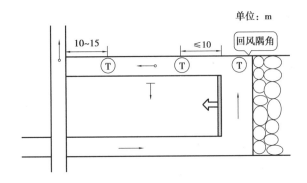

图 5-1-8　采煤工作面一氧化碳传感器的设置

③带式输送机滚筒下风侧 10～15 m 处宜设置一氧化碳传感器,报警浓度≥0.002 4% CO。

④自然发火观测点、封闭火区防火墙栅栏外应设置一氧化碳传感器,报警浓度≥0.002 4% CO。

⑤开采容易自燃、自燃煤层的矿井,采区回风巷、一翼回风巷、总回风巷应设置一氧化碳传感器,报警浓度≥0.002 4% CO。

(2)风速传感器的设置

采区回风巷、一翼回风巷、总回风巷的测风站应设置风速传感器。突出煤层采煤工作面回风巷和掘进巷道回风流中应设置风速传感器。风速传感器应设置在巷道前后 10 m 内无分支风流、无拐弯、无障碍、断面无变化、能准确计算风量的地点。当风速低于或超过《煤矿安全规程》的规定值时,应发出声、光报警信号。

(3)风压传感器的设置

主要通风机的风硐内应设置风压传感器。

(4)风向传感器的设置

突出煤层采煤工作面进风巷、掘进工作面进风的分风口应设置风向传感器。当发生风流逆转时,发出声光报警信号。

(5)瓦斯抽放管路中其他传感器的设置

瓦斯抽放泵站的抽放泵输入管路中宜设置流量传感器、温度传感器和压力传感器;利用瓦斯时,应在输出管路中设置流量传感器、温度传感器和压力传感器。防回火安全装置上宜设置压差传感器。

(6)烟雾传感器的设置

带式输送机滚筒下风侧 10～15 m 处应设置烟雾传感器。

(7)温度传感器的设置

①温度传感器应垂直悬挂,距顶板(顶梁)不得大于 300 mm,距巷壁不得小于 200 mm,并应安装维护方便,不影响行人和行车。

②开采容易自燃、自燃煤层及地温高的矿井采煤工作面应在工作面或回风巷设置温度传感器,如图 5-1-9 所示。温度传感器的报警值为 30 ℃。

③机电硐室内应设置温度传感器,报警值为 34 ℃。

④压风机应设置温度传感器,温度超限时,声光报警,并切断压风机电源。

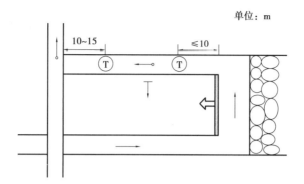

图 5-1-9 采煤工作面温度传感器的设置

（8）粉尘传感器的设置

采煤机、掘进机、转载点、破碎处、装煤口等产尘地点宜设置粉尘传感器。

（9）设备开停传感器的设置

主要通风机、局部通风机应设置设备开停传感器。

（10）风门开关传感器的设置

矿井和采区主要进回风巷道中的主要风门应设置风门开关传感器。当两道风门同时打开时，发出声光报警信号。

（11）风筒传感器的设置

掘进工作面局部通风机的风筒末端应设置风筒传感器。

（12）馈电传感器的设置

被控开关的负荷侧应设置馈电传感器或接点。

四、监测监控系统布置案例

监测设备布置主要依据《煤矿安全规程》、《煤矿安全监控系统及检测仪器使用管理规范》（AQ 1029—2019）要求，如在某低瓦斯矿，煤层具有自燃倾向性，安全监控系统布置图如图 5-1-10 所示，以工作面设备布置为例，详细描述布置位置、设备悬挂要求及断电设置。

传感器应垂直悬挂，距顶板（顶梁、屋顶）不得大于 300 mm，距巷道侧壁（墙壁）不得小于 200 mm，并应安装维护方便，不影响行人和行车。设计在 1901 工作面布置甲烷传感器、一氧化碳传感器，工作面上隅角布置甲烷传感器、一氧化碳传感器，在回风巷道布置风速传感器、温度传感器，在回风出口布置甲烷传感器、一氧化碳传感器、温度传感器。包含工作面需要监控的所有环境参数，同时，在变电所布置断电仪、甲烷传感器、温度传感器等设备，断电区域是 1901 工作面所有非本质安全型电气设备的电源。

设计在 1901 工作面回风与进风交叉区域风门外布置分站一台，负责采集 1901 工作面所有监测设备信号，同时，当甲烷异常时，可以就地控制变电所断电仪进行断电操作。

根据 1901 工作面监测参数多，距离远的特征，选择分站型号为大型采集分站，具备采集 16 路传感器信号，同时具有 8 路控制信号输出。

1901 工作面断电设置，由于 1901 属于采煤工作面，在监测参数出现异常时，需要及时切断区域内所有非本质安全型电源并闭锁。在 1901 工作面甲烷传感器设置报警值为 1.0% CH_4，断电值为 1.5% CH_4，复电值为 0.9% CH_4，上隅角设置与工作面相同，回风口甲烷传感器设置报警值为 0.9% CH_4，断电值为 1.0% CH_4，复电值为 0.85% CH_4。在 1901 工作面布置的3台甲烷传感器异常时,如检测断线、负漂或上溢时也启动断电输出,确保该工作面在工作时甲烷检测值在正常范围内。

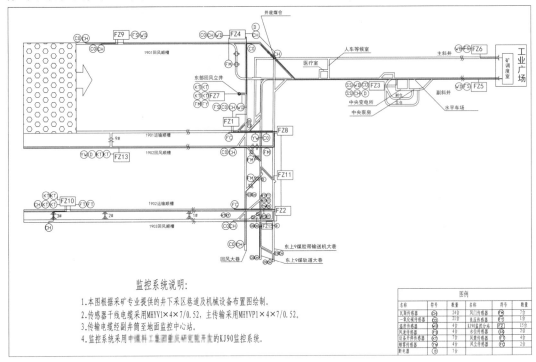

图 5-1-10　安全监控系统布置图

工作页

一、信息、决策与计划

①高瓦斯矿井回采工作面必须安装哪几种传感器?

答:＿＿＿＿＿＿＿＿＿＿＿＿＿＿＿＿＿＿＿＿＿＿＿＿＿＿＿＿＿＿＿＿

②高瓦斯矿井掘进工作面必须安装哪几种传感器?

答:＿＿＿＿＿＿＿＿＿＿＿＿＿＿＿＿＿＿＿＿＿＿＿＿＿＿＿＿＿＿＿＿

③采煤工作面回风巷甲烷传感器断电设置值为什么小于工作面甲烷断电设置值?

答:＿＿＿＿＿＿＿＿＿＿＿＿＿＿＿＿＿＿＿＿＿＿＿＿＿＿＿＿＿＿＿＿

④为什么要在采煤工作面回风隅角设置甲烷传感器?

答:＿＿＿＿＿＿＿＿＿＿＿＿＿＿＿＿＿＿＿＿＿＿＿＿＿＿＿＿＿＿＿＿

⑤不同瓦斯等级的矿井监控系统的布置要求相同吗? 低瓦斯、高瓦斯和煤与瓦斯突出矿井在采煤工作面的传感器布置要求有什么区别?

答:＿＿＿＿＿＿＿＿＿＿＿＿＿＿＿＿＿＿＿＿＿＿＿＿＿＿＿＿＿＿＿＿

二、任务实施

低瓦斯矿井传感器布置

某矿井为低瓦斯矿井,煤层具有自燃倾向性,请正确布置采煤工作面传感器。

请绘制采煤工作面传感器布置图? 正确设置甲烷传感器的报警值、断电值和复电值?

1.绘制采煤工作面传感器布置图

（1）查询标准资料

查阅《煤矿安全规程》、《煤矿安全监控系统及检测仪器使用管理规范》（AQ 1029—2019），明确低瓦斯矿井,煤层具有自燃倾向性的传感器布置要求。

（2）采煤工作面传感器布置图

根据规程、标准等要求绘制采煤工作面传感器布置图。先绘制采煤工作面通风示意图,如图 5-1-11 所示。再布置采煤工作面甲烷传感器,最后布置其他类型传感器。

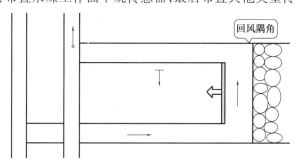

图 5-1-11 低瓦斯矿井采煤工作面传感器布置图

2.设置各地点甲烷传感器浓度值

设置各地点甲烷传感器浓度值,并填写表5-1-2。

表 5-1-2 采煤工作面传感器浓度设置

甲烷传感器编号	报警浓度	断电浓度	复电浓度	断电范围

三、检查与评价

填写任务完成过程评价表(表5-1-3)。

表5-1-3　任务完成过程评价表

考核要点	评价关键点	分值/分	组内评价(30%)	小组互评(30%)	教师评价(40%)
煤矿安全监控系统组成	熟悉煤矿安全监控系统组成及各组成部分的用途	10			
煤矿安全监控系统布置规范	熟悉甲烷传感器的设置要求	20			
	熟悉其他传感器的设置要求	10			
采煤工作面传感器布置	正确布置甲烷传感器	20			
	正确布置其他模拟量传感器	20			
	正确设置甲烷传感器浓度	20			
总得分		100			

四、思考与拓展

煤与瓦斯突出矿井传感器布置

某矿井为煤与瓦斯突出矿井,煤层具有自燃倾向性,请正确布置U形通风长壁式采煤工作面传感器。

要求:

①查阅《煤矿安全规程》《煤矿安全监控系统及检测仪器使用管理规范》(AQ 1029—2019),明确煤与瓦斯突出矿井,煤层具有自燃倾向性的U形通风长壁式采煤工作面的传感器布置要求,绘制采煤工作面传感器布置图。

②设置各类型传感器报警、断电和复电浓度值,确定断电范围。

项目二 煤矿安全监控系统使用与维护

🔍 学习目标

知识目标：

1. 了解煤矿安全监控系统设备调校要求和维护要求。

2. 掌握传感器的调校方法。

技能目标：

具备根据现场实际情况进行安全监控系统设备调校和维护。

素养目标：

1. 培养严谨细致的工作作风。

2. 培养敏锐的安全意识。

3. 养成积极主动参与工作，能吃苦耐劳，崇尚劳动光荣的精神。

任 务 煤矿安全监控系统使用与维护

▌ 任务背景

煤矿安全监控系统实时监测监控矿井的安全状况，为保证其正常有效运转，《煤矿安全规程》对系统的使用与维护有严格的规定，尤其是与煤矿安全监控系统配接的甲烷传感器、风速传感器和一氧化碳传感器等是矿井瓦斯综合治理和监测煤炭自燃发火灾害预测的关键技术装备，但同时也存在着零点漂移、工作稳定性差等问题，不按要求对监控系统进行维护和调校，会严重制约安全监测监控系统功能的正常实现。

▌ 任务描述

❓ 低瓦斯矿井采煤工作面甲烷传感器使用与维护

某矿井为低瓦斯矿井，煤层具有自燃倾向性，请正确进行矿井采煤工作面甲烷传感器调校与维护。

问题：

①进行甲烷传感器调校？

②进行采煤工作面监控系统维护？

任务分析

知识与技能要求：

知识点：安全监控设备调校要求、安全监控设备维护要求。

技能点：具备根据现场实际情况进行安全监控设备调校和维护。

任务知识技能点链接

一、安全监控设备调校

1.一般规定

①煤矿应建立安全监控设备检修室，负责本矿安全监控设备的安装、调校、维护和简单维修工作。未建立检修室的小型煤矿应将安全监控仪器送到检修中心进行调校和维修。

②甲烷校准气体、标准气体等仪器装备；安全监控设备检修中心除应配备上述仪器装备外，具备条件的宜配备甲烷校准气体配气装置、气相色谱仪或红外线分析仪等。

③国有重点煤矿的矿务局（公司）、产煤县（市）应建立安全监控设备检修中心，负责安全监控设备的调校、维修、报废鉴定等工作，有条件的可配制甲烷校准气体，并对煤矿进行技术指导。

2.校准气体

在我国，各集团公司使用的催化燃烧原理的传感器和便携式甲烷检测报警仪较多，为确保仪器准确可靠运行，每15 d需要对这些仪器进行一次调校。甲烷标准气体是由国家技术监督部门负责管理，组织考核定级发证。空气中甲烷一级标准物质浓度范围为0.3% ~ 3.0% CH$_4$，不确定度≤1%，稳定性1年以上。空气中甲烷二级标准物质浓度范围为0.5% ~ 3.0% CH$_4$，不确定度≤3%，稳定性半年以上。空气中甲烷标准气体浓度范围为1.0% ~ 3.0% CH$_4$，不确定度≤5%，主要用于催化燃烧原理甲烷检测仪器校准。

①配制甲烷校准气样的装备和方法必须符合MT/T423的规定，选用纯度不低于99.9%的甲烷标准气体作原料气。配制好的甲烷校准气体应以标准气体为标准，用气相色谱仪或红外线分析仪分析定值，其不确定度应小于5%。

②甲烷校准气体配气装置应放在通风良好，符合国家有关防火、防爆、压力容器安全规定的独立建筑内。配气气瓶应分室存放，室内应使用隔爆型的照明灯具及电器设备。

③高压气瓶的使用管理应符合国家有关气瓶安全管理的规定。

3.调校

①安全监控设备应按产品使用说明书的要求定期调校、测试，每月至少1次。

②安全监控设备使用前和大修后，必须按产品使用说明书的要求测试、调校合格，并在地面试运行24 ~ 48 h方能下井。

瓦斯传感器的调校

③甲烷传感器应使用校准气样和空气气样在设备设置地点调校，便携式甲烷检测报警仪和甲烷检测报警矿灯等在仪器维修室调样。采用载体催化原理的甲烷传感器、便携式甲烷检测报警仪和甲烷检测报警矿灯等，每15 d至少调校1次。采用激光原理的甲烷传感器等，每6个月至少调校1次。调校时，应先在新鲜空气中或使用空气样调校零点，使仪器显示值为零，再通入浓度为1% ~2% CH$_4$的甲烷校准气体，调整仪器的显示值与校准气体浓度一致，气样流量应符合产品使用说明书的要求。

④除甲烷以外的其他气体监控设备应采用空气样和标准气样按产品说明书进行调校。风速传感器选用经过标定的风速计调校。温度传感器选用经过标定的温度计调校。其他传感器和便携式检测仪器也应按使用说明书要求定期调校。

⑤安全监控设备的调校包括零点、显示值、报警点、断电点、复电点、控制逻辑等。

⑥甲烷电闭锁和风电闭锁功能每 15 d 至少测试 1 次;可能造成局部通风机停电的,每半年测试 1 次。

二、安全监控设备维护

1. 安全监控设备维护

①井下安全监测工应 24 h 值班,每天检查煤矿安全监控系统及线缆的运行情况。使用便携式甲烷检测报警仪或便携式光学甲烷检测仪与甲烷传感器进行对照,并将记录和检查结果报地面中心站值班员。当两者读数误差大于允许误差时,先以读数较大者为依据,采取安全措施,并应在 8 h 内将两种仪器调准。

传感器故障判断与处理

②下井管理人员发现便携式甲烷检测报警仪或便携式光学甲烷检测仪与甲烷传感器读数误差大于允许误差时,应立即通知安全监控部门进行处理。

③安装在采煤机、掘进机和电机车上的机(车)载断电仪,由司机负责监护,并应经常检查清扫,每天使用便携式甲烷检测报警仪与甲烷传感器进行对照,当两者读数误差大于允许误差时,先以读数最大者为依据,采取安全措施,并立即通知安全监测工,在 8 h 内将两种仪器调准。

④炮掘工作面和炮采工作面设置的甲烷传感器在爆破前应移动到安全位置,爆破后应及时恢复设置到正确位置。对需要经常移动的传感器、声光报警器、断电控制器及电缆等,由采掘班组长负责按规定移动,不得擅自停用。

⑤井下使用的分站、传感器、声光报警器、断电控制器及电缆等,由所在区域的区队长、班组长负责使用和管理。

⑥传感器经过调校检测误差仍超过规定值时,应立即更换;安全监控设备发生故障时,应及时处理,在更换和故障处理期间应采用人工监测等安全措施,并填写故障记录。

⑦采用载体催化原理的低浓度甲烷传感器经大于 4% CH_4 的甲烷冲击后,应及时进行调校或更换。

⑧电网停电后,备用电源不能保证设备连续工作 2 h 时,应及时更换。使用中的传感器应经常擦拭,清除外表积尘,保持清洁。采掘工作面的传感器应每天除尘;传感器应保持干燥,避免洒水淋湿;维护、移动传感器应避免摔打碰撞。

2. 备件

矿井应配备传感器、分站等安全监控设备备件,备用数量不少于应配备数量的 20%。

3. 报废

安全监控设备符合下列情况之一者,应当报废:

①设备老化、技术落后或超过规定使用年限的。

②通过修理,虽能恢复性能和技术指标,但一次修理费用超过原价 80% 以上的。

③失爆不能修复的。

④遭受意外灾害,损坏严重,无法修复的。

⑤不符合国家规定及行业标准规定应淘汰的。

工作页

一、信息、决策与计划

①简述甲烷传感器调校意义。

答：_____

②甲烷传感器调校要求是什么？

答：_____

③监控系统维护要求是什么？

答：_____

二、任务实施

低瓦斯矿井采煤工作面甲烷传感器使用与维护

某矿井为低瓦斯矿井，煤层具有自燃倾向性，使用低浓度载体催化式甲烷传感器，请正确进行矿井采煤工作面甲烷传感器调校与维护。

1. 在用低浓度载体催化式甲烷传感器调校

（1）调校周期

在用低浓度载体催化式甲烷传感器每隔 15 d 至少调校 1 次。

（2）调校器材

调校器材包括 1% ~2% CH_4 校准气体、配套的减压阀、气体流量计和橡胶软管、空气样。

（3）调试程序

①空气样用橡胶软管连接传感器气室；调节流量控制阀把流量调节到传感器说明书规定值；调校零点，范围控制在 0 ~0.03% CH_4 之内。

②校准气瓶流量计出口用橡胶软管连接传感器气室；打开气瓶阀门，先用小流量向传感器缓慢通入 1% ~2% CH_4 校准气体，在显示值缓慢上升的过程中，观察报警值和断电值；然后调节流量控制阀把流量调节到传感器说明书规定的流量，使其测量值稳定显示，持续时间大于 90 s；使显示值与校准气浓度值一致；若超差应更换传感器，预热后重新测试。

③在通气的过程中，观察报警值、断电值是否符合要求，注意声光报警和实际断电情况；当显示值小于 1.0% CH_4 时，测试复电功能。

④测试结束后关闭气瓶阀门。

（4）填写调校记录，测试人员签字

将调校记录填写至表 5-2-1，测试人员签字。

2. 新低浓度载体催化式甲烷传感器调校

（1）调校要求

新甲烷传感器使用前应调校。

（2）调校器材

调校仪器及器材包括载体催化式甲烷测定器检定装置、秒表、温度计、校准气（0.5%、1.5%、2.0%、3.5% CH_4）、直流稳压电源、万用表、声级计、频率计、系统分站等。

表 5-2-1　在用传感器调校检测记录

调校时间	传感器安装地点及编号	型号	通入新鲜空气调校		通入标气调校			报警点/%	断电点/%	复电点/%	调校情况	调校人
			调前显示/%	调后显示/%	标气浓度/%	传感器通气90 s稳定后显示值/%	监控主机显示值/%					

（3）调试程序

①检查甲烷传感器外观是否完整，清理表面及气室积尘。

②甲烷传感器与分站连接，通电预热 10 min。

③在新鲜空气中调仪器零点，零值范围控制在 0~0.03% CH_4 之内。

④按说明书要求的气体流量，向气室通入 2.0% CH_4 校准气，调校甲烷传感器精度，使其显示值与校准气浓度值一致，反复调校，直至准确；在基本误差测定过程中不得再次调校。

⑤基本误差测定：按校准时的流量依次向气室通入 0.5% 、1.5% 、3.5% CH_4 校准气，持续时间分别大于 90 s，使测量值稳定显示，记录传感器的显示值或输出信号值（换算为甲烷浓度值）。重复测定 4 次，取其后 3 次的算术平均值与标准气样的差值，即基本误差。

⑥在每次通气的过程中同时要观察测量报警点、断电点、复电点和声光报警情况。以上内容也可以单独测量。

⑦声光报警测试：报警时报警灯应闪亮，声级计距蜂鸣器 1 m 处，对正声源，测量声级强度。

⑧测量响应时间：用秒表测量通入 2.0% CH_4 校准气，显示值从 0 L 至最大显示值 90% 时的起止时间。

⑨测试过程中记录分站的传输数据，误差值不大于 0.01% CH_4。

（4）填写调校记录，测试人员签字

将调校记录填写至表 5-2-2，测试人员签字。

3. 采煤工作面甲烷传感器维护

①井下安全监测工应 24 h 值班，每天检查煤矿安全监控系统及线缆的运行情况。记录检查内容填写表 5-2-3。

表 5-2-2　新传感器调校检测记录

煤矿名称				型号名称	
量程/%				出厂编号	
制造厂				样品编号	
出厂日期				报告编号	
依据标准				调校环境	温度： 湿度： 大气压力： 环境噪声：
标气浓度	被检仪器示值(% CH$_4$)			平均值 (% CH$_4$)	误差值(% CH$_4$)
	1	2	3		
报警误差					
报警声强度					
响应时间					
报警光信号					
外观检查					
通电检查					
结果					
备注					
调校用仪器设备					
序号	型号名称	出厂编号	量程	准确值	有效期

表 5-2-3　安全监控系统巡检记录

年　月　日		班次		巡检人员	
巡检线路及地点					
发现问题及隐患					
处理结果					
备注					

②使用便携式甲烷检测报警仪或便携式光学甲烷检测仪与甲烷传感器进行对照,记录检查内容填写表5-2-4,将检查结果报地面中心站值班员。

表5-2-4 光学瓦斯检测仪与甲烷传感器对照表

序号	地点	时间	光学瓦检仪测定值	瓦斯传感器监控值	误差值	结果	备注
1							
2							
3							
4							
5							
6							
7							
8							
9							
10							
存在问题							
处理措施							
监控员签字				填表日期			
工程师: 瓦斯员: 监控维护人:			备注				

三、检查与评价

填写任务完成过程评价表(表5-2-5)。

表5-2-5 任务完成过程评价表

考核要点	评价关键点	分值/分	组内评价(30%)	小组互评(30%)	教师评价(40%)
安全监控设备调校	熟悉安全监控设备调校要求	25			
	会进行传感器调校	25			
安全监控设备维护	熟悉安全监控设备维护要求	25			
	会进行安全监控设备维护	25			
总得分		100			

四、思考与拓展

煤与瓦斯突出矿井采煤工作面甲烷传感器使用与维护

某矿井为煤与瓦斯突出矿井,煤层具有自燃倾向性,使用激光原理甲烷传感器,请正确进行矿井采煤工作面甲烷传感器调校与维护。

要求:

①查阅《煤矿安全规程》《煤矿安全监控系统及检测仪器使用管理规范》(AQ 1029—2019),明确煤与瓦斯突出矿井采煤工作面的激光原理甲烷传感器调校要求,按要求进行调校并填写调校记录。

②明确煤与瓦斯突出矿井采煤工作面甲烷传感器维护要求,按照要求进行维护并填写相应记录。

参考文献

[1] 郭明. 游标卡尺测量误差来源分析[J]. 中小企业管理与科技(中旬刊), 2014 (7): 204.

[2] 吕昌银, 毋福海. 空气理化检验[M]. 北京: 人民卫生出版社, 2006.

[3] 中国安全生产科学研究院组织. 职业病危害因素检测[M]. 2版. 徐州: 中国矿业大学出版社, 2012.

[4] 侯琴, 罗中. 建筑材料与检测[M]. 重庆: 重庆大学出版社, 2016.

[5] 王辉. 建筑材料与检测试验指导[M]. 北京: 北京大学出版社, 2012.

[6] 涂勇, 宋军伟, 冷超群. 土木工程材料检测实训[M]. 北京: 中国建材工业出版社, 2016.

[7] 时柏江, 曾章海, 林余雷. 建筑结构与地基基础工程检测案例手册[M]. 上海: 上海交通大学出版社, 2018.